U0305843

房 龙 文 集

人类的故事

[美] 房龙 著　刘梅 译

中国友谊出版公司

图书在版编目（CIP）数据

人类的故事 ／（美）房龙著；刘梅译. —— 北京：
中国友谊出版公司，2015.5（2018.4重印）
ISBN 978-7-5057-3501-9

Ⅰ．①人… Ⅱ．①房… ②刘… Ⅲ．①世界史－通俗
读物 Ⅳ．①K109

中国版本图书馆CIP数据核字(2015)第052435号

书名	**人类的故事**
著者	[美]房龙
译者	刘梅
出版	中国友谊出版公司
发行	中国友谊出版公司
经销	新华书店
印刷	北京中科印刷有限公司
规格	880×1230毫米　32开
	12.125印张　242千字
版次	2015年6月第1版
印次	2018年4月第3次印刷
书号	ISBN 978-7-5057-3501-9
定价	48.00元
地址	北京市朝阳区西坝河南里17号楼
邮编	100028
电话	(010) 64668676

目录

序 言

汉斯和威廉：

在我十二三岁的时候，我的那位曾经启发我，并让我爱上书籍和绘画的伯父答应带我进行一次让我永远无法忘怀的探险。他要我跟他一起爬上鹿特丹老圣劳伦斯教堂的塔楼顶端。

于是，在一个风和日丽、阳光明媚的日子，一位教堂司事拿着一把与圣彼得的钥匙一般大小的大钥匙，为伯父和我打开了那扇通往塔楼的神秘之门。"如果等一下你们想要出来，"他说，"拉一拉铃就可以啦。"说完，在锈迹斑斑的旧铰链发出的吱呀声中，他关上了门，一下子将繁华街道上的喧嚣同我们隔绝开来，我们被锁进了一个新鲜、奇妙而又陌生的世界里。

这是我生平第一次察觉到一种可以听得到的寂静现象。当我们踏上第一段楼梯时，我对自然现象的那些有限的知识里又增加了另一种经验——能够触摸得到的黑暗。一枚火柴的光亮指引我们继续走下去的道路。接着，我们上到第二层、第三层、第四层……就这样我们一层又一层地向上攀爬，数不清这到底是第几层，前面的楼梯却仿佛永无休止地在延伸。突然，我们眼前一片炫目的光明。塔楼的这一层与教堂的顶部处于同一高度，被当成储藏室，凌乱地堆放着许多破旧的古老信仰的圣像。这座城市的人们似乎在很多年前就放弃了这种信仰，在被遗弃的这些圣像身上，覆盖的尘土足有数英寸。那些在我们的祖先那里意味着生和死的重要物件，在这里成了废物和垃圾。忙碌的老鼠在这些雕像间筑起了窝，向来都非常警觉的蜘蛛也在一尊仁慈的圣像展开的双臂间织了网。

又爬上了一层楼之后，我们终于发现那炫目的光明是来自这里敞开的窗户。粗重的铁条嵌在敞开着的巨大的窗户上，不断出入的数百只鸽子把这个高处的空房子当成了它们惬意的栖息之所。清风徐来，透过铁栅吹进屋里，空气中充满着一种神秘而令人愉快的音乐。细细听来，才发现原来那是从我们脚下传来的城市的声音。遥远的距离将那城市的喧嚣过滤得澄澈而干净了，原本嘈杂的声音变成了一种难以形容的美妙音乐。马车驶过的隆隆声、马蹄的嗒嗒声、起重机与滑轮摩擦的辘辘声，还有以各种方式代替人类工作的勤劳的蒸汽机发出的嘶嘶声——所有这些声音混合成一种柔和窸窣的音调，为鸽子颇为动听的咕咕叫声配上了美妙而和谐的背景音乐。

楼梯到这一层就终止了，要再向上必须爬梯子。爬完第一层梯子（这梯子不但旧而且非常光滑，我们不得不谨慎地一步一步慢慢前进），出现在我们眼前的是一个新的、更伟大的奇迹——城市的大钟。我似乎看见了时间的心脏，我听见飞速流逝的时间那沉重的脉搏声，一秒、两秒、三秒，一直到六十秒。突然，随着一阵猛然的震颤，所有的齿轮仿佛一起停止了转动，从永恒的时间长河中切割下来了一分钟。其实时钟并没有停过，它不停地转动着，一、二、三……终于，它发出轰隆一声，接着所有齿轮似乎一齐发出了雷鸣般的响声，这声音掠过我们头顶，向这座城市的人们宣告着正午时分已经到来。

再上一层有许许多多的铜钟，有小巧玲珑的小闹钟，还有体形巨大、令人生畏的巨型大钟。房间的正中间是一口大钟，每当它在半夜响起，告诉人们某一处有大火或洪水的消息时，我总是被吓得浑身发抖、手足无措。而现在，这口大钟却笼罩在孤独寂寞的环境中，回忆着过去六百年的沧桑岁月，它曾与鹿特丹的居民们一起经历了无数的快乐与悲伤。大钟的周围挂着的一些小钟，它们整齐规矩排列着的样子活像老式药店摆放着的广口瓶，它们会每周两次为前来市集做买卖并打听这大千世界奇闻逸事的乡民们演奏一些轻快宜人的乐曲。在一个角落里还摆放着一口大黑钟，别的钟都对它敬而远之，它孤单地躺在角落，却显得沉默而肃穆，那是报告死亡的丧钟。

接着，我们又到了一个伸手不见五指的地方，再度进入一片漆黑。此时，梯子也比我们先前爬过得更陡峭、更危险。突然间，我们呼吸到了广阔天地间的新鲜空气。我们已经到达了塔楼的最高点。头上是高远的天空，脚下是城市——一座像小玩具一样的城市，人们如同蚂蚁般匆匆来去，各自为生计奔忙，而那一堆堆乱石丛旁边，便是乡村宽广辽阔的绿色田野。

这是我对大千世界的最初一瞥。

从那以后，只要一有机会我就会到塔楼顶上去独自取乐。要登上塔楼顶端确实是一件很耗费体力的事情，可是我身体上的付出却得到了充分的精神回报。再说，我清楚地知道这份回报是什么。我可以尽览苍天和大地，我可以从我善良的朋友，那位慈祥的塔楼看守人那里听到许许多多有趣的故事。他就住在塔楼的一个隐蔽角落里搭着的一间小房子里面，掌管着时钟。对那些吊钟和大大小小的铜钟来说，他就像是一位慈父。他还要密切地注视着城市，一有火灾的迹象就敲响警钟。五十年前他也进过学校，后来就很少读书了，但是他在这塔顶上住了这么多年，汲取了来自四面八方广阔世界的智慧。

看守人熟知历史故事，它们对他来说都是活生生的事情。"看那儿，"他会指着一处河弯对我说，"就是那儿，我的孩子，你看见那树林了吗？那是奥兰治亲王挖开堤坝，淹没大片田地，从而拯救莱顿城的地方。"他还会给我讲古老的默兹河源远流长的故事，讲这条宽阔的河流如何由便利的良港变成壮观的大马路的经过。还有著名的德·鲁依特和特隆普船队在默兹河的最后出航，他们俩为了探索未知海域，让人们能在茫茫大海之上自由航行而牺牲。

接下来他指着一些群集的小村庄，它们围绕在护佑它们的那座教堂的周围。许多年前，那些教堂曾守护圣徒们居住的地方。再往远处，我们能看到代尔夫特的斜塔。它高耸的拱形塔顶的高大拱门处，沉默者威廉遭到了暗杀，而格劳修斯就是在这里开始了他最初的拉丁文语法分析。更远处是低矮的豪达大教堂，那儿曾是一位智慧的力量超过帝王的千军万马的伟人早年曾居住的地方，他就是声名远扬的伊拉斯谟。

最后，我们的目光落在了浩瀚海洋的银色边缘上。与之相对照的是近在脚下的大片屋顶、烟囱、花园、医院、学校以及铁路等建筑，我们把这片拼凑而成的图案称为"家"。但是塔楼却为我们这个本来就有的"家"赋予了一个新的含义，于是从塔顶上俯瞰下去；那些脏乱无章的街道和市场、工厂与车间、所有纷乱无秩序的状态，都变成了人类能力和人生目标井然有序的展示。最有意义的是，纵览围绕在我们四周的人类辉煌的历史，能使我们获得新的勇气和胆量，回到日常生活和工作以后，直面未来遇到的种种难题。

历史是一座在过去的无数次成功和失败中修筑起来的经验之塔，要登上这座古老建筑的顶端并从一览无余的世界中获益确非易事，这里没有电梯，可是年轻人有强健有力的双脚，一定能够做到。

在这里，我把打开世界之门的钥匙送给你们。当你们返回时，你们就会明白我为何如此热情了。

亨德里克·威廉·房龙

第一章

人类舞台是怎样形成的

> 人类一直以来都生活在一个巨大问号的阴影底下。
>
> 我们是谁?
>
> 我们来自哪里?
>
> 我们将要去往何方?

虽然进展缓慢,但是凭借着坚持不懈的勇气与坚韧不拔的毅力,人类正在慢慢地将这个问号推向那曾经遥不可及的地平线,朝着我们希望找到答案的天际一步步逼近。然而迄今为止,我们也只是刚离开出发点,我们还没能走出多远。我们所知道的东西依然少得可怜。但我们至少能以相当精确的程度,推测出很多事情来了。

在这一章里,我将会根据我目前所知的最合理的观点,尽可能简单明了地告诉你们,人类历史的舞台是如何被搭建起来的。

如果我们以一段长长的直线代表生物可能在我们这个星球上存在的时间,那么,它尾端的那一段极短的线段就表示人类(或者数量类似于人的生物)生活在这块土地上的时间。

人类出现在地球上的时间是最晚的,然而人类却是第一个可以真正运用自己的大脑来征服大自然的生物。这就是我们有必要把研究人类放在优先的位置,而不是先去研究猫、狗、马或者任何其他动物的原因,尽管这些动物也都以自己的方式亲身经历了一段非常有趣的历史发展进程。

最初，我们赖以生存的这颗行星（就我们目前所知），是一个由燃烧着的灼热物质构成的巨大球体。相对于浩瀚无边的宇宙空间来说，它只不过是一片小小的烟云。渐渐地，在漫长的数百万年的岁月长河中，它的表面燃烧殆尽，最终被一层薄薄的岩石所覆盖。在这片毫无生机可言的岩石之上，常年持续不断的暴雨无休无止地下着，雨水将坚硬的花岗岩慢慢地浸蚀掉，而冲刷下来的泥土被带到了雾气笼罩的地球的悬崖峭壁之间。最后，雨过天霁，阳光突破云层照耀着大地。这颗小小星球上的众多小水洼，最终逐渐扩展成了东西两半球的巨大海洋。

随后的某一天，奇迹发生了。在这个死气沉沉世界中，那些已经沉寂了很久的东西终于萌发了生命。

第一粒有生命的种子漂浮在大海上。

在数百万年的时间里，它漫无目的地东漂西荡，随波逐流。但是在此过程中，这个有生命的细胞慢慢发展着自己的某些习性，这些习性使它可能相当顺利地，在这个环境恶劣的地球上更容易地生存下去。其中的某些细胞喜欢待在黑洞洞的湖泊和池塘的底部，于是它们在从山顶冲刷到水底的淤泥间深深地扎下了根，后来就变成了植物；而另外一些细胞则情愿四处游荡，后来它们长出了奇形怪状的有节的腿，像蝎子一样，开始在植物和形状如同水母的淡绿色的物体之间沿着海底爬行。还有一些细胞（上面覆盖着鳞片）凭借游泳似的动作，从一个地方游动到另一个地方寻找食物，并逐渐成为聚居在海洋里的繁若晨星的鱼类。

与此同时，植物的数量也在不断增长，海底已没有更多的空间供它们生活了，它们不得不离开海底开辟新的栖息地。最终它们无奈地离开了海洋，在沼泽和山脚下的泥滩上开辟了新的家园。一日两次的潮汐海水浸泡着它们，除此之外的时间里，它们充分利用起这个不算舒适的环境，并努力在包裹着地球表面的稀薄空气中生存下来。经过长时间的锻炼，它们终于学会了怎样像它们在水中生活时一样，自由自在地生活在空气中。它们的体形逐渐变大，长成了灌木和乔木，最后它们还学会如何开出芬芳的花朵，用来招揽忙碌的蜜蜂和鸟类，让它们把自己的种子带到地球的各个角落，使整个陆地都铺满碧绿的原野和大树的浓荫。

此时一些鱼类也开始迁离海洋，它们已经学会像用鳃一样用肺来进行呼吸。我们称它们为两栖动物，意思就是说这种生物既能在水中生活，同样也能在陆地上生活。你在路边行走时从你身边跳过的第一只青蛙就能告诉你，两栖生物在陆上和水中左右逢源的欢欣之情。

一旦离开水面，这些动物就会逐渐地调整自己，最终变得越来越适应陆地上的生活。其中的一些成为爬行动物（那些像蜥蜴一样爬行的动物），并且与昆虫们一起分享着森林的寂静。为了能更迅速地穿过松软的泥土表层，它们逐渐发展自己的四肢，他们的躯体也越来越大，最后整个世界都被这些庞然大物占领（许多生物学手册把这种动物归在鱼龙、斑龙和雷龙的名下）。它们体长达到三十到四十英尺（约九至十二米），如果它们跟大象一起玩耍，就如同体形壮硕的成年猫逗弄自己的小猫崽一样。

后来，这些爬行动物家族中的一些成员开始到高度超过一百英尺（约三十米）高的树顶上生活。对这些生活在树顶的爬行动物来说，它们不必再用腿来走路，却可以迅速地从一棵树枝跃到另一棵树枝，原先用作步行的四肢变成了在树上生活的必需器官。于是，它们身体两侧和前腿脚趾之间的部分皮肤，开始逐渐变成一种类似降落伞的翅膜，这些薄薄的翅膜上渐渐长出了羽毛，尾巴变成了一种转向装置，就这样它们开始在树林间飞来飞去，最终进化成了名副其实的鸟类。

这时，一件奇怪的事情发生了，所有庞大的爬行动物都在一个很短的时间内悉数灭绝了。我们不知道其中的原因，也许是因为气候的骤然变化；也有可能是因为它们的身体太过庞大，以至行动困难，再也不能游泳、奔走和爬行，它们眼睁睁看着，却无法获取到那些近在咫尺的肥美的蕨类植物和树木，最后被活活饿死了。不管出于什么原因，有着数百万年历史的，曾经统治地球的古爬行动物帝国一去不复返了。

此后，地球开始被各种不同的生物占领，这些动物属于爬行动物的子孙，但它们的性情与体质都与祖先有着很大的差别，因为它们用乳房"哺育"自己的后代，因此，现代科学称这些动物为"哺乳动物"。它们褪去了鱼类身上的鳞片，也不承袭鸟类的羽毛，而是全身覆以浓密的毛发。不管怎样，这些动物发展出了另外一些比其他动物更有利于延续种族的习性。比如这个物种的雌性动物会将下一代的受精卵藏在身体内部，直至它们被孵化，而其他的生物到那时为止都让它们的孩子暴露于严寒酷热，处于野兽的威胁和侵袭之下。哺乳动物则将下一代长时间留在身边，在它们无法应付各种天敌的脆弱阶段一直保护它们，直到它们有足够的力量来击退敌人。只有这样，年幼的哺乳动物才有更好的机会得以生存下来，它们也从母亲身上学习到很多东西。如果你曾经观察过母猫教自己的小猫崽如何照顾自己、如何洗脸、如何捉老鼠等，你们也就会明白这些道理了。

其实关于这些哺乳动物，我无须作过多介绍，你们应该已经很了解它们了。在你的周围它们随处可见，它们是你日常生活的同伴，出没于街道以及你家的房屋。至于那些不常见的哺乳动物，你们也能在动物园的铁栏杆后面看到它们的身影。

现在，人类来到了一个关键的岔路口。此时人类突然脱离了动物的沉默无言，开始从由生到死、兴亡更替的进程中脱离出来，学着利用脑子来掌握自己种族的命运。

一头特别聪明的哺乳动物，似乎在寻找食物和寻找栖身之所的技能方面大大超越了其他动物。它不仅学会了使用前肢捕捉猎物，并且通过长期的实践和训练进化出了类似手掌的前爪。经过无数的尝试之后，它还学会了用两条后腿站立，并且保持身体的平衡（这是一个非常困难的动作，尽管人类已经有上百万年直立行走的历史，可是每个孩子却还必须从头学起）。这种动物一半像猿，一半像猴，但是它比这两者都高级，这使得它成了最出色最能干的猎手，并且能在各种气候条件下生活。为了安全和便于相互照顾，它们常常成群结队地行动，还学会了如何发出古怪的咕噜声以警告它的幼子有危险接近。亿万年过后，它们竟然学会了如何用喉音进行交谈。

　　说来也许你会觉得难以置信，上面所讲到的这种生物，正是我们最早的类似于人的祖先。

第二章

我们最初的祖先

我们对最早的那些"真正"的人类了解得少之又少，没有任何人看到过他们的照片，除了我们偶然挖掘出来的那些碎骨。在这些碎骨的周围会有一些年代更为久远的已经灭绝的其他动物的骨骼，从中我们可以看到发生在地球上的巨大变迁。当这些碎片到了人类学家（这些学富五车的人类学家用尽毕生的精力，对人这个动物王国的成员进行了研究）手中的时候，我们早期祖先的模样就被他们的手精确地复制出来。

人类早期的祖先丑陋无比，与现在的人相比，他们身材矮小，常年经受阳光的辐射以及寒风的吹拂，连皮肤也变成了黑褐色。并且，这种哺乳动物的头、手、腿以及身体的大部分都被毛发所覆盖着。他们看上去如同猴爪的手以及纤细的手指有着很大的力量，他们有着低低的前额，以及用牙齿来作为刀叉的野兽似的颌骨。当火山发作的时候，声响巨大，烟雾铺天盖地，熔岩肆意流淌，我们的祖先看到的仅是这样的火山喷射出来的火焰而已，至于真正的火，他们则全然不知。

密林中阴暗潮湿的地方就是他们的住所，时至今日，这些地方依然还是非洲俾格米原始部落的家园。他们会在饥饿的时候吃掉树叶以及植物的根茎，或者将怒气冲冲的鸟儿的蛋偷来给自己的孩子吃。如果他们具有足够的耐心，不放弃追逐的话，麻雀、小野狗或者野兔也能够被他们逮住。在他们还没有发现熟的东西更美味可口的时候，他们是生着吃掉这些东西的。

　　白天，这些原始人为了寻找食物，穿梭于树海林涛中。当夜晚来临，黑暗笼罩大地，凶猛异常的野兽开始出来活动，它们遍布他们的周围，这些习惯暗夜活动的野兽四处觅食，为了养活它们的配偶和幼仔，于是原始人不得不将自己的妻子儿女藏匿在树洞中，或者是大石块的后面。野兽们对于人肉非常钟爱。人类早期的生活近况就是这样的，不是野兽吃掉你，就是你吃掉野兽，悲惨、恐惧和痛苦，简直无法形容。

　　夏天的烈日炙烤着他们；冬天的严寒冻死他们怀中的孩子。假如他们不幸受伤（他们很容易在追击和猎捕野兽的过程中折断骨头或者扭伤脚），就会在无人照顾的情况下疼痛而悲惨地死去。

　　早期的人类喜欢发出奇怪、急促而又模糊不清的喊叫声，就像动物园里面的那些零散和奇怪的叫声。因为那个时候的人类喜欢听见自己的声音，所以他们总是不断地发出同样的胡言乱语来。久而久之他们总结出，这种从喉咙里面出来的声音能够很好地起到警示同伴的作用。因此，他们会在危险来临的时候，发出有特殊含义的叫声，提醒同伴们"这里有五只老虎"，或者是"这里来了五只大象"。同伴们则以吼声回答他"我看见它们了"，或是"赶快跑吧，我们要躲起来"。很可能所有的语言都是这样发展起来的。

　　关于人类起源方面的情况，我在前面已经讲过了，我们确实知道得太少了。早期的人类既不会制作工具，也不会盖房子。当他过完一生，最终死亡的时候，我们仅能找得到几根锁骨和碎头骨而已，除此之外，我们无法获得更多关于他们生存的线索。我们了解到的只是有一种与其他动物截然不同的哺乳动物在几百万年前就已经出现在地球上了。这些哺乳动物很可能是一种类似于猿的动物经过不断进化而形成的。他们学会了用两只后腿直立行走，前肢则被他们当成了手，那种属于我们祖先的动物或许就跟他们有着很大的关联。

　　总而言之，关于人类祖先的情况，我们所知道的只是这样而已，至于其他的，依然是未知世界。

第三章

史前人类

史前人类开始为自己制造工具。

时间的定义对于史前时期的人类来说，简直是一片空白，诸如生日、结婚纪念日或逝世日这些重要的日子，他们从来都不会刻意记载；至于年、月、日的概念就更不清楚了。不过他们慢慢地发现了，暖和的春天总是会在严寒的冬季过后悄然而来；而当春天过去，酷夏来临的时候，枝头上的果实就会成熟，原野上的野麦穗一律变成了金黄色，向人们预示着收获的信息；夏天过完以后，树上的叶子被狂风一扫而光，所有的动物都知道即将迎来的是漫长的寒冬。就是用这种方法，他们知道了季节的变迁。

突然之间，有一件与气候有关的非同一般的事情发生了。这件事情引起了人们的恐慌，酷热的夏天迟迟才到，果子无法成熟。群山之顶覆盖的茵茵绿草已经被皑皑白雪取而代之了。

某天清晨，突然从山上冲下来一大群瘦骨伶仃的野人，他们与山下的居民大相径庭，一个个摇摇晃晃站不稳当，似乎已经饱受饥饿之苦很长时间了。没有人能够听得懂他们叽叽咕咕的语言，不过，他们想要表达的意思好像是很饿。当地的食物有限，不能再多养这些新的居民，几天过去了，他们依然没有想离开的意思，于是一场残酷的肉搏战发生在这两伙人当中。很多个家庭齐齐丧生于这场战斗之中，那些有幸逃往山里的人终究还是没有躲过暴风雪的侵袭，也死了。

可是，那些居住在森林里的人也惊魂未定。白昼已经一天天缩短，夜晚却变得严寒不堪。后来，有一种绿色的小冰块零零星星地出现在了两座山之间的裂缝里面。它们以最快的速度长大成为巨大的冰川，然后顺着山坡往下滑动，连庞大无比的石块都被它推进了山谷。整个森林都被那一股股夹杂着冰块、泥浆和花岗岩的泥石流侵袭了，登时雷声轰鸣，响彻天际，许多尚在熟睡中的人们因此而送了命。已经有几百年树龄的大树也遭到了灭顶之灾，被熊熊的森林大火烧得精光。此后，纷纷扬扬的大雪覆盖了天地。

大雪连续不断地下了好几个月，所有的植物都在劫难逃，全部被冻死了，动物们纷纷向南方逃窜，去寻找暖和的阳光了。随之一起逃离的还有人类，他们拿着行李、背着孩子开始了逃难的旅程。可是，与用四只脚奔跑的野兽比起来，他们的速度太慢了。如果他们不积极地动脑筋想办法，那就只有死路一条。后来，他们终于想方设法逃离了冰川的磨难，由此可见，他们的确是善于动脑筋的动物，冰川期发生在地球上的四次致命打击，他们都一一化险为夷了。

首先，人们要想免于在冰天雪地里被冻死，就得穿衣服御寒。他们要用野兽的皮毛来给自己和家人做衣服，于是学会了以挖洞的方法来猎捕野兽，用树叶和枝条覆盖在挖好的洞口上，如果有野兽不幸掉了下去，他们就用石头砸死它。

还有一个比较简单的问题，就是住房问题，有很多动物都习惯把黑漆漆的山洞当成自己的家。人类也跟它们学习，他们将动物们从自己的家里赶出去，然后强行霸占了山洞。

纵然已经穿着毛皮制的衣服，住着温暖的山洞，可是这样寒冷的天气还是让大多数人感到冷得不行。在这样的情况之下，无数的老人和孩子都死去了。这个时候，有一个卓越的天才想到了一个办法，就是用火来抵御严寒，他记得自己在某次外出打猎的时候差点死于森林大火。在那之前，人们一直把火视为莫大的仇敌，直到这个时候，它才如朋友般与人类和睦相处。就是那个人到森林中去捡了一根燃烧正旺的树枝，然后把事先准备好的一棵枯枝点燃了，顿时，整个山洞都被熊熊的火焰映照成了一个暖和的小房间。

有一天晚上，火堆中不幸掉进了一只死掉的鸡。最先这件事并没有引起大家的注意，后来他们被烤熟的香味所吸引，才发现熟食要比生食美味的多。就这样，人们开始把食物烤熟了来吃，那种长久以来与动物一样生吃食物的习性被他们彻底摒弃了。

几千万年过去后，那些聪明智慧的人得以存活了下来。在夜以继日与饥饿和寒冷的抗争中，他们被迫发明了工具。他们使用的斧头是用石块磨制而成的，锤子也被他们制造了出来。为了安然度过漫长的严冬，他们需要储存大量的食物，于是他们又发现了可以用泥土制作各种大小不一的罐子和盆，用太阳晒干以后，就可以使用了。那么，我们可不可以这样认为：正是因为有了对人类的生存构成致命威胁的冰川期的存在，人们才被迫开动脑筋去思考生存的手段，冰川期俨然成了人类最伟大的导师。

第四章

象形文字

> 有文字记载的历史自埃及人书写术的发明拉开帷幕。

我们那些在欧洲原野上生活的早期祖先们，迅速地学习着各种新鲜的事物。毫无疑问，当他们发展到一定程度，就必定能够从野蛮蒙昧的生活状态中解脱出来，属于他们自己的文明就会随之诞生。果不其然，他们与世隔离的状态戛然而止，人们发现了他们。

在欧洲大陆的那些野蛮人的中间，有一位从未知的南方而来的旅客不期而至，这位经过艰辛的跋涉，漂洋过海而来的人，他的家乡在非洲的埃及。

埃及这个坐落在尼罗河谷的国家，早在西方人拥有刀叉、车轮、房屋等文明之物的几千年以前，就已经绽放出了一种高级别的文明之花了。那么，现在我们就去造访下一个人类文明发源地吧，暂时将我们那些还居住在洞穴时代的祖先放一放，地中海南岸和东岸的人们正等着我们呢。

古代的埃及人不仅是出色的农夫，而且熟知灌溉技术，我们从他们身上学到了很多东西。他们一手建造的庙宇成了后来的希腊人效仿的对象，甚至连我们现在建设教堂的最初模本，都是以他们的庙宇为参考的。此外，时至今日我们使用的日历，也是从他们发明的能够精确计算时间的日历上修改而来的。尤其值得一提的是，古埃及人发明了文字，这为语言的世代流传奠定了坚实的基础。

而今，我们会认为读书写字的能力是人类一直以来就具备的，因为我们每天都跟报纸、书籍和杂志打交道。其实，文字这项人类最为重要的发明，其历史并不久远。可以想象，假如人类历史上不曾有过文字这种发明，那么我们人类将会沦为猫、狗一样的动物。猫狗对那种可以将以往祖先的经验保存流传下来的方法一无所知，它们不能将历代猫、狗的宝贵经验全部教给下一代，而只能传授一些极其简单的东西而已。

古罗马人到达埃及的时间是公元前1世纪。他们发现，有一种奇特的小图案散布于整个尼罗河谷，看起来这些图案似乎与这个国家的历史有着某些关联。可是，这些描绘在莎草纸上或者是雕刻在神庙和宫殿墙上的奇怪图案并没有引起罗马人的特别注意，他们也没有对此进行深入的研究，因为罗马人一向都是如此，任何"外国人的"的东西，他们都不放在心上。早在几年前，唯一懂得这种神圣宗教艺术的最后一个埃及祭师也过世了。主权丧失的埃及在这个时候俨然成为装满了历史资料的大仓库，任何人都没有想过要去破解它，也没有人有这个能力，更何况这些东西对人、对野兽都是毫无意义的。

已经走过了17个世纪的历程，埃及依然保持着它特有的神秘。1789年，法国一位姓波拿巴的将军，想要发动对英属印度殖民地的战争，刚好途径东非，不过连尼罗河也没有跨过，他们就惨遭失败了。然而，古埃及图像以及文字的难题恰好正是因为这次著名的远征而迎刃而解了。

某日，禁不住罗塞塔河边（尼罗河口）狭窄城堡里单调生活的折磨，有个年轻的法国军官试图到尼罗河三角洲的古废墟去消遣一下，顺便查看一下历史文物古迹。就在这个时候，他发现了一块令他惊奇不已的石头。在这块石头上面刻画着无数的小型图案，如同埃及的其他东西那样。不过，有三种文字的碑文被刻写在了这块奇特的黑色玄武岩石板上，这一点是与此前发现的其他东西不同的地方，而且，人们所熟知的希腊文就是刻在上面的其中一种。这位年轻的军官马上做出了推断："要解开这些埃及小图案的秘密，只需要将希腊文与埃及图像加以对比就可以了。"

听上去这是一个很简单的办法，可是人们却用了二十多年的时间才最终破解了这个谜团。1802 年，法国有位教授开始将著名的罗塞塔石碑上刻写的希腊文和埃及文进行了比较。1823 年的时候，他宣布已将其中 14 个小图案的意思破解开来了。这位教授就是著名的商博良，没过多久，他因疲于工作劳累而死，这个时候，埃及文字的主要规则已经被世人所知。正是因为有了整整 4000 年的文字记录历史，而今与密西西比河相比，我们才能够对尼罗河了解得更多。

对于古埃及这个 5000 年前精妙的文字系统，你应该要有所了解，我们后人之所以能够知道前人们所使用的口语，都是这种象形文字的功劳，它曾经在人类的历史上发挥着举足轻重的作用，甚至在我们现在使用的几个字母中还能够找得到它们的影子。

然而，对于表记语言，人们是非常清楚的。流传在美洲平原上的印第安故事，曾经就是以这种奇特的小图案形式来介绍的。从中我们能够看出诸如这样的信息：有多少野牛被杀了，某次围猎有多少猎人参加了。一般情况下，像这类信息是很好被理解的。

可是，古埃及文字却并不是一种简单的图像语言。这个原始落后的步骤早已经被聪明的尼罗河谷的人们跨越了。蕴含在他们的小图像里面的意义要远远大于图案本身。现在，我就尝试着给你们阐述一下吧！

假设你就是商博良，此刻你正在对着一堆写满古埃及象形文字的莎草纸冥思苦想。突然之间你发现了一张男人拿着锯子的图案，这时你就会说："很好，这张图画就代表着一位农夫正拿着锯子出去砍树。"之后，你又看到了另外一张表示一位 82 岁高龄的皇后去世的故事的图案。可是，一个男人拿着锯子的图像再次出现在句子中间。你肯定会想，82 岁的皇后是不会自己拿着锯子去砍树的，那么，这个图像一定另有其意，究竟代表着什么呢？

　　法国的商博良向我们揭示的就是这样的谜底，他发现首次运用"表音文字"的人正是古埃及人。口语单词中的声音被这种文字清晰地表达了出来，我们能够毫不费力地依靠那些简单的点、划以及其他歪斜的笔画，用书面语言记录所有的口语单词。

　　我们还是再来看一下这副男人持锯的图画吧。"锯"（saw）这个单词有两种意思，一种是你在木工店看到的某种工具，另一种是动词"看"（to see）的过去时。

　　我用以下的文字来为你讲述这个单词在古埃及的演变历史：一开始，它只是表示"锯子"这件工具而已，后来，原先的意义被逐渐摈弃，它新的意思是代表一个动词的过去式。又经历了几

百年的时间，这两种含义都被古埃及人摈弃了，图 表示的是一个单独的字母"S"。现在，让我以一个简单的例子来对我的意思加以说明。下面这个现代的英文句子，如果用古埃及文字可以表示成这样：

　　图案 表示在你脸上的那个圆圆的东西，你正是通过它才能看清楚整个世界，同时，它也表示"我"（I），就是正在说话的这个人。

　　图案 既代表着某种能够采蜜的昆虫，也就是蜜

蜂，也表示"是"（to be）这个动词，后来，它又演变为"成为"（be－come）或"举止"（be－have）这类动词的前缀。图案紧跟在这个例句的后面，它表示"树叶"（leaf）、"离开"（leave）或"存在"（lieve）（这三个词具有相同的发音）。

下面的这个图案，我在前面已经讲过了，是"眼睛"（eye）的意思。

接下来你看到的是这个图案，它代表长颈鹿。这类词其实属于古代表记语言的范畴，它经过发展和演变，最终才形成了象形文字。

理解了其中的含义，现在你就能够轻易将这句象形文字写成的句子读出来了。

"我相信我看见了一只长颈鹿。"（I believe l saw a giraffe.）这句话的意思就是这样的。

这种象形文字体系问世后，又经历几千年的完善和发展，最终才具备了可以记录任何人们想要记录的东西的能力。古埃及人正是利用这个文字系统来记录商业账目，记录历史事件，给后代留下了可以汲取的宝贵经验。

第五章

尼罗河流域

人类文明的发源地。

人类为免遭饥饿而到处觅食的历史同时也是人类的历史，人们只会选择到那些食物充足的地方去定居。

很早的时候，尼罗河流域就已经闻名于世了。这里肥沃的土地吸引了大批的人，他们不辞万里从非洲内陆、阿拉伯沙漠、亚洲西部赶到这里。就像我们偶然称美洲为"上帝的国土一样"，这些新来的居民有一个共同的种族称谓，叫作"雷米"或"人们"。命运女神将他们带到了这块狭长的土地上来，他们应该心怀感激。每当夏季来临，河谷地带便会被尼罗河变成一个大浅湖，湖水退去后，几米之厚的沃土将会把田野和牧场全都覆盖起来。

在埃及，正是因为有了这条仁慈的尼罗河，那些首次出现在人类历史舞台上的城市居民才能得以生存下去。当然，河谷地带并不囊括所有可以耕作的土地。不过，每个地方的农田都能够受到尼罗河水的滋养，河面的水是通过无数小运河以及由吊桶构成的复杂提水系统而引到堤坝顶部的，然后，河水顺着横七竖八的灌溉沟渠网流淌到田地里去。

史前时期的人类，每天为了给自己以及家人寻找食物就要花去 16 个小时的时间。然而，居住在埃及的农民以及城市居民却拥有适当的空闲时间，他们那些具有装饰作用而无实际价值的物品，就是在这些闲暇时间内制作的。

除此之外，他还在某天发现了自己的脑袋除了考虑吃、穿、睡，以及为了小孩子找个住处这类日常的问题以外，还可以用来思考许多奇怪的念头。诸如星星是从什么地方来的？是谁制作了电闪雷鸣？尼罗河水有规律的上涨是谁导致的？又是谁根据每年洪水出现和退去的规律制定了日历？还有他自己，究竟是个什么人呢？居然能够在疾病和死亡的威胁之下依然幸福和快乐地活着。

对于他提出的许多这类型的问题，有的人会很负责任地尽其所能地给他一个答案。这些人就是埃及人的思想导师，负责解答人们思想上的问题，在埃及人心中具有极高的威望，人们称他们为"祭司"。祭司们拥有渊博的学识，他们肩负着用文字记录历史的重要而神圣的职责。他们非常清楚，如果人们只贪图眼前利益，那将无害无益，于是他们指导着人们更多的关注来世。那个时候，西部群山以外的地方才是人们灵魂的处所，他们必须将自己在前世的所作所为，报告给控制生死大权的伟大的神奥赛西斯，神会依据他们的功过是非来做出判决。确实，天神奥赛西斯与艾西斯国土里的来世生活备受祭司们的关注，这样一来，现实生活往往被古埃及人当成一个通向来世的入门阶段，连同富庶的尼罗河谷也被视为一份献给死者的礼物。

在古埃及人的意识里，一个没有今生躯体寄托的灵魂是无法达到奥赛西斯的国土的，这一点甚是令人费解。所以，亲属们会在第一时间处理死去的人的尸体，为了防止腐坏，他们会为尸体涂抹各种香料和药物。然后将它放进氧化钠溶液里浸泡，几个星期后，又用树脂填塞尸体。树脂一词在波斯语中读作"木米乃"（Mumiai），所以，人们就用"木乃伊"（Mummy）来称呼经过防腐处理的尸体。木乃伊要先用特制的亚麻布一层一层包裹起来，然后再放进特制的棺椁里面，做完这些后，就可以将棺椁运送到丧生者最后的安息地了。然而，古埃及人的墓地像极了一个真正的居所，有许多家具、乐器（在枯燥的等待中，可以用来消遣）摆放在墓室内，此外建造了一些厨师、面包师以及理发师的雕像（这样的话，就能够为墓室的主人提供很好的梳洗、用餐服务了，主人就不会拉里邋遢地到处乱走）。

最开始的时候，古埃及人将坟墓建在西部山脉的岩石里面，后来，他们不断地迁移到北方，墓地也就不得不建造在沙漠上了。可是，在沙漠里，凶猛的野兽以及险恶的盗墓贼肆意横行，为了预防这些人擅自闯进墓室偷走随葬宝物，并且乱动木乃伊这些亵渎行为的发生，他们在墓地上建立了小石冢。后来，这些小石冢成为富有人家相互攀比的对象，他们争相建立更加华丽和高大的石冢。公元前 13 世纪的埃及国王胡夫法老的石冢创下了最高纪录，这位法老王即希腊人口中的芝奥普斯王。希腊人把他的皇陵叫作金字塔（在古埃及文里，"高"为 Pir – ern – us），有 500 英尺（约 152 米）之高。

胡夫金字塔的面积是基督教最大的建筑圣彼得大教堂的三倍，共占地十三亩（约 8666 平方米）。

十多万奴隶在二十多年的悠长岁月中，忙忙碌碌地将尼罗河对岸的石块运送到河的另一边（我们到今天为止也不能弄明白，那项伟大的工作他们是怎样完成的），然后再分步骤地把这些石材运送到沙漠，并且堆放到合适的高度。这项工作任务被胡夫法老的建筑师和工程师们出色地完成了。时至今日，那条通往陵墓中心的狭长过道，纵然承受着几千年数千吨巨石的重压，却依然毫不变形。

第六章

有关埃及的故事

埃及的兴衰史。

尼罗河是人类的挚友，偶尔也会变成凶恶的监工。在河谷两岸居住和生活的人们从它那里学到了"协作"的劳动艺术。人们相互依赖与合作，共同修筑水利灌溉设施。如此，人们也懂得了与友邻和睦相处的方法，这种互利共赢的关系为一个有组织的国家的出现奠定了基础。

后来，在邻居们当中出现了一个能力非凡的人，他的权力在所有邻居之上，因此，他理所当然地成了大家的首领，当这个富庶的河谷地带受到嫉妒之心膨胀的西亚邻居入侵时，他义不容辞地担当起抵抗外敌的统领。最终，从地中海沿岸到西部山脉的宽阔土地都被他所统治了，他成为显赫的国王。

可是，那些勤劳贫苦的农民却对古埃及法老（法老这个词表示"住在大宫殿里的贵人"）的一系列政治冒险没有丝毫兴趣。如果法老们不对他们征收过分的赋税，不对他们施加繁重的劳役，他们也不会反对法老的统治，而且还会像敬爱大神奥赛西斯一样，对他们表示敬仰。

要是有外国侵略者对他们发起进攻，抢夺他们的财务，局面就会变得惨不忍睹。已经享受了两千年独立自由的埃及，某天突然被一个叫作希克索斯的野蛮的阿拉伯游牧部落侵占了，此后，尼罗河流域被他们统治了长达数百年的时间。希克索斯人与希伯来人（犹太人）都是非常不受欢迎的人群，后者曾经一直过着漂泊无依的生活，后来他们穿越沙漠，在埃及的歌珊安身立命。然而，正是这些人帮助希克索人剥夺了埃及的独立和主权，并且成为侵略者的税吏和官员，埃及人民对他们深恶痛绝。

在公元前1700年此后没多久，底比斯人民的反抗运动爆发了，经过长期的抗争，埃及人重新获得了独立，希克索斯人被驱赶出了尼罗河谷。

此后1000年，整个西亚臣服在亚述人脚下，这个时候的埃及也沦为沙达纳帕卢斯帝国的一个组成部分。当它再次获得独立主权的时候，已经是公元前7世纪了，这时尼罗河三角洲萨伊斯城的国王统治着整个埃及。然而，波斯国王甘比西斯却在公元前525年占领了整个埃及。亚历山大大帝在公元前4世纪彻底征服了波斯，埃及又成为马其顿的一个行省。后来，埃及再一次获得了独立，那是亚历山大大帝的一位将军建立了一个托勒密王朝，把亚历山大城定为帝国首都，并自立为埃及王国。

公元前39年，罗马人闯入了埃及。那个时候的埃及君王，即最后的一位君王是克娄帕特拉女王，为了拯救自己的国家，她倾尽所能。她的美艳和魅力甚至比几十个埃及军团的威力还要大得多。凭借自己的美丽，她成功征服了入侵者恺撒大帝及安东尼将军。然而，这个依靠美貌维持的统治却在公元前30年遭到了倾覆，奥古斯都大帝登陆亚历山大城，不费吹灰之力就将埃及军队全部击溃了，这位恺撒的侄子与他离世的叔叔有所不同，对于埃及艳后的美貌，他不为所动。最后，他还是饶克娄帕特拉不死，他计划着将这个战利品带回罗马，并在罗马城的凯旋仪式上将她游街，以供罗马人民消遣。可是，克娄帕特拉听到这个阴谋后，却喝下毒药自我了结了。从此以后，罗马又多了一个省，那就是埃及。

第七章

美索不达米亚

东方文明的又一个中心。

请想象一下，假如我现在把你带到金字塔的顶点，而你又恰好有着一双如同鹰一般的眼睛。请你极目远望，这个时候，你会看到在遥远东边那片苍茫的黄沙之外有一偌大的河谷，那个微光闪闪的地方被两条大河夹持着，《旧约全书》里面提到过的乐园就是这个地方。希腊人把这个充满神秘感的人间仙境称为"美索不达米亚"（即位于两条河之间的国度）。

这两条河就是发源于亚美尼亚白雪皑皑的群山之中（诺亚在逃难途中，曾经在这个地方休息过）的幼发拉底河（巴比伦人又把它叫作普拉图河）以及底格里斯河（另外一种叫法是迪克拉特河）。它们缓慢地流经南部的平原地区，随后投入海岸泥泞的波斯湾的怀抱之中。它们把福泽带给了居住在两岸的人民，西亚干旱的沙漠在它们的滋润下变成了肥沃的田地。

人们冲着尼罗河流域丰富的物产蜂拥而至。因此，这块"两河之间的土地"也得到了人们的称道。北方的高山居民以及南部荒漠的游牧部落，都试图将这块前景大好的土地占为己有，他们阻止一切外来人员对它进行侵占。并且，在山区居民与沙漠游牧部落之间展开了一场旷日持久的斗争，有幸活下来的人必定是最强大最智慧的那部分。这就是美索不达米亚最终成为一个强悍民族的原因，他们完全有能力创造出与古埃及相媲美的灿烂文化。

第八章

苏美尔人

我们从苏尔美人写在泥版上的楔形文字了解到了亚述和巴比伦王国，这个闪米特人大熔炉的故事。

15世纪是一个重要的地理发现的时期，哥伦布在寻找到达震旦群岛的道路时，出乎意料地发现了美洲新大陆。某位奥地利主教为了到东方寻找莫斯科大公的故乡，特意资助了一支探险队伍，遗憾的是，这次行程却以失败告终。西方人第一次造访莫斯科已经是一代人之后了。同一时期，有一个威尼斯人在对西亚的古迹进行考察研究的过程中，宣称发现了一种神奇的文字，并将相关报告带回了祖国，这个人叫作巴贝罗。这是一种刻在不计其数的烘干泥版上的文字，有的时候它也被刻在伊朗谢拉兹地区很多庙宇的石壁上。

然而，这个时候的欧洲深陷其他繁忙的事物之中。一直到18世纪后期，这些"楔形文字"才首次与欧洲人们见面，这要归功于丹麦一个名为尼布尔的勘测员。D、A、R及SH这四个字母终于被耐性极好的德国教师格罗特芬德破译出来了，这花了他整整30年的时间，这四个字母连在一起就是波斯国王大流士的名字。西亚文字的神秘大门最终被打开是在此后20年，英国有位叫作亨利·罗林森的官员发现了伊朗贝希通岩壁上的楔形文字。

法国商博良破译埃及象形文字的工作与楔形文字的破译工作比起，就显得非常简单了。首批居住在美索不达米亚上的苏美尔人，完全摒弃了埃及象形文字的那一套，他们试着将自己的语言刻写在泥块之上，这种文字体系慢慢演变成为 V 形文字系统。这种实际上由象形文字发展而来的文字体系已经完全没有了象形文字的影子，为了让你清楚我的意思，我用以下例子加以说明。最开始的时候，在一块砖石上用钉子刻写一个"星星"，它

的图像是 。可是，这个图像怎么看都不简单。后来，

要在"星星"前面加上"天空"的意思，就用这个简化图来表示

，不过这样的话，人们更难看懂了。同样的道理，一头

"牛"最初是 ，后来变成了 ，一条鱼开始是

，后来变成 。这个平面圆圈 最

初就可以代表太阳了，后来这个图像又演变为 。假如，

苏美尔人的文字表达法能够沿用至今，那么这个图像

或者代表的就是船了。苏美尔人、亚述人、巴比伦人、波斯人以及所有那些曾侵占两河之间富饶土地的种族，曾经在三十多个世纪的时间里，全都用这种复杂无比的文字系统来记录自己的思想。

　　无休止的战争和杀戮共同构成了美索不达米亚的故事。早期从北方跋涉到这里的苏美尔人是在山区居住的白种人，他们习惯了在山顶上祭祀神灵。这种习惯还一直延续到平原地区，他们在平原定居的时候，就人为地堆造一些高高的沙丘，然后把祭坛建在沙丘顶部。这些人用环绕形的倾斜长廊代替楼梯使用，因为他们不会建造楼梯。这个创意被我们现代的工程师用在了大火车站的上行走廊上，各个楼层就是依靠这个上升走廊连接起来的。苏美尔人的许多创意很可能被我们不自觉地应用在现代生活中了，只是我们还没有察觉到而已。在此后的岁月中，其他种族侵占了两河流域，苏美尔人也渐渐被同化，以至于没有留下半点痕迹，我们只在美索不达米亚成片的废墟中，看到他们一手建造的高塔还仍然矗立着。这种高塔被流浪到巴比伦的犹太人看到后，他们为它取了一个名字，叫作"巴别塔"（通天之塔）。

　　苏美尔人踏进美索不达米亚是在公元前40世纪的时候，此后不久，阿卡德人就将他们彻底征服了。在阿拉伯沙漠中的闪米特人都讲着同样的方言，阿卡德人便是其中一支。那个时候的闪米特人，以诺亚三个儿子之一的"闪"的直系后裔自居。闪米特人的另外一支阿莫赖特人在一千年以后征服了阿卡德人。伟大的汉谟拉比国王就是阿莫赖特人的统治者，这位国王将自己豪华的宫殿建在了巴比伦这座圣城里，同时他还颁布了一部法典，这使得他所统治的巴比伦王国的管理体制响彻整个古代世界。紧接着，这块富庶的河流地带被赫梯人（《旧约全书》里面对此有所描述）侵占了，所有无法带走的东西统统被他们毁灭了。后来，这些人又被迫臣服于亚述人，亚述人是沙漠大神阿舒尔的忠实信徒。他们的帝国版图囊括了整个西亚和埃及，首都是尼尼微，不计其数的种族都在这个令人生畏的帝国统治之下，并且向帝国缴纳税赋。亚述人建立的帝国在公元前 7 世纪的时候被闪米特部落的勒底人颠覆了，他们重新建立的首都巴比伦在那个时代有着举足轻重的地位。布甲尼撒是迦勒底人最具影响力的一位君王，他大力支持一切科学研究工作的开展，沙勒底人发现的基础性原理为我们当代天文学和数学的发展奠定了基础。公元前 538 年，这块古老的土地又落入了一支粗俗的波斯游牧部落手中，迦勒底人建立的帝国被摧毁了。200 年后，这支游牧部落又败给了亚历山大大帝。至此，希腊又多了一个省，就是这块有着众多闪米特人部族老熔炉称号的肥沃河流地带。接踵而来的是古罗马人以及土耳其人，世界上第二个文化中心之地美索不达米亚饱经沧桑后，成了一个广袤的荒野，昔日过往云烟的繁华和富丽都付诸那些巨大的土丘了。

第九章

摩西

犹太民族首领摩西的故事。

这是发生在公元前 20 世纪的一件事，一支微不足道的闪米特部落在某天拉开了流浪生活的序幕，他们心怀着到巴比伦王国寻找新牧场的美好愿望，离开了幼发拉底河口的乌尔。然而，他们却遭受了国王士兵的驱赶，无奈之下，他们踏上了西去的流浪之路，希望能够寻找一块无人统辖的土地，以便安身立命。

这支游牧部落就是我们所说的犹太人，也被称为希伯来人。他们四处流浪，经历了很多年漂泊无依的悲惨生活后，最终得以在埃及定居下来。在长达五个世纪的时间里，他们一直和埃及人和睦相处。后来，希克索斯人征服了他们栖身的这个国家，在那个过程中，他们成了侵略者的帮凶，这样他们的牧场也安然被保留了下来。此后，一场旷日持久的斗争在埃及人和希克索斯人之间爆发了，最终埃及人取得了独立战争的胜利，希克索斯人被赶出了尼罗河流域，犹太人的厄运也随之而来了。他们沦为了低级的奴隶，不得不像牛马一样干着修建御用大道和金字塔的艰辛工作。他们想要逃离埃及是绝不可能的，因为埃及士兵时刻监守着边境地带。

饱受了漫长折磨的犹太人最终在一位叫作摩西的青年领袖的带领之下走出了苦难。常年居住在沙漠地带的摩西深得祖先们朴质美德的教诲，他们绝不允许外国安逸奢侈的文明腐化他们，对此摩西大加赞赏，他决心将这一传统美德向所有族人传播。

顺利躲过埃及追兵的摩西带领着族人到达西奈山脚下的平原中心。曾经那段悠长而寂寞的沙漠生活历练了他对闪电和暴雨的敬畏之力，在他看来，天国、牧羊人的生活、取火以及呼吸都由这位神灵来控制。这位神仙就是受到整个西亚崇拜的众多神灵之一，即耶和华。在摩西的暗示下，耶和华成为希伯来人唯一的真神。

某天，摩西突然从犹太人的营地消失了，人们相互议论着，他带走了两块粗大的石板。那天下午，风雨大作、乌云密布，山顶模糊不清。然而，摩西回来的时候，看吧，在电闪雷鸣之际，耶和华已经将对以色列人们说的话刻写在了那两块粗石板上。从此之后，所有犹太人都无一例外地将耶和华视为最高的命运主宰，唯一的真神。他教授人们能够过上圣洁生活的"十诫"训示。

人们追随着摩西继续在沙漠里跋涉，他们想要穿越沙漠。他们严格遵循着摩西的教导，该吃什么、喝什么、避开什么，这样就能够在酷热的天气下使身体处于健康状态。多年的流浪漂泊后，他们终于达到了富庶而令人愉悦的巴勒斯坦，巴勒斯坦意为"皮利斯塔人的国度"或者是"菲利斯坦人"的国家。菲利斯坦人属于克里特人的一个分支，他们在原先居住的岛屿上遭到了驱逐，后来在沿海一带定居。不幸的是，这个时候另一支闪米特部族迎南人已经霸占了巴勒斯坦。可是，犹太人却能排除千难万险，突出重围来到山谷地区，并且建立很多城市。他们专门建立了一座宏大的庙宇用于供奉耶和华，并以有"和平之乡"含义的"耶路撒冷"来为这个庙宇所在的城市命名。

这个时候的摩西已经不再是犹太民族的首领了。他平和地注视着巴勒斯坦的那些山峰，然后将自己疲惫不堪的双眼永远合上了。一直以来，为了取悦耶和华，他穷尽一生，努力工作。在他的努力下，犹太民族脱离了外国的奴役，并且建立起属于自己的独立自主的新家园，同时，摩西还使犹太人成为人类历史上首个崇拜唯一真神的民族。

第十章

腓尼基人

这是一个为我们创造了字母的民族。

作为犹太人近邻的腓尼基人同样属于闪米特部族。他们很早的时候就已经定居在地中海沿岸地区，提尔和西顿这两座防御能力强大的城市就是他们的杰作。他们完全控制西方海域的贸易也仅仅用了很短的时间。希腊、意大利、西班牙都有他们定期往来的船只，有时候，他们还会到穿过直布罗陀海峡，冒险到锡利群岛去购置锡矿。他们每到一个地方，都建立一个小型的贸易点，也称之为"殖民地"。这些小贸易点就是现代很多城市的雏形，加的斯和马赛就是其中之一。

对于腓尼基人来说，只要有利可图，任何东西都不会让他们觉得灵魂不安。如果照他们的邻居所描述的那样，腓尼基人则既不诚信也不正派。对他们而言，所有正直公民的最高愿望无疑就是装满钱财的箱子了。其实，其他人从来都不喜欢他们，他们也没有任何知心的朋友。可是，他们创造的字母却成为留给后世子孙最有价值的财富。

苏美尔人创造的楔形文字对于腓尼基人来说并不陌生，可是，这些整天与商业贸易打交道的大忙人认为这些符号既笨拙又浪费时间，他们不愿意把大量的时间花在对那几个字母的刻写上。于是，一种优越于楔形文字的崭新文字体系在他们的努力之下诞生了。他们借鉴并简化了埃及的象形文字以及苏美尔人的楔形文字，为了提高书写的速度而摒弃了老文字系统的美观形象，最终几千个不同的图案被他们简化成了22个字母，这些字母短小、简单、便于书写。

这些字母后来还越过爱琴海，传到了希腊。希腊人在此基础上融入了自己创造的几个字母，然后把这个新的文字系统传播到了意大利。这些字母经罗马人略为修改后，被西欧那些蛮夷部落接受了。我们的祖先就是那些野蛮人。这就是为什么这本书要以腓尼基人创造的字母文字来记录，而没有用埃及象形文字或苏美尔人的楔形文字来写作的原因。

第十一章

印欧人

闪米特人和埃及人都臣服在了印欧语族的波斯人脚下。

三千多年的历史对于古埃及人、巴比伦人、亚述人及腓尼基人这些居住在河谷地带的古老民族来说，确实已经很长了，而且这些民族在漫长的岁月中逐渐显露出疲弱和腐朽的征兆。于是，那支出现在地平线上的新民族便注定肩负了倾覆的使命。这个新的民族就是我们所说的印欧种族。印欧种族成功地征服了整个欧洲，并且一度将印度的统治大权牢牢握在手中。

印欧人属于白种人，这一点跟闪米特人一样，不过，他们的语言却与众不同，除了匈牙利语、芬兰语及西班牙北部的巴斯克方言以外，所有的欧洲语言都是从他们的语言分化而来的。这些人还有另外的称谓，即"亚利安人"，表示"贵族"的意思，从梵文"arya"一词而来。

事实上，他们已经在里海地区居住了好几个世纪，我们才首次听说过他们。可是，突然有一天，他们将帐篷收好，踏上了找寻新家园的旅程。他们当中的一部分人迁移到中亚的崇山峻岭中去了，很多个世纪他们一直定居在伊朗高地周围的山峰之间。还有一部分人走向了太阳落山的地方，最后整个欧洲平原都归他们所有了。关于这段故事，我将在希腊和罗马的那个章节中详细讲述给你们听。

现在，就让我们继续来谈论亚利安人吧。查拉斯图特拉（又名琐罗亚斯德）被他们推崇为伟大的导师，在他的领导之下，大部分亚利安人从自己在山中的家里出走了，他们沿着激越的印度河顺流而下，直到入海口。

其余的人选择了继续留守西亚的群山，他们在原地建立了半独立的米底亚人和波斯人的社会。关于这两个民族的民族，我们可以从古希腊的史书上看到。米底亚人在公元前 17 世纪的时候建立了属于自己的米底亚王国。这个王国后来被所有波斯部落共同的国王，也就是安申部落的首领居鲁士覆灭了，这位国王从此开始了他到处征讨的旅程，他以及他的子孙在不久之后就成为西亚和埃及无可厚非的国王。

这些精力旺盛的印欧种族的波斯人一路所向披靡，一直征讨到了西方世界。没过多久，他们与另一个印欧部族之间爆发了一场异常严重的冲突，另外这个印欧部族已经在希腊半岛和爱琴海岛屿上居住几个世纪的时间了。

希腊和波斯之间的那三次闻名于世的战役，正是由这场冲突引起的。为了争得欧洲大陆上的一个落脚点，波斯国王大流士和泽克西斯分别率领军队发动了对半岛北部的战争，他们争先掠取希腊人的国土。

不过，他们都以失败告终了。雅典拥有一支百战百胜的强大海军。波斯军队的补给线被希腊的水手们割断了，这样一来，那些来自亚洲的侵略者就不得不向自己的大本营撤退了。

这就是亚洲和欧洲的首次交锋，同时也是古老的老师与年轻有才的学生之间的交锋。一直持续到现在的东西方之间的战斗，我们在这部作品的其他章节还要继续对大家讲述。

第十二章

爱琴海

亚洲的古老文明正是经过爱琴海人之手传播到了蛮荒的欧洲。

海因里希·谢里曼在孩提时代就听过父亲讲述特洛伊的故事。这些故事对他来说具有强大的吸引力，所以，他从小就下定决心，等他长大后，具有独立远行的能力的时候，就会到希腊去"寻找特洛伊"。这个理想从来没有因为他的父亲仅是梅克伦堡村的一个贫穷的乡村牧师而有所动摇。要寻找特洛伊，如果没有一笔钱的话，那是办不到的，于是他开始存钱，决定攒好钱再继续从事考古事业。他只用了很短的时间就得到了一大笔足以武装一只探险队的钱财。此后，他朝着自己心中的特洛伊城旧地，也就是小亚细亚的西北海岸进发。

古亚细亚当地人们盛传，普里阿摩斯王的特洛伊城埋藏在那块长满庄稼的高丘地下。这个时候的谢里曼，对考古的热情已经远远超越了他渊博的考古学识了，他立刻开始了挖掘工作。他争分夺秒地努力工作，可是却没有找到梦中的那座城市，他的壕沟从特洛伊城的中心穿过，深埋在地下的另一座古城遗迹被他意外发现了，这是一座比荷马笔下的特洛伊城早一千多年的古老城市。一般情况下，人们会把在希腊人之前定居在这里的那些史前人类，与打磨的石制锤子以及粗略的陶器这些器物联系在一起，所以说，假如谢里曼只是发现了这些东西的话，人们是不会感到惊奇的。可是，他发现的却是做工精美的小雕像、贵重的珠宝和饰有非希腊图案的花瓶这类器物。凭借这些发掘物，他大胆推测：有一个不为人知的民族早在特洛伊战争爆发前一千年，就已经定居在爱琴海沿岸地区了。他们创造了比侵占他们的国土、毁灭或吸收他们文明的希腊野蛮部落高超很多的灿烂文化。最终这一推测得到了证实，谢里曼于19世纪70年代后期对迈锡尼废墟进行了考察。连古罗马的旅游指南都曾经对这些古老废墟悠久的历史惊叹不已。谢里曼在一道小圆围墙的方石板下面又一次有了意外的收获，他发现地下埋藏着惊人的宝藏。同样，这些宝藏属于一千年前那个神秘的希腊部族的。古希腊人惊称的"泰坦的作品"的那些结实、坚固而高大的城墙也是他们的杰作。泰坦是古希腊神话传说中的巨人，像神一样，他常常与山峰玩掷球的游戏。

　　笼罩在这些遗迹上的神秘面纱，最终在考古学家详细地研究之下被彻底揭开了。并不是什么神奇的魔法师制造了这些早期的工艺品以及巨型城堡，它们只是由朴质的水手和商人建造的而已，克里特岛和爱琴海的那些小岛就是他们的安身之处。在这些勤劳艰苦的水手们的努力之下，爱琴海成为一个异常繁忙的商业中心，发达文明的东方世界与落后荒蛮的欧洲，在这个地方频繁地进行着物质交换和贸易活动。

　　这个工艺超群的繁华海岛之国一直持续存在了一千多年的时间，坐落在克里特岛北部海岸的克诺索斯是它最为重要的城市。这个城市的卫生条件和舒适程度已经可以和现代接轨了。在它的宫殿里面不仅有精良的污水排泄系统，而且还为住所配备了专供取暖的火炉。除此之外，人类历史上首次在日常生活中使用浴缸的民族也是克诺索斯人。蜿蜒盘旋的楼梯和宽敞高大的宴会厅，让克里特国王的宫殿举世闻名。几乎每个第一次来古希腊参观的游客，都会对宫殿下面那些巨大无比储藏葡萄酒和橄榄油的地窖留下无法磨灭的印象，于是，以此为原型的克里特"迷宫"

的故事被人们流传开来。所谓的迷宫是我们对一座拥有不计其数且复杂异常的建筑物的统称，如果我们被关在了正门里面，我们能够找到出路的机会就非常渺茫了。可是，我却对后来发生在这个伟大海岛上的一切毫不知情，还有导致它突然颓败的原因，我也无从了解。

时至今日，没有任何人能够将精通书写术的克里特人留下的碑文破译出来。这样的话，关于他们的历史，我们就一无所知了。即使关于他们点滴的英雄业绩，我们也只能通过爱琴海人留下的遗迹中推测出来而已。当然，从中我们也看到，从北欧来的那些蛮夷部落，几乎在一夜之间摧毁了爱琴海人的世界。假如我们的判断没有失误的话，正是我们口中的古希腊人导致了克里特人和爱琴海文明的戛然而止，这个野蛮的部族就是刚刚将亚得里亚海与爱琴海之间那个岩石半岛占为己有的游牧民族。

第十三章

希腊人

　　那个时候，希腊半岛被印欧语系的赫楞人占领了。

　　当金字塔存在了一千年的时候，某天有一支印欧种族的小游牧部落离开了他们位于多瑙河流域的家园，踏上了南去寻找新牧场的道路，此时颓败的征兆正在金字塔之国出现，并且，这个时候距离智慧的汉谟拉比王离世已有几个世纪的时间了。这支游牧部落以赫楞人自居。在古老的生活传说中，很久以前，奥林匹斯山的众神之首宙斯发大水毁灭了邪恶的人世，所有的人类都在那场洪灾之中丧生了，除了有狄优克里安和他的妻子皮拉。后来他们有了一个儿子，即赫楞。

　　这些赫楞离我们太过久远了，我们对他们知之甚少。修昔底德这位记录雅典衰败的历史学家，曾经用"不值一提"这样鄙夷的字眼来谈论过自己的这些祖先们。不过，事实确实如此，粗野蛮横的赫楞人就像牲畜一样生活着。这些凶残、贪婪又蠢钝的人，经常用敌人的尸体喂养凶猛的牧羊犬。他们一味地践踏其他民族的利益，希腊半岛上的土著人（叫作皮拉斯基人）遭到他们血腥的残杀，其农田和牲畜也被他们掠夺，甚至连妻子儿女也沦为他们的奴隶。只有亚该亚人受到过他们的赞美，因为赫楞人曾经在亚该亚人的带领下，深入塞萨利和伯罗奔尼撒的山区。

　　赫楞人虽然在各处的高山顶上看到过爱琴海人的城堡，不过他们不敢贸然进犯，他们很清楚，自己粗陋的石斧是无法与爱琴海士兵锋利的刀剑和长矛相抗衡的。

　　就这样，他们在一个又一个山谷和山腰之间漂泊流浪，当他们收归了所有的土地后，便安定了下来，逐渐成为农民。

　　希腊文明至此拉开了序幕。从希腊农民居住的地方可以看见爱琴海人的殖民地，在好奇心的诱使下，他们终于造访了自己傲慢的邻居。他们发现，居住在迈锡尼和蒂林斯的高大石墙后面的人们那里，有许多值得他们学习的东西。

　　于是，在很短的时间内，这群聪慧的学生就对那些奇特的铁制武器的使用方法烂熟于心了，这些武器是爱琴海人从巴比伦和底比斯买回的。此外，他们还掌握了航海的秘密，并且开始自己动手建造在海上航行的小船。

　　爱琴海人所有的本领都被他们学光了，这个时候，他们就倒戈相向，曾经的老师们被他们驱赶回了爱琴海岛屿上。没过多久，他们开始了海上冒险行程，将爱琴海上所有的城市都一一征服了。公元前15世纪的时候，克诺索斯也遭到了他们的洗劫，整个城市都被摧毁了。从赫楞人首次在人类历史舞台上亮相开始，他们只用了10个世纪的时间，就当上了整个希腊、爱琴海和小亚细亚沿岸地区的统治者。公元前11世纪，希腊人彻底摧毁了特洛伊这个最后的古老文明贸易中心，至此，欧洲历史正式拉开了序幕。

第十四章

古希腊的城市

可以将古希腊的城市视为独立的国家。

"大"这个词博得了我们现代人的一致喜爱，我们无一例外都会因为自己是世界上"最大"的国家、拥有"最大"的海军、出产"最大"的柑橘和马铃薯这些事而感到自豪和骄傲。百万人口的"大城市"是我们理想的居住地，"最大的公墓"也是我们理想的死后葬身之地。

如果我们这些想法被一个古希腊的居民听到的话，他很可能会觉得匪夷所思、大为不解。对他们而言，理想的生活原则就是"凡事都要遵循适度"。他们绝不会简单地对某个"大"感兴趣的。值得一提的是，他们的适度原则已经贯彻到了从生至死的整个生活过程之中了，并非只是在某些场合的一句空话。它融入了他们的文学体系里，所以古希腊人能够建造出精致完美的庙宇；男人的服饰和妻女们佩戴的首饰也受到了它的影响；此外，这个原则还在剧场里面得到了体现，假如某位剧作家竟敢背离高雅和健康思想，人们就会对他嗤之以鼻。

古希腊的政治家以及运动员也被人民要求具备这种纯良的品质。如果有一位很有能耐的长跑运动员来到斯巴达，夸耀自己能够用一只脚站立很长时间，那么这个人就被遭到希腊人的驱逐，因为他所炫耀的这个能耐，任何蠢的人都可以做得到。

这个时候，你可能会说："那很好嘛！"追求适中和完美，是一种优秀的品质，可是在古代世界，只有古希腊人具备这种品质，这是为什么呢？下面，我就来讲述一下古希腊人的生活方式，这就是我对这个问题做出的回答。

生活在古埃及或美索不达米亚的人们只是神秘的最高统治者的"臣民"而已，这位统治着广袤帝国的君王端坐在遥远的深宫里面，大多数的臣民至死都不曾见过他。与此相反的是，古希腊人是无数个小"城邦"的"自由民"。就算是这些城市中最大的那一个，其居民也远远少于现在的某个大村庄。一个称自己是巴比伦人的乌尔人，事实上他只是向西亚统治者纳贡的数百万人口中的一个而已。如果是一个希腊人自豪地以雅典人或底比斯人自称的时候，那么，他所提到的那个小城市既是他的家乡又是他的国家。在那里，无所谓什么长官，只有集市上人们的意志才是权威。

古希腊人认为他们的祖国就是他们出生的地方，他的童年就是在这个地方的石墙间玩捉迷藏游戏度过的，在这个地方，他和许多男孩、女孩一起快乐地长大。就像你熟悉你们班里所有同学的绰号那样，他也熟悉他们每一个人。他父母的尸骨就埋藏在祖国圣洁的土地上。他居住的小房子受到了祖国高大坚固城墙的庇护，他的妻子儿女才得以悠然自得地生活着。对他而言，那四亩、五亩堆满岩石的土地就是他的整个世界。不知道你是否已经清楚，生活环境对一个人的言行举止和所思所想所产生的影响。作为大众愚民的一部分，巴比伦人、亚述人、埃及人早已被人群淹没了。然而，只有希腊人一直保持着与周围事物的联系，一直以来，他都是那个人们相互熟悉的小城市里的一个小市民。他感到自己受到了那些聪明智慧的邻居们的监视，所以，他在自己所从事的任何一件事里，无论是编写戏剧、雕刻石像或者谱写曲子，都始终将一个观念贯彻在里面：家乡的市民们对他的所作所为随时进行着监督评审，他的作品也将受到人们的评判。在这种意识的驱使下，他不得不更加努力，让自己趋于完美。然而，他在孩提时代就受到了这样的教诲：完美的境界是建立在适度原则之上的。

希腊人在这样严格的学习环境之下，表现出了出色的才干。他们所创造出的新型政治体制、新文学以及新艺术体系都是我们无法匹敌的，他们还在比现代城市四五个街区大小的小村庄里创造了奇迹。

来看一下，最后有什么事情发生吧！

马其顿的亚历山大大帝于公元前4世纪征服了整个世界。战争结束后，他便迫不及待地向全世界撒播希腊精神。他把那些从小村庄、小城市里带出来的希腊精神，撒播在自己刚刚建立的辽阔帝国之上，并期望它迅速开花结果。可是，对希腊人来说，如果看不到熟悉的庙宇、闻不到自己熟悉的弯曲街道的声响和气息，他们就会在朝夕之间失去创造的热情和中庸之心。他们便会头脑愚钝，变成只满足于二流作品的拙劣的工匠。从古希腊被迫臣服于大帝国开始，古老的希腊精神就随着小城邦自由的丧失而永远消失了，它真的永远消失不见了。

第十五章

古希腊的自治

人类历史上最先进行自治试验的民族就是古希腊人。

最早的时候，几乎所有的希腊人都站在贫富统一的起跑线上，他们每个人都有一定数量的牛羊。对他们而言，用泥土砌成的小窝就是他们的城堡，他们的言行举止只受自己意志的支配。如果他们遇到需要公众参与讨论的事情，就会集聚在市场上，人们会选举出具有威望的老者来作为会议的主持，这位主持要负责将公平表达的权利惠及每个人。如果发生了战争，人们就会挑选一个精力旺盛、信心十足的人来担任统领之职。当危机解除后，给予这位统帅领导权的人们同样也有罢免他职务的权力。

经过漫长的演变，小村庄发展成了城市。一部分人勤奋努力，一部分人好吃懒做；一部分人厄运当头，一部分人玩起了欺诈的把戏，并发了财。这样一来，城市里的居民已经不再贫富均等了，慢慢出现了贫富差距。

除此之外，还有一个明显的变化。那些旧式军事统帅们从历史舞台上消失了，这些人曾经率领人们取得了胜利，并且连"头脑""君主"之类的头衔都是人们自愿赐给他们的。如今，他们的地位被一群富有的人取而代之了，这些贵族在一定时期内聚敛了大量的土地和财物。

自由民不能享受的许多特权，贵族们却能享有。他们可以购买到地中海东部集市上最厉害的武器，他们还可以用大量的闲暇时间来练习搏斗术。构造坚实的大房子作为他们的居所，如果他们要打仗，可以花钱雇用士兵。为了争夺城市的统治权，他们之间的争执一直不断。争斗中的优胜者便可以称王，他的权力超越所有的邻居，整个城市都归他统治，一直到另外一个雄心壮志的贵族将他杀死或者将他赶走。

像这样一位在士兵的保护下为所欲为的君王，就被称为"暴君"。这样的君王充斥在公元前 7 世纪至 6 世纪的所有希腊城市。当然，我要说的是，他们之中的很多人是具有卓越才能的。然而，人们渐渐已经无法忍受这样的统治了，于是爆发了很多新的改革运动。从这些改革尝试中，世界上的早期民主制度便被催生了。

公元前 7 世纪初期，为了摒除陋习，雅典人计划发动改革，将发言权赋予广大的自由民，同时给他们参与政府管理工作的权利。其实，这种权利在他们的祖先该亚人的时代就已经存在过了。为了保障穷人的权利不受富人的侵犯，他们请了一位名叫德拉古的人来为其制定一套法律。德拉古很认真地开始了这项工作，遗憾的是，作为一名职业律师，德拉古对普通人民的生活不甚了解。他认为犯罪就是犯罪，必须受到法律的制裁。这些工作完成后，雅典人发现这是一项不切实际的法律，因为太过严苛了。根据这套新的法律，即使一个偷窃苹果的罪犯也将受到死刑的惩罚，这样一来，人们实在拿不出充足的绳索来执行绞刑。

雅典人需要的是一位宽容的改革者，于是，他们开始了找寻工作。后来，他们找到了梭伦，他们认为没有任何人比他更适合做这项工作了。梭伦这个出身于贵族家庭的人曾经游历过世界上的很多地方，对很多个国家的政体都有所考究。对于雅典人托付给他的这项任务，他做了细致的推敲，然后根据雅典人推行的适度原则，制定了一套新的法律体系。在这套法律体系中，他同时兼顾了农民的状况和贵族的权利。梭伦认为，贵族在城市中的重要作用就如同士兵一样，他们的贡献很大。另外，他还特别制定了一条保护穷人不受法官（选自于贵族阶级的法官是不领薪水的）滥用职权的侵害的条款，利益受到损害的市民有向那个由 30 位雅典公民组成的陪审团申述的权利。

梭伦制定的法律，能够使每个平民百姓都有直接参与城市事务管理的权利，这一点才是至关重要的。雅典人已经不能像以前那样坐在家里借口说"哦，我今天很忙"，或者是"外面正在下雨呢，我还是待在家里吧"。自由民能够尽到自己的职责，出席市议会，并且肩负起保护城市安全和振兴城市的重要职责，这些就是梭伦希望看到的。

尽管，大多数时候，这个公民自治的政府都是没有什么效率可言的，更谈不上有何成功之处，只有大量不切实际的空谈而已。并且，参政者一直在为争夺名利而相互诋毁谩骂，然而，不能否认的是，希腊人正是通过它学会了独立自主，从这个方面来看，也不失为一件好事。

第十六章

古希腊人的生活

　　古希腊人是如何生活的。

　　人们可能会提出这样的问题：假如希腊人总是为了商讨国是而跑到市场上去，那么，他们又有什么时间来照顾家庭和自己的事业呢？关于这个问题，我将在本章中加以解释说明。

　　尽管少数的自由民和多数的奴隶以及一部分外国人共同生活在希腊的城市里面，可是民族政体只认可自由民的发言权。

　　外国人能够得到希腊政府授予的市民权的机会微乎其微，这些被称之为"野蛮人"的外国人只在很偶尔的时期（一般情况下，是需要征兵的时候）才会获得这样的权利。不过，这也只是个特例而已，公民权牢牢地绑定在了你的出身上。除非你是一个地道的雅典人，你的父辈们世代都是雅典人，否则，无论你是多么优秀的士兵和商人，你也只能一生都背负着"外国人"的名号直到死去。

　　所以，当希腊的城市不受"君主"或"暴君"的统治，那么它的主人就是这个国家的自由民，并为他们谋取利益。可是，这种体制的正常运转正是建立在那些数量是自由民六七倍的奴隶之上的。这些奴隶担负着希腊自由民大量繁重的工作，这些工作如果让现在需要养家糊口的人去做的话，非得花去他大量的精力和时间不可。

　　整个城市里的烹饪、面包烘烤、蜡烛制作等工作几乎都被奴隶们包揽了。他们从事着木匠、理发师、小学教员、图书看管员这些职务，商店和工厂也由他们管理。至于那些自由民主人，则负责列席公共会议，参与商讨战事或和平的重要问题；不然的话，就是坐在剧院观看埃斯库罗斯的新悲剧故事，或者去听人们对于欧里庇得斯的革命性观念的热烈讨论（这位剧作家胆敢质疑至高无上的宙斯的威严）。

其实，古代的雅典就跟现在的俱乐部差不多。全部的自由民都拥有会员的世袭权，而所有的奴隶世世代代都是奴仆而已，他们必须对主人唯命是从。然而，要是能够成为这个组织的会员，那肯定是令人愉悦的事情。

当然，我们这里谈论的奴隶与《汤姆叔叔的小屋》里描述的那种人是不一样的。每天辛劳耕作的奴隶，固然过着很不如意的生活，可是，那些由于家道中落而被迫沦为雇佣工的自由民们的生活也好不到哪里去，而且很多城市里的奴隶要远远富于贫苦的自由民。"凡事遵循适度原则"的古希腊人，对待奴隶的态度是极其温和的。在这一点上，此后的罗马人就要严酷的多。古罗马时代的奴隶跟当代工厂里面的机器的命运是一样的，他们不具备任何权利，甚至只是犯了一丁点错误，就会得到被主人扔去喂野兽的命运。

奴隶制已经被古希腊人当成了一项不可或缺的制度。在他们看来，如果没有这种制度，也就没有人类舒适、文明的家园可言了。

现在的商人和专业人员所做的那些复杂的工作，那个时代的奴隶也同样从事着。不过，古希腊人却对那些花费了你母亲大量精力，却让你父亲在下班后眉头紧锁的家务活不屑一顾。古希腊人很懂得享受生活的闲情雅致，为了尽可能地减少家务活，他们宁愿生活在简单的环境里。

首先，古希腊人的家非常简陋，就连那些富裕的大户人家都只是以简单的土坯房为家。并且，在他们的家里找不到任何在现代工人看来可以享受的舒适条件。四面墙壁一个屋顶就构成了希腊人的住房，有通向街道的门却没有窗子。围绕着庭院排开的是厨房、起居室以及卧室、一座喷泉或一些小雕像以及几树植物，整个环境给人以明亮、宽敞的感觉。在不下雨或温暖的日子里，一家人就在这个庭院里生活。奴隶在庭院一个角落里的厨房烹煮食物；家庭教师（也是奴隶）在另一个角落里向孩子们教授希腊字母和乘法表；还有一个角落则是家庭主妇以及女裁缝（还是奴隶）为丈夫缝制衣服的地方。如果一个已婚女士在大街上被人频繁地看到，是很不体面的事，所以主妇们出门的机会极少。男主人就在门后的那件小办公室里面查阅农场监工（奴隶）送过来的账目表。

开饭的时候，一家人就坐在一起用餐。如此简单的食物，只需很短的时间就吃好了。饮食曾经一度被古希腊人当成一件无法避开的坏事，人们因此而患病，娱乐却与之不同，在消遣枯燥乏味的日子的同时又能陶冶情操。他们以面包为主食，也喝葡萄酒，吃少量的肉和蔬菜。在他们看来，水是对健康有害的物质，所以只有家中实在没有其他饮品可喝的时候，他们才喝水。他们也喜欢宴请朋友，不过绝对不会出现像我们今天的宴会上那些狂吃狂喝的现象，那样只会让他们生厌。他们聚在一起吃饭，只是为了愉快地交谈和品尝美酒。同样，他们绝不会让自己喝得大醉，受人鄙视，因为他们是懂得节制的人。

与朴质的饮食习惯一样，他们对服饰的选择也很简朴。他们喜欢干净整洁，头发和胡须都被他们打理得整齐有序。他们也经常到体育馆去游泳或者参加别的身体锻炼，他们认为经常运动能保持身体的健康。同时，他们也不会追逐潮流，不会穿那些奇异艳丽的服装。一般情况下，男士只穿一身白色长袍，跟我们现代的意大利官员一样，披一身蓝色长披肩，看上去时尚又养眼。

虽然，他们并不反对自己的妻子佩戴一些首饰，但是，在公众场合的炫耀却被他们认作低俗的行为，因此，外出的妇女也会尽量保持着本分，不引起别人的注意。

总之一句话，古希腊人过着简朴而节制的生活。椅子、桌子、书籍、房子、马车等这些"物件"，一定会花费主人大量的时间，最后，物主还要对它们精心擦拭、打磨、抛光，照料备至，这样物主差不多也沦为它们的奴隶了。可是对于古希腊人来说，身心的同时自由才是最为重要的。因此，他们不会让琐碎的日常生活影响到自己追求精神自由的理想。

第十七章

古希腊的戏剧

人类最早的公共娱乐形式的起源。

古希腊人收集那些歌颂祖先英勇事迹的诗歌已经很长时间了。祖先们将皮拉斯基人逐出希腊半岛还有毁灭了特洛伊城这些伟大的事迹都被写进了诗歌里面。这些诗歌可以吟诵给大众听，可是这些当众吟诵的诗歌，却不是我们现在生活中不可或缺的戏剧这种娱乐形式的起源。关于它奇特的起源，我想我必须得用这一整个章节来加以阐述。

钟爱旅游的古希腊人每年都会为了敬奉酒神狄俄尼索斯而举行隆重的游行仪式。由于几乎所有的希腊人都对葡萄酒（水对于古希腊人而言，仅只是对游泳和航行有用而已）有着特殊的好感，所以这位酒神在人们心中的地位非常高，对此读者应该很好理解。

在古希腊人看来，这位酒神就生活在葡萄园里，他整天跟一群半人半羊的萨堤罗斯怪物玩耍嬉戏，过着无忧无虑的生活。这就是为什么游行的人们要穿羊皮似的衣服，还要发出羊的叫声的原因了。山羊这个词，用希腊文写就是"tragos"，如果是"歌手"的话，就写作"oidos"，因此，人们就把这些像山羊一样发出咩咩声的歌手称为山羊歌手了。我们现在的"悲剧"（tyagedy）这个名词就是从那个奇特的称呼中演变而来的。用喜剧（原本表示对快乐、幽默的事情的歌咏）来解释的话，"悲剧"无异于一场结局悲惨的戏，跟以大团圆为结尾的戏剧是一个道理。

你一定会提出这样的疑问：在世界上各大剧院里上演了2000年而不衰落的高雅悲剧，是如何从那些化妆成野山羊的歌手们杂乱的合唱中演变而来的呢？

其实，山羊歌手和哈姆雷特之间的联系是非常简单的，现在我就告诉你吧。

刚开始的时候，人们沉迷于山羊歌手的咩咩合唱之中，街道两旁经常站满了围观的观众，他们欢声笑语不停。可是好景不长，人们渐渐开始反感这种叫声。古希腊人认为单调乏味就跟丑陋和疾病一样，充满了罪恶。在人们对新型娱乐时代的迫切要求下，有一个新念头出现在阿提卡地方伊卡里亚村的青年诗人的头脑中，并且他的创意取得了巨大的成就。他让合唱队的一个队员走到前面与队伍最前面的排箫乐师领队对话。有权出列的队员只有这个而已，他需要边讲话边舞动手臂（这样的话，在他表演的时候，其他队员在唱歌），他要向乐师领队大声提问，乐师领队就按照原先写在莎草纸上的答案来逐一回答他的提问。

一般情况下，这段对话讲的就是酒神狄俄尼索斯或其他神仙的故事。这种形式立刻受到了人们的喜爱。所以，几乎在每一个酒神狄俄尼索斯游行日，都可以看到这样的一段"表演场面"。此后不久，"表演"的地位已经大大超越了游行以及咩咩的合唱团了。

古希腊最成功的"悲剧家"就是埃斯库罗斯，他用尽一生的时间写作了八十多部悲剧作品。并且他还对戏剧进行了创新，原来只有一名"演员"，而他则大胆用了两名"演员"。此后三十年，演员数量又被索福克勒斯增加到了三名。公元前5世纪的时候，欧里庇德斯创造了很多令人恐怖的悲剧，同时他用的演员数量也大为灵活，由剧情决定，想用多少都行。到了阿里斯托芬所写的那些对所有人、所有事都具有讽刺和嘲笑意味的伟大戏剧时，合唱团已经沦为旁观者。他们只是排成一排，站在主角的后面，台前主角们的剧情演到了违背神灵意志的时候，他们就这样唱到："啊，这个世界多么恐怖。"

这些新型的戏剧表演迫切需要一个相对固定的环境，于是一座又一座开凿在小山包岩石旁边的剧院出现在了希腊的每一个城市里。这种剧院的舞台呈现半圆的形状，专门供观众坐的木头长椅排列在圆形场地的对面，舞台是演员和合唱队表演的地方。演员的化妆间则位于他们身后的那一座帐篷之中。他们在这里戴上那些寓意幸福、悲哀等表情的泥制面具，我们现在所说的"布景"（scenery）就是从希腊文的帐"skene"演变而来的。

当观看悲剧表演成为古希腊人生活中必不可少的组成部分时，它便受到了人们的认真对待，人们去剧院已经不再单纯地为了放松。对他们来说，上演一出新戏就像举行选举一样重要。甚至连一位刚刚胜利归来的将军所获得的殊荣，也比不上一位成功剧作家所获得的荣誉。

第十八章

波斯入侵的若干次战争

> 亚洲对欧洲的入侵被希腊人成功抵挡住了，并且他们还将波斯人赶回了爱琴海对岸。

作为专职商人的腓尼基人教会了爱琴海人经商之道，后来古希腊人又从爱琴海人那里学到了这个本领。他们以腓尼基人为榜样，建立了很多殖民地，并且将腓尼基人的贸易方式进行了改进，在同外国人进行贸易往来的时候，他们大量使用货币。公元前6世纪，小亚细亚海岸被他们牢牢控制在手中，此时腓尼基人的生意大部分都被他们剥夺了。这件事激怒了腓尼基人，不过由于实力的限制，他们还不敢对希腊人发动战争。这些心怀怨恨的腓尼基人正在坐等最佳时机的到来。

关于波斯帝国崛起的故事，我在前面的章节里，已经跟大家讲述过了。这些由牧羊人组成的卑贱的波斯部落开始了他们东征西讨的旅程，并且只用了很短的时间就将西亚的大部分土地收归己有。事实上，这些波斯人并不野蛮，他们保持着文明礼貌的秉性，归顺它的臣民只需年年缴纳一定的贡税就可以了。当他们来到小亚细亚海岸的时候，强迫吕底亚的那些希腊殖民地将波斯王视为他们至高无上的君王，还要按规定缴纳赋税，这种要求遭到了希腊殖民地的拒绝，同时各个殖民地纷纷向希腊本国求助，这样一来，大战的序幕就此拉开了。

事实上，希腊的城邦一直困扰着历代波斯君王，他们认为城邦制的存在对他们构成了极大的危险，并且那些原本应该顺利归顺波斯的民族也以它为榜样，对波斯的统治进行反抗。

另外，希腊人则认为他们暂时是安全的，因为有爱琴海的波涛汹涌作为天然屏障。可是，腓尼基人却及时地站了出来，并倒向了波斯人。他们承诺波斯一旦出兵希腊，就会帮助波斯用船只运送士兵到欧洲。于是，在公元前492年的时候，为了摧毁欧洲强国希腊，亚洲已经做好了最充分的准备。

波斯王派遣使者到希腊去劝其归顺，并且让他们交出土地和水，以表归顺的决心，这已经是对希腊下的最后通牒了。但是，这些前去的使者却被希腊人扔进了最近的井里，并且对他们说，他们会去寻找更多的"土地和水"。这样一来，战争已经不可避免了。

可是，希腊受到了高耸入云的奥林匹斯山的庇护，当腓尼基人的舰队运载着作战的波斯军队到达阿托斯山附近时，便突然遭到了风暴之神的袭击，令人毛骨悚然的飓风将这只舰队悉数摧毁了，船上的波斯人无一生还。

又过了两年，波斯人渡过爱琴海登陆马拉松村，这次的人数大大超越了从前。了解到情况的雅典人在第一时间内派两万士兵，在马拉松平原外围的丘陵地带进行了防守。与此同时，他们的长跑能手立即启程，前往斯巴达求助。遗憾的是，斯巴达因为嫉恨雅典的美名拒绝出兵相助，而其他的城市也纷纷效仿，拒不出兵，唯一派出1000人协助的只有普拉提亚的一个小城邦。公元前490年9月12日，这只微小的部队在雅典统帅米尔泰的指挥下，打入了大批进犯的波斯军队之中。希腊军队最终在密集的枪林弹雨中突出重围，这下亚洲军队开始出现了混乱的局面，似乎从出征以来，他们还没有遇到过如此强大的敌人，于是，亚洲军队一败涂地。

那天夜晚，燃烧船只的通天大火映红了夜幕下的天空，雅典人看着这一切，心中的焦虑无以言表，他们等候讯息传来。终于，他们看见通往北方的那条小道上有灰尘扬起，步履踉跄、上气不接下气的赛跑能手菲迪浦底斯回来了，他只有一口气了，仅在前几天，他才从斯巴达赶回来。他终于赶到了米尔泰的阵营前，并在那天早上加入战争中，战争胜利后，他又自愿把胜利的喜悦与他所热爱的那些城市共同分享。现在，他倒在了雅典人面前，人们扶起他时，只听见他微弱的声音："我们胜利了。"此后，他便离开了人世。所有的人都对他的光荣牺牲投之以敬仰之情。

至于波斯人，经历了那次战败之后，他们企图登陆雅典附近，不过，这一想法被雅典沿岸严密的防守打退了。他们不得不黯然撤兵，挂帆返航归国。至此，希腊的国土上再次获得了安宁。

此后的 8 年间，古希腊一直加强防范，以备敌人来犯。他们非常清楚，敌人随时都可以发起猛烈的攻击，可是关于采取何种措施来预防这场祸事，雅典的内部却意见不一致。有些人认为应该加强陆军的抵抗能力，有些人则认为波斯军队的最好办法就是建立一支强大的海军。就这样，雅典的防御措施一直在陆军和海军的支持者阿里斯蒂里司和泰米斯托克利分别领导的派别斗争下被耽搁了。最后，海军支持者泰米斯托克利赢得了最后的胜利，而陆军的支持者阿里斯蒂里司则遭到了流放。泰米斯托克利抓住时机，一展宏图，他倾其所有建造了战舰，雷埃夫斯也被他武装成了一个无坚不摧的海军基地。

庞大的波斯军队在公元前 481 年悄然出现在希腊北部省份色萨利地区，厄运再次降临到希腊半岛上。生死存亡的时刻，人们一致将希望寄托在了军事城邦斯巴达身上，期望得到它的庇护。可是，因为嫉妒之心作祟，这个共同的事业缺乏其他城邦的支持。经过缜密的思考，他们最后决定重点保卫德摩比勒，因为这是从色萨利通向南部各地的要塞。

斯巴达王率领的兵力非常微弱，只有 6000 人左右，不过当波斯王泽克西斯到达时，希腊人就准备增兵支援。可惜的是，出乎希腊人的意料，波斯人提前到来了，于是这支小部队几乎遭到了灭顶之灾。李奥尼对那些想要撤离的希腊人说："要撤就你们自己撤吧，我和我指挥的斯巴达人是被派来守护山隘的，我们要与它生死共存。"

此后发生了一场持续了两天的激烈战役，给世人留下了极为深刻的印象。可是，他们却遭到了叛徒的出卖，那个叫作埃菲阿尔蒂斯的人对梅里斯的山路非常熟悉，他引领着一支波斯军队从丘陵地区穿越而过，堵住了李奥尼的后方。

到了这个境地，希腊人已经绝望了。这个时候，李奥尼下令让所有盟军撤退，只留下来自己率领的 300 名斯巴达人和 400 名底比斯人以及 700 名狄斯比斯人，他们决定最后一击。他很清楚，自己率领的这点兵力必将遭到倾覆之灾，因此他没有多想就冲出最狭隘的山隘地带，与邻近的波斯大军进行最后的较量，顿时尸横遍夜，血流成河。这场激战一直打到了天黑，直到李奥尼和他的部下全部战死为止。

随着关隘的失守，波斯人攫取了希腊大量的国土。随后，他们立即向雅典进发，雅典的驻军被迫从卫城岩丘撤离了，整座城市顷刻间变成了一堆废墟。人们纷纷逃到了萨拉米岛，几乎没有任何希望了。然而，泰米斯托克利却在公元前 480 年 9 月 20 日的那天，将波斯舰队诱骗到了萨拉米岛与大陆中间那条狭窄的海峡中，只用很短的时间就将四分之三的波斯舰队击垮了。

如此一来，波斯在德摩比勒取得的胜利就功亏一篑了。没有了海上支援，泽克西斯无奈退兵了。不过，他却留下话来，最终的胜利将在第二年攫取。他带领部队退至色萨利，并等待着春天的再次光顾。

这次过后，斯巴达人终于清醒了，他们看清了当前局势的严峻。于是，波仙尼亚斯率领他们从横卧在科林斯地峡的防护墙上退下了，直接对波斯将军玛尔多纽斯进行了攻击。停留在普拉提亚附近的三十多万波斯大军，遭到了由十二个城邦的十多万希腊联军的袭击。马拉松战役的失败再次在波斯军队身上重演了，装备精良的希腊步兵突破了波斯军队的密林箭雨，并击溃了他们，此后波斯人再不敢兴师问罪了。就在希腊军队在普拉提亚获得胜利的那一天，在小亚细米卡尔海角附近的敌舰也遭到了雅典军队的重创，真可谓奇妙的巧合啊！

首次发生在欧亚两个大洲之间的交锋就这样宣告结束。从此以后，雅典的盛名传遍天下，斯巴达英勇善战的美名也誉满全球。假如这两个城邦能够从此冰释前嫌，那么有朝一日，强盛的希腊首领则非它们莫属。

遗憾的是，这次难得的机遇却被它们错过了，胜利和狂欢的时刻就这样与它们擦肩而过，此后它们再也没有遇到过如此绝妙的良机。

第十九章

雅典与斯巴达之间的战争

> 雅典与斯巴达之间旷日持久的灾难性战争，因争夺希腊半岛的领导权而起。

雅典和斯巴达都属于古希腊的城邦，人民所讲的语言也是同一种，除此之外，这两个城市则毫无相同之处。清新的海风吹拂着矗立在平原之上的雅典，生活在这里的人们拥有孩童般审视世界的眼光；至于斯巴达，则是一座处于峡谷底部的城市，环绕四周的群山成为它天然的屏障，将它与外界隔离开来。雅典是忙碌的商贸之城，俨然一个偌大的交易市场；斯巴达是一座兵马之城，几乎所有的公民都把成为骁勇的士兵当成理想。雅典人钟爱的生活是坐在温暖的阳光下倾听哲学辩词，或是惬意地讨论诗歌；斯巴达人却与之大相径庭，他们对文学创作毫无兴趣，只喜欢打仗，并且熟知兵法策略，就算为了赢得战争让他们失去所有的情感，他们也愿意。

这就能够解释这些死板的斯巴达人为何会对雅典的成就充满嫉恨和仇视了。战争结束后，雅典人开始致力于和平建设，在建设工作中，他们保持了共同奋战保卫家园的勇气，雅典的卫城得以重建，并且成为祭祀雅典娜女神的大理石神殿。世界上的那些有名望的画家、雕塑家以及科学家，被雅典民主政体的首领伯里克利邀请来与他们共同建设这个城市，使得这个城市变得美丽如画，而雅典的年轻人也更加才德兼备。当然，与此同时，他们也并没有放松对斯巴达的警惕，他们修建了高大坚固的城墙，从雅典一直连接到大海，让雅典成为坚不可摧的壁垒。

后来发生了一件微不足道的争执，打破了这两个城市之间短暂的平静，仇恨的火焰再次被点燃。双方兵戎相见，这场战场一直打了 30 年，最终以雅典的惨败而宣布终结。

战争发生的第三年，雅典遭受到了恐怖的瘟疫的袭击。近乎一半的人口被这场灾难夺去了生命，甚至连伟大而英明的首领伯里克利也没能幸免于难。瘟疫过后，新的统治者腐败无能，不得民心。于是，人们重新推选了一位聪明能干的年轻人来接任将军的职务，这个人叫作阿尔西比阿德。他提出了攻击斯巴达位于西西里岛上的殖民地叙拉古（今天的锡腊库扎）的建议，并且雅典人为这个计划做好了一切准备工作，不幸的是，阿尔西比阿德却在此时被牵连进了一场街头斗殴案里，无奈之下他便逃走了。接替他职务的人毫无作战谋略，他率领的海军几乎全军覆没，接着陆军也遭到了倾覆之灾。有幸存活下来的人则被送到西西里岛的各大石矿上去当苦力，最后他们都在饥渴中死去了。

雅典的所有年轻人几乎都丧生于这场战争之中了，雅典的厄运就要来临。公元前 404 年 4 月，围困的近乎绝望的雅典人终于投降了。这时，斯巴达人的铁蹄踏平了整座城市，高大的城墙颓然倒塌，海军船队全部被抢走。雅典彻底告别了昔日繁荣的伟大殖民帝国的荣耀，这个在政治经济上衰败得一塌糊涂的城邦再也不是帝国的中心了。然而，虽然它的城墙倒塌了，船舰消失了，但那种求知探索的精神以及在它繁盛时期标榜的自由精神却永生不灭，在雅典人的心中一直存在着，甚至更加夺目绚丽。

颓败的雅典已经没有资格来决定希腊半岛的命运了。可是，人类历史上的第一所大学曾经诞生在这里，它对于人们智慧心灵的指导作用超越了希腊半岛狭窄的国界，一直撒播到世界各地。

第二十章

亚历山大大帝

马其顿的亚历山大建立了一个希腊式的世界帝国，他的雄心壮志得到怎样的结局呢？

亚该亚人曾经在马其顿的群山之中生活过，那个时候，他们刚刚从自己位于多瑙河边的家园离开，踏上了南去寻找新牧场的旅程。此后，希腊人与这个北部国家的人民多多少少有了一些正式的接触。至于马其顿人，他们也从来没有放松对希腊半岛的关注。

此时，斯巴达和雅典才刚刚从争夺希腊半岛领导权的战争中解脱出来，统治马其顿的是一位才智卓越的叫作菲利普的人。对于希腊的文化艺术，他无比赏识，可是他却藐视希腊缺乏自治和效率的政治。让菲利普无法忍受的是一个出色的民族，整天为了一些没有意义的事情争论不休，而且浪费了大量的人力和财力。因此，他决定自己主宰希腊半岛，依靠自己的能力来解决这个问题。随后，他组织了一次对波斯的远征，让所有新归顺的臣民一起加入他的队伍，作为150年前克西斯对希腊造访的"回访"。

非常不幸，远征已经准备充分，菲利普却遭到暗杀，他的儿子亚历山大接替了父亲，继续去完成为希腊报仇雪恨的任务。亚历山大是希腊导师、哲学家亚里士多德的得意门生，对希腊文化有着诚挚的感情，并且熟谙政治、军事、哲学等。

公元前304年，亚历山大挥师离开了欧洲，经过7年的时间，终于来到了印度。在这7年间，他先后击溃了腓尼基人这个希腊商人的老对手；征服了埃及，尼罗河谷的人民将他视为法老的儿子和继承人。他横扫整个波斯帝国，最后一位波斯国王对他俯首称臣。他还发出重建巴比伦的命令，随后又率领大军挺进喜马拉雅山深处，直到全世界都沦为马其顿的行省和附属国，他才停止了征战的步伐，并且实施了一个更伟大的计划。

新建立的帝国必须全盘接受希腊精神；全体人民都要学习希腊语，所有的城市要效仿希腊城市的建设模式，人民只能居住在那样的城市里。亚历山大麾下的士兵放下武器，脱掉盔甲，开始从事中小学教师的职业。往日的军营也变成了吸收希腊文化的和平中心。整个世界都受到了希腊风俗习惯、生活方式的侵袭，并且如同洪水猛兽一般愈演愈烈。此时的亚历山大却不幸染上了热病，这位年轻的君王于公元前 323 年，在汉谟拉比国王修筑的旧巴比伦王宫与世长辞了。

此后，潮水迅速退去，希腊灿烂文明的肥沃土壤还依然保留着。虽然亚历山大自负幼稚而又野心勃勃，但他所做出的卓越贡献却是无法磨灭的。他死后不久，他所建立的帝国也就轰然崩塌了，大片的土地被那些极富野心的将军瓜分了，但是，他们没有背离亚历山大希望建立以希腊文化和亚洲思想知识为主体的伟大世界的梦想。

一直到罗马人在远征中将西亚和埃及并入自己的版图中前，这些分离出来的国家都是保持独立的。当然，罗马侵略者悉数收归了亚历山大留下的这份奇特的精神财富（包括部分希腊、部分波斯、部分埃及和部分巴比伦）。此后好多个世纪里，罗马世界都未曾摆脱它的控制，就算到了今天，我们依然能够看到它对我们日常生活的影响。

第二十一章

简短的回顾与总结

直到现在，我们都只是在自己的楼房顶上一直关注着东方世界。可是从现在开始，埃及以及美索不达米亚都不会再引起你的更大兴趣了，而西方的景色却正是醉人时，就让我带领你去看一看吧！

不过，在做这件事之前，我们还是应该暂停一下，将先前我们的所见所闻稍加梳理和整顿。

最开始，我指引你们看的是史前人类，这些人有着朴素的风俗习惯和简单的生活方式。他们的邻居是生活在五大洲原始森林里的无数飞禽走兽，这些人不具备系统的抵御能力，不过头脑还是比较好使的，心思比较缜密，这样他们才能够生存下来。

后来进入冰川期，很多个世纪里，世界都处于严寒之中。较之于以前更加艰难的生活给史前人类提出了巨大的挑战，他们只有更加努力地思考并想出应对策略，才能够继续生存下去。在生存愿望的逼迫之下，每个尚有生命气息的人都积极地思考着。漫长的寒潮致使无数凶猛的野兽丧生了，而勇敢的史前人却能存活下来，而且，在地球重现温暖的时候，他们还掌握了许多免于灭绝的本领（人类出现的最初50年，地球上的生存环境异常的危险和严峻），正是这个方面，史前人类要远远超越他们那些愚钝的邻居。

当我们这些原始的祖先还步履蹒跚的时候，尼罗河流域的人们却异军突起，发展速度超乎我们的想象，世界上首个文明中心几乎在朝夕之间就被他们建成了。

接着，在我的指引下，你们又了解了"两河流域"的美索不达米亚的一些情况，人类的第二所大学就是这个地方。然后，我还为大家描画了一张爱琴海岛屿的地图，古老的东方文化和科学知识通过这些岛屿传播给居住在西方的希腊人。

此后，我给大家介绍了一个叫作赫楞人的印欧部族的基本情况。他们曾经在几千年前从亚洲内陆地区撤离，然后在公元前11世纪的时候到达岩石众多的希腊半岛，后来，我们一直以希腊人来称呼他们。有关希腊小城邦的历史我也跟大家讲述了。古埃及和亚洲的文明正是通过这些小城邦变成了（这个词蕴含着重要的意义，你们应该会了解其中的意思）崭新的文明形式，它比以前更加灿烂辉煌。

如果你对着一张地图加以观察，不难发现，这个时候在地图上已经呈现出了一个半圆形的文明区域了。这种文明的开端在埃及，然后，它顺着美索不达米亚和爱琴海岛屿从西部一直传播到欧洲大陆。在人类历史上的第一个4000年间，整个世界曾经先后被埃及人、巴比伦人、腓尼基人以及大批的闪米特部族（不要忘记，犹太人就是这些闪米特部族之一）高举火炬照亮过。这个火炬被希腊人接手后，与它同属印欧部族的罗马人则成了它的学生。就在这个时候，闪米特人从非洲北海岸一路西进，将地中海的西半部纳入自己的统治之下，拥有了足够的能力可以与统辖东半部的希腊人相抗衡了。

不久之后，你们就会看到这种情况所导致的后果，一场恐怖的战争在人类的两大种族印欧人和闪米特人之间爆发了。在这场交锋中，罗马人获得了最后的胜利，显赫的罗马帝国就此诞生了。此后，埃及－美索不达米亚－希腊的文明被传播到了欧洲大陆的各个角落，那也是我们现代欧洲社会精神的雏形。

　　我知道，这一切听上去复杂无比，而且让人不可置信，不过我只需要你理顺这几条主要的线索，那么其他的历史就会一目了然了。从字面上无法理解的东西，借助于地图就会明朗很多了。我们对前面的章节做一个简要的总结之后，还是继续回到一直讲述的历史当中来吧，接下来，我们就来看看迦太基和罗马之间发生的伟大战役吧！

第二十二章

罗马与迦太基

为了争夺地中海西部的统治权，非洲北岸的闪米特种族迦太基，与意大利西岸印欧部落的罗马人之间爆发了一场异常激烈的战争，战争导致迦太基的灭亡。

坐落在一座小丘陵之上的卡特·哈斯达特是腓尼基人的贸易据点，宽为 90 英里的阿非利加海就在山脚下，它是亚洲和欧洲的分割线。这个商业中转站的地理位置实在是太优越了，近乎完美，而且它的发展速度太快了，也太富有了。公元前 7 世纪的时候，提尔被巴比伦国王尼布甲尼撒彻底摧毁了，从此以后，哈斯达特以一个独立的国家——迦太基而存在着，它切断了与母国的所有关系。并且站在了闪米特各部族向西方扩展的最前列。

可是，腓尼基人在一千多年发展过程中的许多不良特性却被迦太基秉承了，这真是一件让人遗憾的事。其实，迦太基这座城市压根就是一个由一支强大海军守护着的大商行。除了做生意以外，迦太基人对一切美妙精致的事物都没有兴趣。统治这座城市以及城市周边地区的是一个少数的权力重大的富豪团体。"富人"用希腊语可以写作"ploutos"，所以，由富人控制的政府组织就被希腊人称为"Plutocracy"。刚好迦太基就是这样一个被富人集团掌控的国家。12 个大船主、大商人以及大矿产业主共同掌握着这个国家的实权。在他们看来，国家就是一个为他们谋取利益的商业大集团，因此他们经常私底下碰头，商讨国家事务。还好，这些人拥有充足的精力和聪颖的头脑，工作也很勤奋努力。

随着时间的推移，迦太基的影响力和势力也日益增强。后来，它逐渐侵占了北非的大部分海岸地区、西班牙以及法国的部分地区。这些属地每年都要定期向这个位于阿非利加海滨的强大城市缴纳赋税和利润。

当然，像这样一个富人统治政权必定要经过人民大众的认可才能够得以存在。对于绝大多数老百姓来说，只要能够拥有就业机会和足够的酬劳，他们就会甘心情愿地听命于那些"能干的人"的命令了。他们也不会对政府多加苛责。假如，船只不能在海上航行，矿石也不能够运进来供熔炉冶炼，码头工人和装卸工人丢掉了饭碗，那么人民的抱怨之声就会如潮水般涌来，大众就开始呼吁召开民主会议解决这些问题。类似这样的会议，作为自治共和国的古迦太基经常召开。

富豪集团努力地维持着这个商业城市的正常运作，谨防平民暴乱的发生。他们一直勤苦工作了500多年的时间，在城市的商业发展和扩展方面做出了卓越的贡献。突然有一天，有一些谣言从意大利西海岸传来，这让他们震惊不已。传言，有一个坐落在台伯河边的微不足道的小村庄忽然异军突起，发展成为意大利中部所有拉丁部落臣服的首领。这个叫作罗马的小村子正计划着建造船只，致力于与西西里和法国南部的商贸事业。

新的抗争势力的崛起一直像噩梦一样困扰着迦太基，让它忍无可忍。为了继续维持自己在地中海西部地区的绝对统治权，它必须将这个新的竞争对手扼杀掉。通过一番周详地查证，他们终于获悉了一些真实的情况。

一直以来，意大利西海岸都没有受到文明曙光的照耀。希腊所有的良港几乎都一致对着东方，它们时刻关注着繁忙无比的商业重地——爱琴海诸岛，并且坐享着文明与商贸的便利。这个时候的意大利则与之大相径庭，除了地中海冰冷的海水以及荒凉的海岸外，它什么都没有。外国的商人们也不会光顾这个穷困的地方。当地的居民在丘陵和布满沼泽的平原地区过着寂静的生活，没有人会来冒犯他们。

记不清是在某年某月，这个地方首次遭受到了来自北方的重创。属于印欧种族的游牧部落离开欧洲大陆，从白雪覆盖的阿尔卑斯山隘口中翻越而下，来到意大利半岛并继续南进，他们的牛羊和村庄，在这个如同长筒靴的半岛遍地开花。我们对于这些早期征服者的情况不甚了解。他们那些辉煌的功绩从来没有被任何一个荷马歌唱者唱颂过，而他们自己记录的历史（写在 800 年后罗马成长为帝国中心的时候），都只是些离奇的神话故事而已，都不是他们真实的历史写照。罗慕洛斯和勒莫斯相互跳墙的故事（究竟是谁跳过了谁的墙，我总是记不清楚），确实是趣味十足的睡前读本，至于罗马的建城历史则枯燥乏味的多。就像上千个美国城市的起源那样，罗马城也不例外，在最初的时候只是由于优越的交通地位，吸引了四面八方的人们积聚到这里来做物品和马匹生意。罗马城坐落在意大利中部平原的中心位置，因为台伯河的存在，它拥有了便利的出海口。一条交通要道横贯半岛的南北，终年都派得上用场。7 座小山沿台伯河排列着，成为人们抵抗周围山区或者是附近海域入侵的外敌的保护所。

萨宾人居住在山地里，他们心怀不轨而且粗鲁野蛮，依靠掠夺来维持生计。同时，他们又非常蠢钝落后，石斧和木制盾牌这些武器又怎抵挡得住手持钢剑的罗马人呢？因此，罗马人真正的强敌是居住在海滨的那些伊特拉斯坎人，关于他们的来历，诸如，他们从什么时候开始来到意大利西部海岸地区定居的？我们为何要从原来的家园出走呢？这些问题从古至今都没有人弄明白过，虽然他们留下了很多碑文，可是那些伊特拉斯坎文字没有人能够看得懂，对现代的人来说，这些文字信息不过是令人匪夷所思的毫无价值的图案而已。

伊特拉斯坎人很可能是从小亚细亚来的，导致他们迁徙的原因很可能是因为瘟疫横行或是战争爆发，所以他们不得不重新寻找居所，这些已经是我们做出的关于他们最准确的猜测了。不过，无论他们是出于何种原因来到意大利，但有一点是无可否认的，那就是他们对历史所做出的卓越贡献。东方文明的花粉正是通过他们才传播到了西方世界，甚至连罗马人生活中的建筑术、修建街道、作战、艺术、烹调、医药以及天文，这些基本原理都是他们教授的。

可是，罗马人对他们的老师伊特拉斯坎人却无比憎恨，就像希腊人厌恶他们的爱琴海老师那样。与希腊人做生意有诸多好处，罗马人已经发现了这个奥秘，所以，在希腊满载着货物的商船首次驶进罗马城的时候，他们立刻将伊特拉斯坎人甩开了。这些以经商为目的定居罗马的商人后来又成为罗马人新的指导老师。渐渐地，他们发现那些在乡村居住的拉丁人对有使用价值的新事物非常感兴趣。罗马人想到某种书写文字能够给他们带来很大的好处，于是他们马上仿照希腊字母创造了拉丁文。接着，他们又想到如果将货币和度量的方式进行精准统一的定制，那么对于商业的发展将起到积极的作用。最后，希腊文明的钓鱼钩、渔线乃至坠子都全部被罗马人吃掉了。

希腊众神也被他们崇敬地请进了国门。移居罗马的宙斯被称为朱庇特，其他的那些神灵们也随之而来。然而，罗马众神却与那些同罗马人同甘共苦的堂兄妹们不一样，他们似乎并没有那么高兴和愉悦。他们被分配到国家的各个组织机构中去，每一位神仙都有专门负责的部门需要管理。作为对他的回报，他要求跟随着必须对他绝对服从。罗马人一直谨慎小心地服从于他。不过他们与神之间的关系，绝对不可能像古希腊人与奥林匹斯山巅的诸神那样亲密无间而且真诚和谐。

尽管罗马人与希腊人都属于印欧种族，并且他们早期城邦历史还有许多相同的地方，但是罗马人对希腊人的政治体制不屑一顾。罗马人轻而易举摆脱了国王（古代部落首领的后裔）的统治，成功驱逐了国王以后，他们又花了很大的精力，经过几个世纪的时间才压制住城中的贵族势力，并建立起自由民有权参政的政治制度。

这样一来，在政治方面，罗马人要优胜于希腊人；他们不像希腊人那样生活在幻境之中，他们对那种用一堆冠冕堂皇的言论，以及长篇大论的演说来处理国家事务的做法非常厌恶，对他们而言，付诸行动要远胜于十句空话。他们将平民大会（"Pleb"，即自由民的集会）视为吹大话，浪费时间的行为。所以，罗马城市的实际事务其实是由两名执政官具体负责管理的，同时，有一群年长者对他们进行从旁协助，他们共同组成了元老院。这些元老都是从贵族阶级中选举出来的，这是习惯使然，也是出于实际效益的考虑。当然，这些元老们也不可以滥用职权，他们的权力有着严格的限制。

公元前5世纪的时候罗马的贫富阶级间爆发了一场斗争，这跟古代雅典为了解决贫富斗争而不得不制定德拉古法典与梭伦法典如出一辙。罗马的贫富斗争最终导致了一部保护自由民的成文法律的出台，法律规定可以设置一名专门保护自由民权益不受贵族侵犯的保民官。保民官选自于自由民，同时他也是城市的地方长官，他具有保护公民的权利不受政府官员的非法迫害的权力。另外，他还有权对执政官以不充足的证据所判决的死刑行为进行干预，以此对那个可怜的人进行救赎。

"罗马"这个词被我使用的时候，我有一种像是在称呼一个仅有几千人的小城市那样的感觉。事实上，城墙以外广袤的乡村地带才是罗马真正的实力所在。从对这些海外行省的政治管理手段上，我们能够看出罗马帝国早期令人叹服的殖民天赋。

古时候，意大利中部唯一拥有固若金汤的城墙防御的堡垒城市就是罗马了。同时，它也一直热情好客地充当了遭受侵袭的其他拉丁部族的避难所。与这样一个强大的朋友亲密合作，所能得到的好处渐渐被这些拉丁部族邻居们感受到。于是，他们想尽一切办法，尽可能地与它结盟。像埃及、巴比伦、腓尼基甚至希腊这些国家，为了与罗马签订归顺条约而甘愿成为"野蛮人"。不过，罗马人却不吃这一套，他们给这些"外来者"成为共和国政体的合作伙伴的一个公平机会。

罗马人这样说道："很好，如果你想与我们联盟那就来吧，我们会把你们当成与罗马公民具有一样权利的公民来对待，不过，我们居住的城市是我们共同的母亲，当有外敌来侵犯她的时候，你们必须站出来，为保卫她而出力。"

罗马人所表现出来的这种慷慨让这些"外来者"心怀感激，作为报答，他们付出了坚定的忠诚。

住在古希腊的外国居民，会在希腊城池遭到外敌入侵的时候以最快的速度逃散开去，对他们而言，这里只不过是暂时的安身之处，他们之所以被接纳，只是因为他们付了钱，所以这个城市遭受到了灾难，他们又凭什么舍命去保卫呢？可是，罗马的情况却与之截然相反，一旦有外敌兵临罗马城下，几乎所有的拉丁人都会以最快的速度拿起武器来保卫它，他们认为，他们的母亲在遭受到侵害，就算他们只是住在几百米远的乡村，从来没有见过罗马城的一砖一瓦，但那里依然是他们可亲可敬的"家"。

他们对罗马诚挚的感情不会因为战争的失败或大难临头而有所改变。公元前4世纪早期，意大利遭到了嚣张跋扈的高卢人的入侵，罗马军队在阿里亚河附近遭到惨败，接着，高卢人挺进罗马，并顺利攻占了这种城市。他们心想罗马人一定会低三下四地前来求和，可是一等再等也没有丝毫动静。没过多久，他们就惊恐地发现，自己已经被满怀敌意的罗马居民包围了，由于得不到必要的供给，熬了7个月之后，迫于饥饿和恐惧，高卢人撤兵了。罗马人对"外来者"推行平等待遇的政策，使他们获得了胜利，同时也使他们创造了绝无仅有的繁荣和强盛。

通过这段简略的罗马历史，我们可以看出罗马人理想中的国家，与迦太基古代世界的城邦是有本质区别的。罗马人能够保持与许多"平等公民"的真诚合作与和谐情意，并依赖他们共同保卫自己的城邦。至于迦太基，则照搬了古埃及和西亚的那一套老旧模式，要求他们的属民无条件地绝对服从，事实上，这样的服从也只是不甘心地服务而已。假如他们不能达到这样的目的，他们就会花钱雇一些职业军人为自己打仗。

迦太基对他们这个睿智的敌人所产生的恐惧，至此，大家应该有所了解了吧！正因为如此，他们才会制造事端，寻找借口，企图将这个羽翼未丰的对手及时扼杀掉。

可是，迦太基毕竟是精明老道的商人，他们很清楚一时冲动并不会有好下场。于是，他们向罗马人提出了各自划分势力范围的建议，并且做出互不侵犯的承诺。双方以最快的速度达成了这个协议，稍后又以同样快的速度践踏了这个协议。罗马人和迦太基人同时看上了土地肥沃的西西里岛，再加上统治那里的政府腐败无能，让外国侵略者眼红无比，所以他们同时将自己的军队开往了西西里岛。

接下来，历史上著名的首次布匿战争爆发了，这场旷日持久的战争一直打了24年。最初，战事起在公海之上，看上去刚刚新建的罗马海军似乎不是老道的迦太基海军的对手。迦太基舰队采用的是古来的作战术，对敌舰的两侧发起猛烈的攻击，企图将对方的船桨撞断，然后向敌舰射出密集的箭雨，或者是投掷火球，将对方惊恐万分的士兵置于死地。至于罗马这边，工程师发明了一种新型的装满木板吊桥的船只，这些吊桥一旦被放下，罗马士兵就能够轻易对敌人发起猛烈的攻击。这样一来，迦太基海军迎来了他们的末日，米拉战役中，他们惨败而归。无奈之下，迦太基不得不投降求和了，西西里也就顺理成章地成了罗马的地盘。

新的祸端在 23 年之后再次光顾两国。为了开发铜矿，罗马人攻占了撒丁岛，而整个西班牙南部地区都归了迦太基，他们在此寻找白银。突然之间，这两个强大的帝国变成了近邻。对此罗马人感到无比厌恶，为了监视迦太基军队的举动，他们派遣了军队去到比利牛斯山那边。

这第二次战争的平台已经搭建好了，于是他们以一块希腊殖民地为导火线公然开战。位于西班牙东岸的萨贡特首先遭到了迦太基人的围攻，情急之下，萨贡特人求助于罗马。按照一贯风格，罗马对此相助非常乐意，元老院商议后决定出兵。罗马的第一支军队横渡阿非利加海，登陆迦太基本土。第二支军队阻断了西班牙境内的迦太基部队，使他们求援无路。这个计划似乎天衣无缝，人们期盼这胜利的消息传来，然而，罗马人却遭到了众神的阻挠。

公元前 218 年秋，罗马军队从意大利启程，前往西班牙攻击驻守在西班牙的迦太基军队，几乎所有的罗马人都以为这次的胜利果实必定是手到擒来，可他们却等来了可怕的谣言，这个谣言迅速在整个波河平原上传开了。这些谣言来自粗野的山地人，他们用颤抖的声音告诉人们说，成千上万的棕色人带领着如同房子一样大的怪兽突然出现在古格瑞安，阿尔卑斯山山隘四周的云层里。这个山隘是几千年前巨人赫尔克里斯和他的格尔扬公牛从西班牙到希腊的途经之地。没过多久，罗马城外聚集了大批大批的难民，这些狼狈不堪的难民们对那个谣传的讲述更加详尽了。原来，有 5 万名步兵、9000 名骑兵以及 37 匹战象，在哈米尔卡的儿子汉尼拔的率领下穿越比利牛斯山了。西皮奥将军率领的罗马军队在罗纳河畔被汉尼拔击溃了。那个时候已经是寒冷的 10 月份了，他还是带领部队从冰雪覆盖的阿尔卑斯山隘口穿过，并与高卢军队顺利会师。第二支计划渡过特拉比亚河的罗马军队也遭到了他们的重创，此外他们还将普拉森西亚城团团围住，这个城池坐落在罗马通往阿尔卑斯山区行省的交通要道的北部。

这着实让元老院大为震惊，不过，他们却能努力保持着表面的平静，像平日一样将旺盛的精力投入工作中去。罗马兵败如山倒的消息被他们封锁了，同时，他们立即派出新的军队前去迎战汉尼拔。罗马援军在特拉美诺湖边的狭窄道路上遭到了精通兵法的汉尼拔的突袭，经过殊死抵抗，罗马将军以及士兵几乎全军覆没了。这次战役的失败立刻在罗马人民中间引起了前所未有的恐慌。不服输的元老院也采取了行动，第三支援军又被组织起来了，这次的统帅是费边·马克西墨斯，并且给予他"根据拯救国家的需要"，而采取一切行动的权力。

费边对于汉尼拔这个可怕的对手采取了十分谨慎的态度，他非常清楚，自己带领的这群新兵没有经过任何的军事训练，并且是罗马最后能够组织起来的兵力了，面对汉尼拔那些老练的士兵，稍不注意就会全军覆没。费边采取了十分恼人的游击战术，尽可能避免与敌人的正面交锋，他们躲在敌人的身后，将所有的食物和道路销毁殆尽，以小分队袭击的方式严重挫伤了迦太基士兵的士气。

然而，那些躲在城里担惊受怕的罗马人却对这种战术多加指责，他们迫切希望罗马军队尽早采取果断的行动，一举歼灭敌人，使他们从恐惧中解脱出来。他们高声呼吁必须赶快采取"行动"。在这种情况之下，有一个叫作瓦罗的人在城中四处奔走，到处演说，大言不惭地鼓吹自己的能力远远胜于那位行动迟缓、慢条斯理并号称"延缓者"的老将军。就这样，在人民的拥护下，瓦罗接替费边，成为新任的罗马军队总司令。公元前216年，他在康奈战役中遭到了惨败，7万多罗马士兵被歼灭，可以说，那是罗马有史以来最为惨烈的败仗。此后，汉尼拔统治了整个意大利。

汉尼拔在亚平宁半岛所向披靡，从一头冲到另一头，如入无人之境。他一路宣言：自己是"将人们从罗马的魔爪之下解救出来的救世主"，并号召人民加入他的阵营中来，共同攻击罗马。这个时候我们看到，罗马明智的政策又一次有了宝贵的收获。尽管汉尼拔戴着人民朋友的面具，可他却身陷人民敌视的困境之中，只有卡普亚河叙拉古除外，其他的城市一律站在罗马这边。远离故国的汉尼拔逐渐感到危机重重，他派使者向迦太基讨要援兵和供给，可是迦太基却什么也没有给他。

凭借装有吊桥的船只，罗马一举夺得海上霸主的地位，汉尼拔陷入了深深的危机之中。虽然他随后击败了罗马的援军，可是自己所率领的军队也正在不可避免地锐减，同时他也得不到意大利农民的任何支持。

尽管取得了多年连续的胜利，可现在汉尼拔却突然意识到，自己被这个他一手征服的国家团团包围了。局势曾经似乎出现过好转，因为他的弟弟哈士多路巴将西班牙的罗马军队击溃了，并且计划翻越阿尔卑斯山前来拯救他。哈士多路巴还派了一个前来送信的使者，遗憾的是，罗马人抓住了这个信使，汉尼拔的等待变成了一场徒劳。后来，他看到自己弟弟的头颅从一个精致的篮子里滚落在军营前，他这才如梦方醒，前来救援的迦太基军队已经灰飞烟灭了。

哈士多路巴被击溃后，西班牙彻底落入了罗马将军小西皮奥手中。经过了4年的时间，罗马人做好了一切准备工作，与迦太基最后的战役就此来临了。迦太基迅速召回了汉尼拔，他经过阿非利加海回到祖国，试图在那里组织抵抗的力量。公元前202年，扎马战役宣告了迦太基人的溃败，汉尼拔也逃到了推罗（今天的提尔）。接着，他来到小亚细亚，企图挑唆叙利亚人和马其顿人共同反抗罗马，不过他的阴谋没有得逞。而且，罗马人还从中找到了向东方世界进攻的借口，他们收回了爱琴海地区的大部分土地。

　　至此，汉尼拔再无立锥之地，他漂泊无依，在各个城市之间流浪，并遭到驱逐。他野心勃勃的美梦彻底破碎了，他所挚爱的故乡迦太基也在战火中陨落了。它的舰队永沉大海，被迫执行屈辱的条约，甚至没有罗马人的许可，连战争的权力都没有；还要在日后永无尽头的年月里赔偿巨额的战争赔款。汉尼拔彻底绝望了，公元前190年，他喝下了毒药，从此告别了人世。

　　又过了40年，迦太基再次遭到罗马的猛烈攻击。古老的腓尼基殖民地人民，对新兴的共和国进行了艰苦卓绝的为期30年之久的顽强抵抗，最终因为无法抵挡饥饿的侵袭而不得不投降。围困解除后，幸存下来的少量的男人和女人都沦为奴隶，被卖掉了。罗马人一把大火将整个城市化为了灰烬，这场大火整整烧了两个星期，所有的仓库、宫殿、兵工厂都消失在火光之中了。罗马军队对着焦黑的废墟发出恶毒的诅咒，之后，他们满载着胜利的喜悦，回到了意大利。

　　迦太基毁灭后的1000年间，欧洲将地中海变成了他们的内海。当罗马帝国覆灭的时候，亚洲便迫不及待地想要夺回这个内海。关于具体的情况，我将在穆罕默德那一个章节里面给大家做详细地讲解。

第二十三章

罗马帝国的兴起

罗马帝国因何而崛起。

完全是出于偶然，罗马帝国诞生了。没有任何人对其进行过策划，也没有任何一个将军、政治家或者刺客突然站出来说这样的话："朋友们、罗马的人民，我们必须得建立一个强大的帝国，请大家跟随我吧，我们将从赫尔克里斯之门到托罗斯山的所有土地，都纳入自己的版图中来吧。"罗马帝国确实自己就这样"诞生"了。

许多举世闻名的将军以及影响力巨大的政治家或极负盛名的刺客都产自于罗马，罗马的军队让全世界闻风丧胆。可是，罗马帝国却毫无计划地产生了。罗马的平民百姓们是非常务实的，他们对政府那套理论毫无兴趣。他们会在有人高昂地说"罗马帝国的发展方向是从东……"的时候，走出广场，去干实际的活儿。其实，罗马之所以会不断获取更多的土地，完全是出于环境的逼迫，他们本身并不具有野心，而且他们更喜欢待在舒适的家里。如果有人对他们进行攻击，他们就会毫不客气地起身反击。如果敌人恰巧是从遥远的海外而来，那他们也会长途跋涉，到异国他乡去消灭那些敌人。当那个地方被他们征服后，他们就会留下一些人手来对其进行管理，避免它被到处漂泊的游牧民族抢走，重新成为罗马的对手。

这些复杂无比的事情，对与现代人来说却是简单明了的，即使在今天，大家仍然能够看到类似的事例，你很快就会懂了。

在上一个章节里我给大家介绍了，西皮奥率军于公元前203年渡过阿非利加海，率军直抵非洲。接着，汉尼拔被紧急号回，他所率领的雇佣军对迦太基毫无忠心，因此，迦太基军队在扎马一役遭到惨败。汉尼拔拒绝了罗马的诱降逃亡亚洲，煽动叙利亚和马其顿共同抵抗罗马人。

作为亚历山大帝国的幸存者，那个时候的叙利亚和马其顿正虎视眈眈地注视着富庶的尼罗河谷，他们准备远征埃及。收到消息的埃及国王，把希望寄托在罗马人身上。这样，许多趣味无穷的阴谋与反阴谋即将在战争的舞台上上演了。然而，毫无想象力可言的罗马人却在好戏尚未开始时就迫不及待地谢幕了。效仿古希腊重装步兵方阵的马其顿人被罗马人悉数歼灭了。这是发生在公元前197年的一次战役，战争爆发的地点是色萨利中部的辛诺塞法利平原，这个地方也被称为"狗头山"。

接下来，罗马人挺进半岛南部的阿提卡，他们还告知希腊人说，要把"赫楞人从马其顿的束缚下解救出来"。遗憾的是，已经经历了多年半奴役生活的希腊人却依旧蠢钝不堪，他们重蹈古希腊人的覆辙，将重新获取的自由浪费在了各个小城邦之间无休止的争吵之中。对此罗马人大惑不解，这个民族每次爆发的愚蠢争论都让他们厌恶不已，当劝解屡屡无效的时候，罗马人彻底失去了耐心，他们攻入了希腊境内，摧毁了柯林斯城（以此警戒希腊的其他城市），之后又将一名总督派遣到雅典去，对那个不安分的省份进行治理。如此一来，马其顿和希腊成为护卫罗马东部边界的两个缓冲国。

这时，赫勒斯蓬特海峡对岸的那片宽广的土地正处于利亚王国安蒂阿卡斯三世的统治之下。当汉尼拔到来的时候，他曾经将他尊为贵客，而且还对他所说的侵略意大利、攻占整个罗马城的计划无比动心。

　　曾经在扎马战役中击溃汉尼拔，并且攻打过非洲的西皮奥将军的弟弟卢修斯·西皮奥被派往了小亚细亚。他在公元前 190 年的时候，将叙利亚军队全歼于玛格尼西亚附近。没过多久，人们动用私刑处死了自己的国王安蒂阿卡斯，此后，小亚细亚顺理成章地成了罗马的保护地。至此，渺小的城市共和国罗马真正成为地中海周边广袤土地的统治者。

第二十四章

有关罗马帝国的故事

经历了几个世纪的动乱和变革，罗马共和国最终成为罗马帝国。

罗马人民举行了盛大的欢迎仪式，来迎接他们取得一系列战争的胜利而凯旋的军队。可悲的是，这种突然而至的巨大荣耀却无益于人们的幸福。与之相反的是，常年的征战使那些被迫服兵役的农夫们耽误了农事。至于那些战功显赫的将军（连同他们的亲戚朋友）掌控着国家极高的权力，他们打着战争的幌子，对人民进行大肆地搜刮。

过去古老的共和国以简朴为生活原则，很多闻名于世的人物都保持着这个特色，而今的共和国却摒弃了祖先倡导的节衣缩食的生活准则，以简朴生活为耻，他们崇尚的是奢侈和华贵。罗马已经成为一个富人统治集团，国家的最高利益就是富人的利益。这样的话，它逃不掉最终覆灭的命运，下面就让我来给你们讲述吧。

罗马成功地将地中海周边地区纳入自己的统治中来，其实才花了 150 年不到的时间而已。早期人们，一旦成为战争俘虏，就不可避免地沦为奴隶，从此失去自由。战争对于罗马人来说是关系生死存亡的大事，所以对于那些被征服的敌人，他们绝不会有丝毫的怜悯。迦太基的陷落，使当地的妇女、儿童，连同他们自己的奴隶都被变卖为奴隶。那些勇于反抗罗马的希腊、马其顿、西班牙、叙利亚等地的人民，也受此厄运。

在 2000 年前，一个奴隶只被看作一个机器零件。现在，富豪把资金投进工厂。而那个时候，土地和奴隶则成为罗马富豪（元老、将军、发战争财的商人）投资的对象。土地是他们从新征服的国家那里买来或抢来的，奴隶则是他们从市场上用最少的钱买来的。在公元 3 世纪和 2 世纪，拍卖奴隶是很普遍的现象，而且数量众多。因此，地主从来不顾他们的死活，只是逼着他们做苦工，累死了就到附近购买来自柯林斯或迦太基的俘虏，作为新的奴隶役使。

现在，我们再来看看自由农民的悲惨命运吧！

为罗马作战的农民从来都是心甘情愿的，因为他认为这是他对祖国应尽的责任。可是，10 年、15 年、20 年过后，当他回到家乡时，早已家破人亡，田地也杂草丛生。但他是个坚强的男人，他要重新开始新的生活。于是，他开始耕种，勤奋的劳作使他收获丰厚。当他把这许多的粮食运到市场上去买的时候才发现，地主的粮价比他的低很多，粮食卖不出，生活就无法继续，他不得不离开家乡，到城市去谋生。可遗憾的是，在城里与在乡下的命运是一样的。那些聚居在大城市郊区肮脏污秽的棚屋里的人民，成了和他一样命运的受害者，他们一起分担痛苦。他们抱怨糟糕的卫生条件使他们极易患病，况且那些流行性瘟疫是一染上就无药可救的。他们忠心地为祖国而战，却得到这样的回报，他们愤怒到了极点。因此，煽动者声情并茂的演说成为他们最愿意倾听的言辞，这些煽动者把更多遭此厄运的人名集聚起来。没过多久，这些人的存在便成了影响国家安全的重要因素。

那些暴发户对此总是不屑一顾，他们总是骄傲自己的军队和警察一定会恢复国家的秩序。所以，他们可以毫不关心地游荡在自己美丽舒适的别墅，悠闲自在地种花养草，或者读读希腊奴隶为他们翻译的拉丁六韵诗，据说那是一个叫荷马的人写的。

　　尽管如此，有几个贵族世家依然秉持着忠心于共和国的传统。提比略和盖约，是阿非利加将军西皮奥的女儿和一位名为格拉古的罗马贵族所生的两个儿子，他们长大后都不约而同地进入了政坛，并努力实施了几项急需的改革措施。后来，提比略当选为保民官，当他得知意大利半岛上的大部分土地分属于2000户贵族时，为了帮助自由民，他恢复了两项古代土地法案，让地主所能拥有的土地限定在一定的亩数范围内。他希望这样做，让独立的小地产持有阶级会拥有小块土地，以此来回报国家。这样的做法使提比略成为那些暴发户的公敌。为了反对他，那些暴发户雇用了街头无赖杀死了提比略。10年过去了，他的弟弟盖约以同样的爱民之心进行了国家改革，他要切断强大的特权阶级的不合理要求，他也想帮助破产农民，于是，他努力制定并通过了"贪民法"。可令人意想不到的结果是，他的好心却使大部分罗马公民变为职业乞丐。

　　盖约在帝国的边区为贫民建立起一些居留地，可这些居留地却没有为他留下任何一个他想收留的人民。在他还没来得及为人民做更多的好事却总是弄巧成拙的时候，他遭受了和他哥哥一样的命运——被刺杀。他的追随者死的死，伤的伤。这两位最早的改革者就是贵族绅士，而继他们之后的另外两位改革家却与他们截然不同，他们是职业军人马略和苏拉，他们各自拥有更多的拥护者。

　　苏拉是地主们的头儿。马略是被剥夺继承权的自由民们的英雄，他在阿尔卑斯山脚下打败了条顿人和西姆赖特人，成了最终的胜利者。

　　公元前88年的时候，一些谣言从亚洲传来，使元老院震惊不已。传言黑海沿岸有个希腊人的儿子统治的王国，大有可能成为第二个亚历山大帝国。居住在小亚细亚的罗马人，无论男女老少一律遭到了米特拉达特斯的屠杀。在罗马看来，这种行为无异于挑衅，战争即将爆发。为了向这位国王兴师问罪，元老院专门组织了一支军队。现在却面临着一个棘手的问题：谁才有资格担任这支军队的统帅呢？在这个问题上，元老院和人民产生了分歧，元老院支持苏拉，理由是"他是执政官"；人民却支持马略，理由是"他已经担任了五届执政官了，并且他代表的是人民的利益"。

在这场分歧中，最终获胜的是富有的人。其实，军队已经被苏拉控制了。他率领军队一路向东，将米特拉达特斯击溃了，而马略则逃到了非洲，在那里安静地等待时机。他接到消息说，苏拉已经向亚洲挺进了，这个时候，他迅速回到意大利，召集了一伙不成气候的乌合之众，气焰嚣张地向罗马进发了。他们轻易就进入了罗马城，用了五天五夜的时间将那些对他有成见的元老院党羽杀光了。他自选为执政官，遗憾的是，他最终死于连续两个星期的过度兴奋之中。

罗马在接下来的 4 年中一直处于混乱之中。这个时候，击败米特拉达特斯的苏拉准备返回罗马，并且扬言要为自己报仇雪恨。果真，他言行一致，连续好几个星期，他的部下疯狂残杀那些被支持民主改革的同胞们，几乎无一漏网。某天，他们意外抓获了一个马略的随从，他们准备将这个年轻人处于绞刑，幸好周围有人替他求情："这只是个很小的孩子，就放了他吧！"这个虎口脱险的孩子就是恺撒，关于他的故事，我们将在下文中讲到。

现在来看一下苏拉吧，他如愿当上了"独裁官"，而且没有任期限制，这意味着他是罗马至高无上的领袖。4 年以后，他从最高权势的位置上退了下来，跟那些一生杀戮自己同胞的其他罗马人一样，晚年过着舒适宁静的田园生活，悠闲地打理菜园，最后在卧榻之上安详地闭上了双眼。

虽然苏拉已经死去，但罗马混乱的政治局面却依旧如故，并且还有愈加糟糕的趋势。米特拉达特斯国王时常对罗马进行骚扰，苏拉的挚友，也就是庞培将军又接到命令领兵东征。他将米特拉达特斯国王赶到了深山里，导致这位国王逃脱无路，为了免于沦为罗马的俘虏，而绝望地喝下了毒药。至此，庞培并没有停止征伐的脚步，他使叙利亚臣服于罗马，还将耶路撒冷摧毁了，之后又长驱直入西亚各地。他想使罗马人的亚历山大帝国得以重现。后来，他于公元 62 年，率领着载满国王、王子和将军等战俘的 12 只大船回到了罗马。为了庆祝他的凯旋，罗马人民举行了盛大的游行，在游行队伍里，庞培将军向罗马人民展示了他的丰功伟绩，也就是这些曾经尊贵无比的国王、王子等。除此之外，他还向罗马献上了自己的战争所获，这些财富巨大到任何一个贪婪者都无法想象。

事实上，罗马急需一个强大睿智的人物来领导它。就在几个月以前，一个名叫卡梯林的庸碌无为的年轻贵族差点掌控了这个城市，这是一个险恶的阴谋家，在赌桌上输光了所有的家产，之后便想篡夺政权，以便补偿输掉的钱财，幸好热爱公益事业的西塞罗律师及时发现了他的阴谋，向元老院进行了举报。最后，卡梯林不得不过上了逃亡的生活。在罗马，类似于卡梯林这样野心勃勃的年轻人还大有人在。

在这种情况之下，庞培将军成立了一个"三人同盟"来共同管理国家事务。在这个同盟中，他理所当然地成了最高领袖。同盟中的二号人物则是曾经因担任西班牙总督而受到人们拥护和爱戴的裘利斯·恺撒，最后一位是富得流油的克拉苏，这是一个微不足道的人物。他曾经负责战争的供给和军需准备的工作，这个工作给他带来了巨大的财富，不过，他后来被指派远征帕提亚，并最终死在了战场上。

"三人同盟"中，最有才干的要数恺撒。他一直坚守这样的信念：只有建立显赫的战功，才能成为人民心中的英雄。所以，他翻越阿尔卑斯山，将现在被称为法国的欧洲荒野收归自己名下。莱茵河上的那座结实的木桥也是他设计并建造的，随后，他还侵犯了条顿人的土地。后来，他从海路来到了英国。假如他没有被迫返回意大利，那实在不知道他的战争还要持续多久，也不知道会有多少土地被他侵占了去。征战中，他突然得知庞培自封为终身最高统治者的消息。这代表着在"退役军官"的名单里，将会出现恺撒的名字。这让他很是恼火，他无法忘记曾经跟随马略一路东征西讨的那些日子，元老院和这位自大的独裁者也成了他计划收拾的对象。他渡过鲁比康河，这条河是阿尔卑斯高卢行省和意大利的分界线。他沿路受到了人们热烈的欢迎，在人们心中，他就是自己的朋友。就这样，他轻而易举地进入了罗马城。庞培被迫逃往希腊，恺撒却并没有放过他，对他穷追不舍，在法尔萨拉附近将他们击得溃不成军。庞培又辗转从地中海逃到了埃及，他一登陆就遭到了埃及年轻的国王托勒密的暗杀。没过几天，恺撒也尾随而至，可是很快他就发现自己落入了一个陷阱中，他受到庞培的追随者和埃及人的双面夹击。

幸运的是，恺撒成功地纵火烧毁了埃及的舰队。不幸的是，熊熊燃烧的大火殃及了闻名世界的亚历山大图书馆，火星恰巧落在了图书馆的屋顶上（坐落在海边），就这样，这座收藏颇丰的图书馆在大火中毁于一旦。解决了埃及的海军之后，他将矛头直指陆军，无数的埃及士兵被他赶入了尼罗河里，托勒密也被淹死了，之后，他立刻组织新的埃及政府，扶持托勒密的姐姐克娄帕特拉为新的国王。这个时候，又传来了米特拉达特斯的儿子兼继承人法那西斯，要为自杀身亡的父亲报仇雪恨正计划发动侵略战争的消息。恺撒立即率领军队北上抵抗，经过五天五夜的激战，法那西斯被打败了。他派人给元老院送了一封捷报，里面写着一句著名的话："Veni, vidi, vici."意思是："我来了，我看见了，我得胜了！"再次返回埃及的恺撒无可救药地爱上了克娄帕特拉女王。公元前46年，克娄帕特拉跟随他一起回到了罗马，此时的恺撒已经是罗马的当权者了。恺撒一生获得四次征战的胜利，在每一次的凯旋庆祝仪式上，他都毫无例外的威风凛凛地走在队伍的最前面。

恺撒向元老院的元老们讲述了自己伟大而惊险的戎马生涯。于是获得了感恩戴德的元老们授予的"独裁官"职权，任期是10年。这是他致命的一步。

为了改变国家的困境，这位新上任的独裁者推行了一系列行之有效的改革措施。在他统治时期，自由民有成为元老院的元老的资格。然后，他又启用了罗马古时候实施过的政策，让边远地区的人们享有正常的罗马公民权利。还有，"外来者"也被允许参与政治，对政府施加影响力。此外，为了避免边远地行省被那些贵族世界瓜分，他对其政治管理进行了有力地改革。总之，恺撒所做的一切都考虑到了大多数人民的利益，这样，那些权势阶级和贵族阶级就对他恨之入骨了。于是，一场名为"拯救共和国"的阴谋在50个贵族间发起了。依照恺撒从埃及引进的日历，时间是3月15日，他刚走进元老院就被暗杀了。罗马又一次失去了统治者。

恺撒曾经的秘书安东尼和外甥兼地产继承人屋大维，这两个人都试图将恺撒的伟大事业发扬光大。安东尼去了埃及，因为他也疯狂爱上了克娄巴特拉，同美丽的女人恋爱，莫非这是罗马将军们的习惯？屋大维则继续待在罗马。

在这两个人之间爆发了一场争夺罗马统治权的激烈战争。阿克提翁一役，安东尼惨败，并且自杀身亡了。孤军作战的克娄帕特拉像故技重演，施展魅力，企图第三次彻底征服罗马人屋大维。可惜的是，屋大维是个高傲无比的贵族青年，他根本不吃这一套，后来，克娄帕特拉便服毒自尽了，从此罗马又多了一个行省，那就是埃及。

聪明睿智的屋大维杜绝了舅公所犯下的错误。他很清楚，人们会慑于不恰当的言辞。所以，返回罗马的屋大维提要求的时候，非常谨慎小心。他只要求一个"光荣者"的称号，而不是"独裁官"。不过，几年之后，他就获得了元老院授予的"奥古斯都"（神圣、卓越、伟大）称号，这次他接受了。又过了几年，他甚至不会阻挠人们在大街上称呼他为恺撒或者是皇帝。在那部下的心里，他一向都是总司令，所以士兵们都以元首、帝王来称呼他。罗马共和国就是这样逐渐成为帝国。关于这一点，罗马的百姓们却并没有意识到。

公元 14 世纪的时候，屋大维在罗马的绝对统治地位已是无法撼动了。人们像崇拜神灵一样崇拜他，后来接他的继任者都成了真正的皇帝，即这个世界上异常强大的帝国唯一的统治者。

其实，普通百姓并不喜欢无政府统治的状态以及混乱的局面。不管统治者是谁，他们只是希望能够过安宁的生活，只要街上没有无休止的暴动和喧哗，他们就心满意足了。他们的愿望屋大维帮他们实现了，他不是一位热衷土地扩张的君主，整整 40 年的时间，人民一直安居乐业。只是在公元 9 年，他对定居在西部荒野的条顿人发起了一次战争，不过在那次战争中，尼禄将军和所有的罗马士兵在条顿堡森林战死了，自此以后，罗马打消了教化那些野蛮部族的念头。

他们专注于解决国家一堆堆的问题，企图扭转乾坤，遗憾的是，一切已经来不及了。年轻一代中的佼佼者，在两个世纪一次又一次的革命和对外侵略战争中死伤殆尽。战争剥夺了自由农民的一切，把这个阶层推向了灭亡的边缘。另外，自由民们也没有能力与随战争而来的奴隶劳动竞争。几乎所有的城市都被战争变成了蜂窝，不计其数的肮脏、破败、贫苦的农民居住在里面。同时，另一个庞大的官僚阶级也被战争催生了，收入微薄的小官吏为了养家糊口、维持生计，不得不受贿贪污。饱受战争苦难的人们已经对暴力和流血麻木不仁了，更有甚者，他们还会因为别人的痛苦而高兴不已。

罗马帝国在公元 1 世纪的时候，看上去似乎是一个辉煌壮丽的政体，他甚至将亚历山大的庞大帝国变成了它的一个行省，由此可见，它拥有多么宏大的版图啊！然而，在这华丽的面具之下生活的却是无数疲惫不堪的人们，他们辛苦劳作，就像是一群将家建在巨石地下的蚂蚁一样。他们繁重的劳动却换来了别人的享受，他们与牲畜同吃同住，最后死于无尽的绝望之中。

罗马建国后的 753 年，帕拉坦山的宫殿里，可以看到裘利斯·恺撒、屋大维·奥古斯都处理国事的繁忙身影。而此时，一个小男孩诞生在了遥远的叙利亚一个小村庄里的马槽里，木匠约瑟夫的妻子玛利亚正在欢喜地照料着他。

这个世界真是无比奇妙啊！

王宫和马槽之间的公开斗争将不可避免。

最后，胜利的光芒将照向马槽。

第二十五章

拿撒勒人约书亚

拿撒勒人约书亚，即希腊人口中耶稣的故事。

公元 62 年，也就是罗马历 815 年的秋天，罗马一位名叫埃斯库拉庇俄司的外科医生给他的外甥写了一封信，彼时，他的外甥正在叙利亚步兵团服役。以下是信的内容：

亲爱的外甥：

不久前，有人请我去给一个病人看病，这个病人是个犹太裔的罗马公民，名叫保罗，他有着优雅的举止，似乎接受过良好的教育。而且，据说他之所以会来到这个地方，全是因为一件诉讼案的牵扯。关于那件案子具体的起诉地点我也不知道，好像是该撒利亚或者某个东地中海地区法庭吧。人们说保罗是一个"凶残、野蛮"的人，他所做的那些演说多半是受到国家法律禁止的，具有反人民、反国家的性质。依我所见，他是一个诚实可信的人，而且还才华横溢。

我有一个曾经在小亚细亚服役的朋友。他跟我讲，他听别人说，保罗以前就在那个地方传教，他在极力推崇一位新的上帝。对于这件事的真伪，我向我的病人求证，我问有没有做过那些召集人们群起而反对我们崇拜的皇帝的事。他给我的回答是，他做的那些事情与人世无关，那是属于天国中的事情。他还给我讲述了很多奇谈怪调，不过，我认为那是他在高烧的折磨下所说出的混乱言辞。

　　不管怎么样，我对他高尚的人品记忆犹新。听说几天前他被人暗杀了，就在奥斯提亚街道上，这件事真让我无比痛心啊！我之所以写信给你，是希望你有机会去耶路撒冷的时候，顺便帮我获取一些关于我的朋友保罗的事情，以及那位可能是他导师的犹太先知的事情，那位先知是个奇怪的人。这位所谓的弥赛亚（救世主）被我们的奴隶们听到了，他们表现得异常激动。他们当中有几个就因为毫不避讳讨论这个"新国度"（无论它代表什么意思）而在十字架上丧了命。我迫切地想要将这些谣言查个一清二楚。

你忠诚的舅舅
埃斯库拉庇俄司·卡尔蒂拉斯

这位医生收到外甥（高卢第七步兵团的上尉）的回信是在六个星期以后，回信是这样写的：

我亲爱的舅舅：

　　遵照您来信的吩咐，我已经对情况有了大致的了解。是这样的，我们的部队在两个星期以前被派到了耶路撒冷。这座城市饱经了上个世纪不计其数的战争苦难，目前，老城区只存在很少的一部分了。现在，我们在这个地方已经待了将近一个月的时间，部队明天就要转移到佩德拉地区。听说有一些阿拉伯部落不时对那个地方进行骚扰。我刚好今天晚上有空闲的时间，借此机会给你回信，以回答你的疑问，不过，请不要指望我给你的回答会很详尽。

为了了解更详细的情况，我跟这个城市很多年长者交谈，不过收获却不大。前些天，我跟一个到我们部队卖橄榄的小商贩买橄榄，并向他打听了有关弥赛亚的事情，问他知不知道这个著名的年轻人被杀害的事情。他告诉我说，他对那些死刑场面记忆犹新，因为他的父亲曾经带着他到各个地方去参观过，由此他便得到警示，胆敢违抗法律，成为犹太人民的敌人就会得到那样的遭遇。我还从小贩那里得知了弥赛亚有一个叫作约瑟夫的挚友，他可能知道具体的情况，我从小贩那里得到了这个人的居住地址。

就在今天上午，我拜访了约瑟夫。这是一个刻满岁月痕迹的老人家，以前，他还在淡水湖边钓鱼呢。还好他还保持着清晰的记忆力，我出生前的那个混乱时期所发生的一切，他都告诉我了。

那个时候我们伟大的统治者是提比留皇帝，而本丢·彼拉多则是总管犹太与撒马利亚地区的总督。关于彼拉多的为人，约瑟夫知之甚少，不过，他觉得这是一个忠诚而清廉的人，他在任职期间得到了很好的声誉。不知是 783 年还是 784 年（公元 30 年或是公元 31 年），约瑟夫也记不清了，彼拉多受命前往耶路撒冷解决一场暴乱。听说那个时候，有一个年轻的小伙子（他是拿撒勒木匠的儿子）正在计划着发动一场发对罗马统治的战争。对此，我们国家的情报人员却毫无知情，这真是一件奇怪的事情，他们一向消息灵通得很，这次却出现了例外。经过详细地调查，他们得出的汇报结果是：没有任何理由能够控告这位年轻的木匠的儿子，因为他是一名遵纪守法的合格公民。约瑟夫接着说，这个结果让犹太教的老派领袖们大为光火。理由是，这位年轻的木匠的儿子弥赛亚的威望已经在希伯来的平民百姓中根深蒂固了。在嫉妒之心的驱使之下，这些老领袖们便向彼拉多告状，他们说，这个"拿撒勒人"公开发表了这样的言论：希腊人也好、罗马人也好，又或者是非利士人，只要他向往的是高尚正直的生活和作风，那他就算得上一个高贵的人，就像把一生的时间都花在对摩西法律研究上的人那样。刚开始，这些争执并没有引起彼拉多过多的注意。直到后来，大量的人群围在耶路撒冷的庙宇四周，扬言要对耶稣动用私刑，并将他处死，还要把他所有的信徒全部杀掉，彼拉多才不得不出于对耶稣生命安全的考虑，而将他拘留了起来。

对于这场斗争的实质，彼拉多好像还不清楚。他让那些犹太祭司说出反对这位木匠儿子的理由，那些祭司们便情绪激动地高声疾呼"异端""叛逆"。我从约瑟夫那里了解到，后来约书亚（拿撒勒人原本就叫作约书亚，但是他们被居住在这一地区的希腊人称为耶稣）被带到了彼拉多跟前，总督要对他亲自审问。他们谈论的时间长达几个小时。彼拉多让他解释传言中他在加利利海滨地区传播"危险教义"的事情。对此，耶稣说，他从来不关心政治，他只在乎人们的内心世界以及人们的肉体，他只是有这样一个理想：生活在这个世界上的凡人，能将周围的人当成自己的亲兄弟那样看待，所有的人都对唯一的真神敬爱有加，把他当成一切神灵的父亲。

这位对斯多葛学派和其他希腊哲学家的思想有独特见解的君王，一时之间无法从耶稣的言论之中找出具有煽动性质的东西来。约瑟夫还告诉我，为了拯救这位慈爱的先知，彼多拉又一次付出了努力，他尽力对定罪一事进行拖延。同时，祭司们一而再再而三地煽动民愤，使人民暴怒不安。事实上，类似的暴动已经在耶路撒冷多次发生过了，尽管罗马军队就驻守在很近的地方，他们甚至能够听见争吵的声音，可是能够被召唤来平乱的却微乎其微。有人向该撒利亚的罗马政府提出了控告，说彼拉多总督"深陷拿撒勒人的危险教义中不能自拔"。整个城市都在散发关于撤销彼拉多的请愿书，他已经变成罗马帝国的敌人了。您也知道，在我们国家有一条关于禁止总督和当地臣民发生公开冲突的规定。为了使国家免遭内战侵袭，约书亚这个囚犯不得不被彼拉多杀掉了。面对这最后的结局，约书亚表现出了高贵的尊严，而且宽恕了所有厌恶他的人。最终，他被钉在十字架上，去了另一个世界，在刑场上甚至还能听到耶路撒冷那些暴徒们的讥讽和嘲笑声。

约瑟夫给我讲述的就是以上这些。他一边讲述，一边留下了悲伤的泪水。作为答谢，我走的时候送了一个金币给他，可却被他拒绝了，他让我去送给那些更为贫困的人。关于保罗的事我也向他打听了，不过他对此不甚了解。保罗好像是一个帐篷制作匠，后来为了宣传仁慈、宽容的上帝而放弃了自己的职业。他宣扬的上帝与犹太祭司们宣传的耶和华大相径庭。整个小亚细亚和绝大部分的希腊土地，都曾留下过保罗奔忙的足迹，他不知疲倦地向奴隶们宣讲教义，让他们相信自己是慈爱的上帝的子民，上帝会赐福于所有诚实善良、乐善好施的人。

关于你的问题，我只能作出这些回答，希望你不会太过失望。我认为这个故事丝毫不能动摇国家的安全系统，而且我们罗马人从未真正了解本身的人民。对于你的朋友保罗最后的遭遇，我深表遗憾。如果我现在能够在家里该有多好啊！

你忠诚的外甥

格拉丢格兰迪厄斯·恩萨

第二十六章

罗马帝国的衰亡

日薄西山的罗马帝国。

公元 476 年，罗马最后一位皇帝被赶下了皇位宝座，正因为如此，古代的历史教科书习惯于将这一年定为帝国倾覆的年份。不过，罗马的消亡是一个漫长而迟缓的过程，如同它的兴起那样，并不是朝夕之间的事，可能正因为如此，生活在罗马的人民对这个他们挚爱的祖国即将日落西山的事实并没有察觉。时局不太平、食品价格飞涨、劳动人民收入微薄，引得他们怨声载道。奸商们投机钻空，大量囤积谷物、羊毛和金币，大发横财的行为也惹得他们咒骂不断。偶然碰上一个横征暴敛，大肆搜刮的总督，他们甚至会发动起义。然而不管怎么说，在公元第一个 4 年间，绝大多数的人民吃喝正常（依据钱袋里钱币的多少，尽量地购买），爱恨兼之（随性而起），跟往常一样到剧场看戏（只要有免费的角斗士格斗演出）。当然，也不乏因饥饿而在贫民窟的人，总之人民照常生活着，丝毫也没有觉察到自己的国家已经快速向着毁灭走去了。

即将临近的亡国之险他们又怎么能够预见呢？罗马帝国表面的风光和繁荣还在闪耀着夺目的光辉。宽阔平整的马路连通着各个行省；帝国的警察恪尽职守，使拦路强盗闻风丧胆；国家边防固若金汤，那些定居在欧洲荒野的野蛮部落丝毫不敢进犯；罗马收受着全世界的纳贡。除此之外，还有大量智慧和能力卓越的人才，他们日复一日地操持着国事，努力改进过去犯下的错误，试图使共和国初期的幸福安宁重新光顾罗马。

可是，在罗马腐朽的根基不彻底消灭的情况之下，任何改革都将是一场徒劳，关于这一点，我在上面一个章节中已经提到过了。

跟古希腊的雅典或科林斯如出一辙，罗马一直以来都是一个城邦。统治整个意大利半岛它是绰绰有余的，但要主宰整个文明世界，它在政治上是不能达到要求的。常年的征战使它的年轻一代消亡殆尽，繁重的军役和赋税使它的农民阶级濒临倾家荡产的危险，最后，他们要么沦为专职乞丐，要么就变成了"农奴"，被雇用在富人家的农庄里从事劳动，艰难度日。这些农民既不是奴隶，也不是自由民，却如同树木和牲畜，被牢牢拴在了他们劳作的那块土地上，无法解脱。

国家才是至高无上的，帝国代表所有，普通老百姓则毫无价值。奴隶们都忠诚地追随着保罗，信奉他的教义，对主人言听计从、恭顺温和，而不是反对主人，这就是他们所受到的教育。对他们而言，现实世界就是一个寄托肉身的苦难之地，所以，这个世界上的一切事宜都不能引起他们的兴趣。如果能够进入天堂，他们愿意倾其所有去"打那美好的仗"。可如果让他们去为那个以谋取辉煌战绩，而野性勃勃出征努米底亚或帕提亚或苏格兰的皇帝去打仗，那是万万不能做到的。

就这样，几个世纪过去后，局势已经每况愈下了。开始几位皇帝还秉持着"首领"的传统，将权力下放给各位部族首脑，让他们约束自己的族人。到了二三世纪，那些罗马皇帝已经变成了职业军人，是"军营皇帝"，他们凭借着卫队的护卫得以生存下去。这些皇帝轮番上位，更换速度极快。一位皇帝才即位不久，就遭到另一位买通卫队的篡权者的谋杀。他们在皇宫中出出进进，为了夺取最高统治地位而不断策动谋杀活动。

而就在这个时候，北方边境屡次遭到野蛮部族的侵略。罗马已经再也派不出地道的罗马人组成的兵团了，他们只能花钱请雇佣兵团为他们抵抗侵略。在双方厮杀的过程中，这些雇佣军发现敌人其实是自己的同族兄弟，于是对他们大动恻隐之心。无奈之下，罗马只好放宽政策，允许一部分部族定居在帝国的边境地带。后来，还有另外一些部族也随之而来。没过多久，他们就感到苦不堪言了，罗马的贪官污吏将他们剥削得一无所有。当他们提出的控诉得不到回应的时候，就诉诸武力，他们的军队进犯罗马，要求帝王解决他们的问题。

鉴于类似事件的侵扰，罗马帝王渐渐感到帝国首都的宫殿让他非常不自在，于是君士坦丁大帝（公元 272 至 337 年在位）决心另寻住处。最终，拜占庭有幸被选中了，这个城市坐落在欧洲和亚洲之间，是重要的通商门户，君士坦丁大帝将首都迁到这个地方，并重新将它命名为君士坦丁堡。在君士坦丁离世后，为了提高管理效率，他的两个儿子将罗马分成了两部分，每人管理一部分，住在罗马的哥哥统治着西罗马，住在君士坦丁堡的弟弟统治着东罗马。

公元 4 世纪的时候，可怖的匈奴人开始踏足欧洲土地。这些来自亚洲的神秘骑兵对罗马发动了猛烈的侵袭。他们在欧洲北部以杀人为职业，横行霸道了两个世纪之久，最后在法国沙隆的马恩河被彻底击溃了。当匈奴人来到莱茵河附近的时候，给哥特人造成了极大的威胁。在生存的逼迫之下，哥特人发起了对罗马的侵略战争。公元 378 年，前来进行抵抗的瓦伦斯皇帝在亚特里亚堡以身殉国。过了 22 年，国王阿拉里克又率领着那些西哥特人一路西进，再次侵犯罗马。除了摧毁了几座宫殿，他们并没有过多地掠劫。紧跟其后的是汪达尔人，他们丝毫不尊重这座历史古城，烧杀抢劫，无恶不作。后来前来侵犯的是东哥特人、阿拉曼尼人、法兰克人……侵略无休止地进行着。到了后来，似乎只要有能耐召集几个暴徒，就能够将罗马掠为囊中之物了。

罗马皇帝在公元 402 年逃到了拉维纳，这既是一个海港，又是一座固若金汤的城堡。公元 475 年，就在这里，罗马最后一位皇帝罗慕洛·奥古斯塔斯，被日耳曼雇佣军的一个司令官从王位的宝座上驱赶了下来，这位企图瓜分意大利土地的司令叫作鄂多萨，此后，他自封罗马新的统治者。被混乱局面搅得疲惫不堪的东罗马帝王被迫承认了这个事实。除了西罗马帝国以外，其他省份都被鄂多萨统治了十多年的时间。

几年之后，这个新建立的国家又遭到了东哥特国王西奥多里克的入侵，拉维纳被攻陷，鄂多萨也被杀死在自己家的餐桌上。随后，一个哥特王国在罗马帝国的残垣之上诞生了，它的建立者是西奥多里克。可惜，这同样是个短命之国。公元 6 世纪的时候，一支杂牌军入侵意大利，一举灭掉了哥特王国，这支军队里有伦巴德人、撒克逊人、斯拉夫人以及阿瓦人，他们又重新建立了一个国家，首都在帕维亚。

帝国首都经受两年战火的洗礼，已经颓败不堪了，陷入无人看管的绝境。历史悠久的宫殿屡遭洗劫，学校付之一炬，教士们在饥饿中悲惨地死去。肮脏龌龊、浑身长毛的野蛮人住进了富人们的别墅，而富人们则受到了驱逐。桥梁断裂、道路倒塌，给交通造成了极大的障碍。繁华昌盛的贸易也成了明日黄花，意大利死气沉沉。埃及人、巴比伦人、希腊人、罗马人花费了数千年的时间，创造的世界文明是我们远古的祖先所不敢奢望的，而今却面临着在西方大陆上凋零的危险。

远东地区，帝国的中心君士坦丁堡此后又继续存在了 1000 年的时间。可是，它已经不被当成欧洲大陆的一部分来看待了。它向往的是东方世界，渐渐忘记了自己原本来自于欧洲。连罗马字母也被拉丁字母取而代之，罗马法律就是用拉丁字母写成的，并且它的解释官是一位希腊的法官。至于东罗马的君主，则像神一样受到人们的崇拜，与 3000 年前尼罗河流域底比斯的埃及国王一样。为了开辟新的传教领地，拜占庭的教士们把脚伸向了东方，蒙昧而广袤的俄罗斯荒原受到了拜占庭文明曙光的照耀。

这个时候的西方世界已经被蛮夷部族主宰了。谋杀、战争、纵火、劫掠这些社会准则，一直在西方存在了将近12个世纪的时间。只有一样东西挽救了欧洲人和欧洲文明，挽救了欧洲免于重返穴居和原始时代的厄运。

这个东西就是教会。这是在无数个世纪里，忠诚追随于拿撒勒木匠耶稣的人们所组成的教会。仁慈的耶稣是为了不使繁华的罗马帝国，在叙利亚边境上一个小城市的街头发生暴乱，才牺牲了自己。

第二十七章

教会的兴起

罗马是怎么样成为基督教世界的中心的。

　　祖先们一代代信仰的那些神灵，并不能引起居住在罗马的普通知识阶级的兴趣。只是出于对风俗习惯的尊重，他们才年年到寺庙里去朝拜几次，你千万不要以为这是他们的信仰。同时，他们也极少会为了庆祝某个盛大的节日而加入那些严肃的游行队伍中去，他们顶多充当一个事不关己的旁观者而已。他们认为人们崇拜朱庇特、密涅瓦、尼普顿的行为非常幼稚滑稽。深谙斯多葛学派、伊壁鸠鲁学派和其他伟大雅典哲学家的著作的人，绝对不会在那些无聊的信仰上下功夫。

　　正因为有了这样的态度，罗马人对宗教信仰才如此地宽容。凡是罗马的公民，无论是希腊人、巴比伦人或者犹太人都必须以特定的方式向所有神庙里依法竖立的帝王塑像施以礼仪，这是政府规定的内容。就好比人们要对悬挂在美国邮局里面的总统像行注目礼一样。

　　当然，这只是一种形式而已，并不包含特殊的意义。通常情况下，人们可以根据自己的喜好，自由选择崇拜的神灵。这样一来，埃及的神、非洲的神、亚洲的神，以及奇形怪状的庙宇、教堂等充斥了整个罗马。

　　当耶稣那些忠实的信徒首次到达罗马，宣言他们"天下所有人都是相亲相爱的好兄弟"这一新教义的时候，并没有遭到任何罗马人的反对。并且还有一些人们在好奇心的驱使下，在大街上驻足倾听。当时，来自世界各地、形形色色的传教士都汇集于罗马，在这个世界首都宣传他们的"神秘教义"。这些自封的传教士们总是喜欢用理性来教化人们，如果有人愿意追随于他，跟他共同信仰他自选的那个神灵的话，他会感到惊喜若狂，并承诺给予人们黄金财富。没过多久，基督徒们（指基督耶稣的追随者或被上帝涂油膏选定的人）所宣讲的与众不同的教义就被人们发现了。这些教徒对财富和权势不屑一顾，却大加称颂贫困、恭顺和卑微。这种向人们宣言永恒的幸福不是建立在世俗功名之上的"神秘之道"，对于生活在繁华强盛的罗马人来说，确实是一件颇有趣味的事情，毕竟，罗马不是依靠这些品质才成为世界霸主的。

除此之外，基督徒们还继续宣扬，背离他们口中真神的意旨将会受到无比悲惨的厄运，这些话让人们惊恐万分。当然，人们不能一直依赖于好运气。纵然可以祈望罗马原来的神灵对人们进行庇护，不过要确保这些老朋友的安全，他们是不是足够强大呢？有没有能力与那些来自亚洲的新神进行对抗呢？对此，人们有些质疑。他们重新去仔细聆听那个新教义的深层含义，他们还渐渐地与那些传教者有了密切的接触，这使他们非常确定，这些人与罗马的僧侣大相径庭。虽然他们穷困潦倒，一无所有，却对奴隶和动物无比关爱。他们不贪图财富，而且还慷慨解囊，施舍他人。很多罗马人感动于他们清心寡欲与宽容大度的精神境界，而纷纷背弃了原来的信仰，加入他们的队伍中。他们常常秘密集会，在私家密室里或者是郊外。这样一来，罗马的神庙空空如也了。

经年累月，基督徒的队伍不断壮大。为了维护教徒的利益，他们选举出长老和主教（希腊语中"长者"的意思），每个行省都有一位主教，他是这个行省里所有社团的最高领袖。第一位罗马主教就是彼得，他是在保罗之后来到罗马的。后来，他的继任者（追随者们称呼他为父亲）成了教皇。

在罗马帝国，教会逐渐发展成为一个权势较高的组织。无数在现实生活中陷人绝望境地的人们受到了基督教义的感召，同时，大批怀才不遇的人也被它吸引，这些人无望在政府中施展才华，却能在主教虔诚的信徒中显山露水，闪闪发光。罗马帝国一向对宗教信仰秉持着宽容的态度，关于这一点，我在前面已经说过了，每个人都能够依照自己的喜好，自由地决定宗教信仰。可是，帝国坚持的原则和底线是：各个宗教派别须和睦共存，遵循"自己的存在不干涉别人的存在"这样的道德要求。

可是，基督教团体却拒绝接受宽容和妥协。他们公然宣称自己的上帝才是天地之间唯一的真神，其他的什么都不是。这种说法对其他宗教派别是有失公平的，对于此类言行，警察曾进行了干涉，并对他们发出警告，可是这些人却不以为然。

更有甚者，基督徒们还抛弃了对皇帝必行的礼仪，他们拒不履行服兵役义务。当罗马政府以严厉的惩罚相逼时，他们则满不在乎地说，现实世界只是通往极乐天国的一个跳板而已，要处罚就处罚吧，他们还很高兴呢。对此政府束手无策，偶然将几个违法分子处死，不过大部分情况下他们放任不管。由于暴徒的陷害，在教会刚刚成立的时候，确实有很多教徒死于私刑。暴徒们将诸如杀人、吃婴儿、传播疾病和瘟疫、背叛国家等稀奇古怪的罪名，安在那些恭顺谦和的基督徒身上，对他们进行污蔑和控告。暴徒们很清楚，即使他们这样胡乱地将基督徒推向死亡，也不会遭到基督徒的反击。

大概是同一时期，蛮族部落不断发动对罗马的攻击。面对强敌，罗马的军队也束手无策，这个时候，教会挺身而出，把和平信号传递给蛮横的条顿人。这些不要命的传教士们宣言，如果不思悔改，继续作恶，地狱的苦难将会收拾他们，他们表现得镇定自若，说得信誓旦旦，情真意切，最终使条顿人为之动容。条顿人认为，传教士们具有罗马公民的身份，从他们口中说出来的话语，应该是真实的。谁叫他们一向对罗马的圣贤哲人们怀有崇敬之心呢？没过多长时间，基督教传教士们就成了条顿人和法兰克野蛮部族巨大的威胁，只消区区五至六名传教士的力量，就可以与一个兵团相抗衡。连皇帝也开始觉察到传教士们所表现出来的惊人力量，他们敏锐地意识到，这股力量将使国家受益匪浅。这样，在一部分行省，基督徒被授予了具有与信仰原始宗教一样的权利。但是直到公元4世纪后半期，根本性的变化才开始发生。

那个时候帝国的统治者是君士坦丁，偶尔人们也称他为君士坦丁大帝（只有上帝晓得为什么他会得到这样的称呼）。君士坦丁是个异常残暴的人，不过话又说回来，那就是一个兵戎相见的年代，如果太过仁慈只会导致毁灭。君士坦丁在悠长的岁月中，历经了太多的苦难。甚至有一次，他险些在敌人手中丧了命。他想试试看人们纷纷议论中的亚洲新上帝究竟有多大的能耐。所以他许下诺言，如果下次战争能够取胜，他就追随基督。果不其然，他将敌人全部击溃了。此后，君士坦丁皈依了基督教，接受了基督的洗礼。

从此以后，罗马当局正式认可了基督教，这使得基督教会的地位得到了极大地提高。

可是，基督徒仅仅只占罗马总人口的5%至6%，人口数量非常少。他们拒不妥协于任何组织，这样才能获得大多数人的支持，他们必须将原来的神彻底毁灭掉。不过，朱利安皇帝本人对异教神像爱护有加，曾经有一段时间，他尽力保护了一些异教的神像，使它们免于毁灭之灾。遗憾的是，这位皇帝在远征波斯的时候，不幸去世了。他的继任者是朱维安皇帝，这位帝王为基督教树立了权威性的统治地位。这样一来，异教的古老庙宇一个个都关闭了。当帝国的皇帝换成查士丁尼的时候，闻名于世的索菲亚大教堂就在君士坦丁堡拔地而起了，柏拉图所创建的拥有悠久历史的雅典哲学学院也被停办了。

这个时候，人们再也不能依照自己的思想去自由地思考了，自由梦想自己未来的时代戛然停止了。当蒙昧和野蛮的洪流滚滚而来，原先确立的秩序被彻底冲垮，在汹涌的波涛之中摇摇晃晃的小舟指引着人生的方向，哲学家们建立起来的那一套行为准则已经变得模糊而动摇了。而那些明朗而确定的规则只有教会能够赐给人们。

教会坚持的真理和原则，在任何动荡不安的年月都将一如既往地平稳安定，如同磐石一样屹立不倒。人民大众对它的这种坚定不移、永不退让的品质倍加赞赏，这就是教会组织得以顺利渡过难关的原因，以至于它没有遭到罗马帝国似的灭亡的命运。

虽然基督教获得了最终胜利，不过却具有偶然性。公元5世纪，西奥多里克一手创建的罗马哥特王国毁灭之后，相对来说，意大利遭受到的侵害逐渐减少了。伦巴德人、撒克逊人和斯拉夫人这些部族接替哥特人成了意大利的统治者，不过，这些部族都不够强大，实在不足挂齿。正是因为有了这样的条件，罗马主教们才能够继续使意大利保持独立自主。没过多久，罗马大公的统治地位（也就是主教）被那些散落在意大利半岛上的帝国残余地区认可了，并且承认他是政治和宗教的双重主宰。

展示的平台已经准备好了，就等着一位能力非凡的人闪亮登场，这个人就是于公元590年来到人们中间的格利高里。这个人以前担任过罗马的长官，即罗马市长，他是古罗马的统治阶级。他先后从事过僧侣、主教等职业，最后很不情愿（一开始的时候，他想成为一个传教士，将基督教义传播给英国的异教徒们）地被拉到圣彼得大教堂，担任了教皇的职务。然而，他离开人世以后，罗马大主教已经得到了西欧基督教世界的承认。罗马大主教就是教皇，他是所有基督教世界的统治者。

可是，教皇的势力却从来没有涉足过东方世界。按照古老的习俗，奥古斯都和提比留的继任者（东罗马皇帝）得到了君士坦丁堡皇帝的承认，认可他们是政府的统治者，还是主宰国教的首领。公元1453年，土耳其人踏平了东罗马帝国，君士坦丁堡也随之覆灭了，在圣索菲亚大教堂的台阶上，末代东罗马皇帝康士坦丁·帕利奥洛格命丧黄泉。

　　几年之前，俄罗斯的伊凡三世娶了左伊公主，这位公主是帕利奥洛格的兄长托马斯的女儿。因此，莫斯科的大公顺理成章地成了君士坦丁堡的继任者。所以，现代的沙俄沿袭并借用了拜占庭的双鹰（为了纪念罗马一分为二，即东罗马和西罗马）作为盾形纹章。以前只是俄罗斯的头号贵族，现在一下子成了具有与罗马帝王同样权威和尊贵身份的沙皇，对他而言，所有的臣民不分贵贱，一律是他微不足道的奴隶。

　　沙皇居住的宫殿与亚历山大大帝的王宫极为相似，它是根据东罗马皇帝从亚洲和埃及引进的东方造型修建而成的。这个出乎意料的世界，继承了垂死的拜占庭帝国遗留下来的一份奇特的遗产，凭着旺盛的生命力，在广袤的俄罗斯平原上又生存了6个世纪之久。尼古拉二世是最后一位佩戴双鹰标志皇冠的沙皇。这样说吧，直到不久前，他才惨遭杀害，他的尸骨被遗弃在了一口井里。他的后代也遭到杀戮。古老的特权和君权消亡殆尽，此时的教会又回到了君士坦丁堡大帝以前的那个罗马时代。

第二十八章

穆罕默德

> 赶骆驼的人穆罕默德成了阿拉伯沙漠的先知，为了唯一真主安拉的荣耀，虔诚的信徒们几乎将整个世界收归囊中。

至于闪米特人，从迦太基和汉尼拔之后，我们就没有再提及过了。然而，正是他们书写了古代世界的所有篇章，如果你还记得的话。闪米特人包括那些统治了西亚三四千年的巴比伦人、亚述人、腓尼基人、犹太人、阿拉米尔人以及迦勒底人。可是后来，来自东方的印欧语族波斯人将他们彻底击败了，并且夺走了他们的统治权。亚历山大大帝离世后的一百年，为了争夺地中海的绝对统治权，闪米特部族的腓尼基殖民地迦太基，与印欧语族的罗马展开了激烈的交锋。后来，迦太基遭到了倾覆之灾，之后的 800 年间，世界的主宰一直都是罗马人。

不过，到了公元 7 世纪的时候，历史的舞台之上又看到了一支闪米特人的影子，这就是敢于问鼎西方世界的阿拉伯人。其实，他们都是些温顺谦恭的牧羊人，从远古时代开始就在沙漠里过着游牧生活，他们热爱和平，没有丝毫建立帝国的野心。自从他们笃信了穆罕默德，开始了战马上的人生，居然用了不足一个世纪的时间就已经攻到欧洲的中心之地，他们向法兰西的农民们宣称"唯一的真神"，他是一切荣耀的撒播着，"真神唯一的先知"是穆罕默德，这样一来，法兰西人吓得魂飞魄散。

　　穆罕默德的父母分别是阿布达拉和阿米娜，"穆罕默德"代表"理应受到赞美的人"，他的一生如同《一千零一夜》里面的一个故事。麦加是他的出生地，职业是赶骆驼，好像还得过癫痫病，一旦发起病来，就会昏迷不醒，并且在睡梦中做着各种各样奇怪的梦，他经常梦见天使迦伯列跟他讲话。后来的《古兰经》里记载了这些话语。穆罕默德几乎踏遍了整个阿拉伯半岛，因为他是某个商队的领队，正因为如此，他能够频繁地与犹太商人和基督徒商人接触，他慢慢觉得只信仰一位真神是一件很好的事情。那个时候，他的那些阿拉伯同伴们还停留在对远古时代的老祖先们崇拜岩石和树干的年代里。关于岩石崇拜的痕迹，我们至今还能在伊斯兰教的圣城麦加一个方形的小房子里面看到，那里面供奉着一些黑色的岩石。

　　穆罕默德下定决心要成为阿拉伯人的摩西。可是，赶骆驼与当先知两者之间是相互冲突的，只能选择其一。于是，他娶了一个富有寡妇为妻，也就是他的雇主查迪雅，这样一来他便有了良好的经济保障，再也不用为了维持生活而四处奔波了。他告诉那些他在麦加的邻居们，说自己就是上帝派来拯救人们的先知。邻居们却只把他的话当成一个笑话而已。可是，穆罕默德并不甘心，他不停地向人们宣讲他的道义。在人们眼中，他就是一个十足的疯子，人们十分厌恶他，觉得他非常可恨，于是谋划着杀死他。人们的密谋被穆罕默德得知了，于是，他带着自己最为信任的学生阿布·伯克尔连夜逃亡麦地那。后来，伊斯兰教史把这件事列为重大事件，称为"大逃亡"，这一年是公元622年，被伊斯兰教定为穆斯林纪元。

　　虽然，麦地那对穆罕默德是一个完全陌生的地方，不过，与那个众所周知他是赶骆驼人的家乡比起来，在这个地方宣称自己是先知要容易很多。没过多久，越来越多的人愿意追随他，信奉伊斯兰教，成为"顺从神的旨意"的信徒，也就是穆斯林。穆罕默德认为人类最高尚的美德就是顺从神的旨意。经过麦地那7年时间的传教生涯，他认为自己已经足够强大，能够去教训那些在他还是个赶骆驼人的时候，讥讽和嘲笑他的邻居们。他带领着一只麦地那人组成的军队穿越了沙漠，经过一番血腥地屠杀，其他人就很容易相信穆罕默德是唯一先知的言论了。

从那个时候开始一直到穆罕默德离开人世，他所做的一切都是一帆风顺的。

主要有两个原因导致了伊斯兰教的胜利。第一，穆罕默德对教徒们传播的教义简明扼要，他告诉教徒一定要对统治世界、仁慈关爱的真主持以敬爱之情，对父母要孝敬，绝对不能做假证陷害别人，要具有仁慈宽厚的心胸以及乐善好施的品质。最后，严禁饮用烈酒，还要节约食物。伊斯兰教并没有让大家共同出资供养守护羊群的牧羊人。他们的清真寺里面既没有长条板凳，也没有画像，只是有个用石头砌成的大厅，要是教徒们愿意，可以在那里阅读和讨论《古兰经》内容。对穆斯林而言，宗教只是放在心里的东西，因此，他们不会对教规教条感到有所束缚。他们每天要面对着圣城念诵简单的祷告五次。至于其余的时间，他们让真主替他们安排，听之任之，任凭运命如何安排。

就是这样的一种处世态度，又怎么可能鼓励信徒们去研究如何发明电动机、修建铁路抑或寻找新航线呢？不过，几乎所有的穆斯林都能够从中找到某种程度的满足感。人们在它的指引下过着平静安宁的生活，内心平和，与世界上的其他事务和睦相处。这也未尝不是一件好事。

穆斯林能够战胜基督徒的第二个原因是：伊斯兰教士兵正是为了实现自己的信仰，才英勇地走上前线去迎接敌人的挑战的。先知曾向他们做出这样的承诺：所有丧生于敌手的教徒都可以直接进入天堂。这样一来，人们都觉得，宁愿战死沙场，早早到天堂去享受幸福而不愿意活在人世间受尽苦难。这是伊斯兰教徒比十字军优越的地方。对于十字军战士来说，来世的地狱是极为可怕的，因此，他们对现实世界依恋不舍，他们想要将人世间一切美好的东西尽可能地抓在手中。这就是直到现在穆斯林士兵仍然能够将生死置之度外，在欧洲人的炮火中左冲右突的原因，这能够很好地解释他们为何总是危险而顽强的对手。

当宗教大厦已经被穆罕默德建立好之后，作为阿拉伯世界公认的首领，他开始享受属于自己的权力。可是，一般而言，人们之所以会获得成功，那是因为剥夺了那些在逆境中的人们的权力。为了博取富人的好感，他投其所好，制定了一些对富人有利的条规。信徒们被允许迎娶四个妻子。以前男子要娶新娘，需要支付很大一笔钱财从她的父母那里购买，因此只娶一个妻子就已经是很大的负担了。要迎娶四个妻子，这实在是太奢侈了，除非那是一个无比富有的人，能够拥有单峰驼、乘骑驼和枣园。

这种宗教成立的初衷是为了解救在黄沙漫漫的沙漠里生活的贫苦猎人，可是，它后来却演变成以满足生活在城市里的富人们的需求的宗教了。很显然，这个宗教已经远离了它建立的初衷，这实在是令人遗憾的事，同时它也无益于穆罕默德主义事业。而穆罕默德这个人，一生都致力于真主安拉福音的传播事业，他宣布了新的行为规范，公元632年6月17日，他因热病突然与世长辞。

穆罕默德死后，他的岳父艾卜·伯克尔成了他的继任者，这个人被人们称为哈里发（就是领袖的意思），在创业的初期，他曾经与穆罕默德患难与共。过了两年，艾卜·伯克尔离开人世，奥玛尔成为新的继任者。这位新的继任者率领军队在不到十年的时间里征服了埃及、波斯、腓尼基、叙利亚、巴勒斯坦等地，他把都城建在了大马士革，由此，一个伊斯兰世界帝国诞生了。

奥玛尔死后，穆罕默德的女儿法蒂玛的丈夫阿里成为哈里发。随后，阿里死于一场关于伊斯兰教义的争执之中。在这之后，哈里发变成了世袭制，这个时候，最初的宗教精神统领也变成了一个强盛帝国的最高统治者。他们建造了巴格达新城，就在底格里斯河边的尼尼微古城遗迹旁边。他们组建的阿拉伯牧马人骑兵团到世界各地向不信教的人们宣传安拉的福音。公元 700 年，穆斯林将军泰里克穿过赫尔克里斯门，到达欧洲海岸的陡峭岩壁。这个地方被泰里克命名为直布尔，即泰里克山或直布罗陀。

11 年后，著名的泽克勒斯战役打响了，泰里克在这次战役中重创西哥特军队。这之后，穆斯林大军一路北上，踏上汉尼拔曾经走过的那条路，从比利牛斯山的山隘穿越过去。试图在波尔多附近阻击他们的阿奎塔尼亚大公大败而归，他们向巴黎挺进。公元 732 年（穆罕默德离世后 100 年），在图尔和普瓦捷之间的战斗中，穆斯林遭到惨败。正是在那一天，法兰克人的首领查理·马泰尔拯救了欧洲，使欧洲免于臣服伊斯兰世界。穆斯林被从法兰西驱逐出境了，可是，他们在西班牙的统治却没有受到动摇。后来，阿布德·艾尔·拉赫曼建立了科尔多瓦哈里发国，它的首都科尔多瓦一度成为中世纪欧洲最大的科学和艺术中心。

西班牙置于穆斯林的统治下长达 7 个世纪的时间，因为他的统治者来自摩洛哥的毛里塔尼亚地区，而一度被称为摩尔王国。直到 1492 年，穆斯林在欧洲的最后一个堡垒格拉纳达陷落后，哥伦布终于获得西班牙皇室的航海授权，然后，他开始了具有世界意义的历史性航行。没过多久，穆斯林又卷土重来，攻占了亚洲和欧洲的许多土地。现在，穆罕默德的信徒人数可以与基督的信徒人数相匹敌。

第二十九章

查理曼大帝

　　赢得皇冠的法兰克国王查理曼试图重温世界帝国的旧梦。

　　普瓦捷一役使欧洲免于穆斯林的征服，然而欧洲内部的敌人却没有随之消失，这个敌人就是在"罗马警察"不复存在的时候而出现的混乱状态。当然，北欧那些最新归顺基督教的部族，对权威显赫的罗马大主教确实是深怀敬意的。可是，这位大主教环顾远处巍峨群山的时候，却感到危机重重。会不会在某一天有一支突然强大的部族翻越阿尔卑斯山一路冲撞到罗马来？只有上帝知道。这位精神世界的绝对权威人物认为，当务之急就是要寻找一位身背刀剑、紧握拳头的同盟者来捍卫教皇的安全，这是很有必要的，非常有必要。

　　于是，神圣且务实的教皇开始将寻找合适的朋友这件事提上了日程。他马上瞄上了法兰克人，这是日耳曼部族中最有希望的一个部族，他们曾经在罗马灭亡后攻占了欧洲的西北部。早年，法兰克人的国王墨罗维希，在公元451年的时候帮助罗马人在加泰罗尼亚战斗中击溃了匈奴人。他的后代们又建立了墨洛温王朝，一直不停地侵占着罗马帝国的小块土地，一直到了公元486年，克洛维斯国王（古法语中的"路易"）认为自己已经足够强大，可以与罗马相抗衡。遗憾的是，他的子孙资质平庸，首相一手把持着朝政，即宫相，也被称作"宫廷管家"。

　　著名的查理·马泰尔死后，他的儿子丕平接替了宫相之位，这个矮个子对眼前的困境束手无策。这个国家的统治者一门心思钻研神学，是个名副其实的神学家，而对政治却没有丝毫兴趣。丕平不得不向教皇跪求解决的方法，教皇是个非常务实的人，他这样说道："具有实际权力的人才能够拥有国家政权。"对于教皇的隐喻，丕平立刻就听懂了，于是，墨洛温王朝的末代君主被他成功地说服到寺庙里当了僧侣，之后他得到了日耳曼统帅的允许，登上了法兰西统治者的宝座。可是，精明的丕平却并没有因此而感到满足。做一个蛮夷部落的首领这并不是他最终愿望。所以，在他的精心策划下，一场加冕礼就此举行了，西北欧最伟大的传教士博尼费斯被他邀请来实施涂油礼，并且将他封为"上帝恩准的国王"。就这样，在加冕典礼上，"上帝恩赐"这几个字堂而皇之地加了进来，可是将它请出去却花费了整整1500年的时间。

　　对于教会的忠诚和大力支持，丕平感激涕零。为了打击教皇的对手，他曾经先后两次远征意大利，作为对教皇的报答，他将从伦巴德人手中抢过来的拉维纳及其他几座城市献给了教皇。这些新的占领地被教皇纳入教皇世界里，这个独立的国家一直存在到写作本书的半个世纪以前。

　　罗马教会和埃克斯·拉·夏佩勒或尼姆韦根或英格尔海姆（法兰克国王和大臣们并没有固定的办公场所，他们总是在很多地点之间不断地迁移）之间的关系，在丕平离世后得到了很好的改善，日渐亲密起来，后来，在教皇和国王的共同努力之下，一个对欧洲历史具有重大意义的行动就此展开了。

　　公元768年，继任法兰西国王的是查理，我们通常称他为卡罗勒斯·玛格纳斯或查理曼。德国东部地区的土地原本属于撒克逊人，却被这位新任国家统治者占领了，而且他还在欧洲北部兴建了很多的城镇和教堂。此外，西班牙的摩尔人也曾遭受过他的攻击，那是应阿布·艾尔·拉赫曼的敌人的邀请而发动的战争。可是，他却在比利牛斯山受到野蛮的巴斯克人的重创，而不得不退离。正是在这场战役中，布列塔尼亚侯爵罗兰作为一个早期的法兰克贵族，将对国家的忠诚之心体现无疑，在掩护皇家军队撤离的过程中，他和他的部下付出了生命的代价，这个事迹一直被人们称道。

但是，在公元 8 世纪的最后一个 10 年，为了解决欧洲南部的纷争，查理曼倾注了一生的精力。教皇利奥三世不幸被一群罗马暴徒劫持了，并且重伤在身，大家都以为他已经一命呜呼了，于是将他的尸体随便扔到了街道上。后来，一些善良的行人救了他，为他处理了伤口，还帮助他成功地逃到查理曼的军营。于是，他派出了一支法兰克军队以最快的速度将罗马的暴乱平复了。同时，士兵们护卫着利奥三世，回到了那个从康士坦丁时代开始就一直作为教皇居住地的拉特兰宫。教皇被劫持的第二年，也就是公元 799 年的 12 月圣诞节发生了这样一件事，那天查理曼在罗马的圣彼得教徒做礼拜，当他祈祷完刚要起身时，一顶王冠就这样被教皇套在了他的头上，如此，他便成为罗马的皇帝，同时他还获得了"奥古斯都"的尊称，这个称呼已经荒废了几百年了。

如今，罗马帝国又一次囊括了欧洲北部地区。遗憾的是，仅仅一位日耳曼的酋长就攫取了帝国的尊严，这位酋长不会写字，只认识几个字而已。可是，他却精通战术，用了很短的时间就使国家的秩序得以恢复。没过多久，他还接到了自己的敌人君士坦丁堡的东罗马皇帝的来信，并称它为"亲爱的兄弟"，传达了赞许之情。

公元 814 年，这位卓越的老人家与世长辞了，这实在是一件遗憾的事。此后，为了争夺帝国最大的遗产，他的儿孙们展开了激烈的斗争。卡罗拉王朝的土地先后两次遭到了瓜分，公元

843 年，《凡尔登条约》将它瓜分了一次，公元 870 年在缪士河畔签订的《默森条约》又将它瓜分了一次。囊括了高卢和老罗马行省的西半部归查理所有。生活在这个地区的人们已经完全被罗马同化了。因此，像法兰西这样一个货真价实的日耳曼民族国家，却能很快学会了拉丁语，这就是其中的原因。

帝国的东半部是查理曼的另外一个孙子的领地，那个地方就是日耳曼人口中的"日耳曼尼"。东罗马帝国的版图中从来不包括这片荒蛮凄凉的地方。奥古斯都·屋大维曾经企图将这个"远东地区"收归囊中，可是公元 9 世纪的时候，他的军队在条顿森林里遭到倾覆之灾后，他就望而却步了。生活在这个地方的人们讲着一般的条顿方言，璀璨的罗马文明之光并没有照耀到这个地方来。在条顿语中，"人民"用"thiot"表示，因此，日耳曼民族的语言被基督教传教士称为"大众方言"或"条顿人的语言"（lingua teutisca），后来，"Deutsch"取代了"teutisca"这个词，由此产生了"德意志"（Deutschland）这个称呼。

再说那个著名的帝国皇冠，没过多久，它就从卡罗林王朝的国王头上回到了意大利半岛上，并且被那些小头领、小阴谋家来回把玩。在争夺王冠的战争中，他们相互厮杀，无休止地斗争，才刚刚夺得王冠，不久就会被另外的权贵夺去戴在头上（无论是否征得教皇的同意）。又一次，教皇身陷困境，不得不求助于北方。这一次他绕过了法兰克国王，他的信使穿过阿尔卑斯山，直抵日耳曼最强大的撒克逊亲王奥托的府邸。

与百姓们一样，奥托一直很向往意大利半岛的蓝色天空和快乐美丽的人民。听说教皇有麻烦，他立刻组织军队前去救援。作为回报，奥托也得到了教皇利奥八世册封的"皇帝"称号。此后，查理曼王国的东半部就成为"日耳曼民族的神圣罗马帝国"。

这个奇特的政治作品一直顽强地生长到 839 岁。直到托马斯·杰斐逊担任美国总统的时候，也就是公元 1801 年，它才被无情地丢到垃圾桶里去了。这个陈旧帝国的覆灭，是由法国科西嘉岛上一位规规矩矩的公证员的儿子一手造成的，这个野蛮的家伙在法兰西共和国当兵的时候屡立军功，并依靠这个平步青云。后来，在英勇善战的近卫军团的大力支持下，登上了欧洲统帅的宝座，可是这并不能使他感到满足。为了正式加冕帝王，他派人从罗马请来了教皇。在加冕典礼上，教皇在旁边站立着，而拿破仑将军却自己将皇冠戴在了头上，并且宣布自己为查理曼大帝的合法继任者。历史与人生如出一辙，变幻无穷却又万变不离其宗。

第三十章

北欧人

公元10世纪的人们为何会向上帝祈求，使他们免遭北欧人怒火的侵害。

公元3世纪以及4世纪的时候，罗马帝国的边防常常遭受到中欧的日耳曼民族的袭击，他们一路攻到罗马，烧杀抢掠，搜刮人们的血汗。公元8世纪，日耳曼人一度沦为"被劫掠"的对象。掠劫他们的强盗是他们那些居住在丹麦、挪威或瑞典的亲堂兄弟，即斯堪的纳维亚人，尽管如此，他们还是恨之入骨。

到现在，我们也弄不明白为什么这些原本勤劳朴质的水手要去当海盗。当他们在海盗这个事业中尝到了甜头后，逐渐感到了无穷的乐趣，谁也不能阻止他们继续这么干下去了。那些位于河口附近的法兰克人或弗里西亚人的小村庄，最容易遭到他们的突击，他们往往将村子里的男人全部杀掉，抢走全部的女人，之后驾着船只逃之夭夭。当君王或皇帝的军队赶到现场的时候，只能看到一些未燃烧尽的东西而已，除此之外，一无所获。

查理曼大帝死后，帝国陷入一片混乱之中，北欧的海盗也更加肆无忌惮。欧洲所有的海滨之国几乎都遭受过海盗的骚扰。沿着荷兰、法兰西、英格兰还有德国的海岸，有时甚至到意大利海岸碰运气，他们的水手建立了一些独立的小国家。只用了很短的时间，这些聪明的北欧人就学会了被征服国家的语言，并逐渐脱离了原先愚昧肮脏、粗俗凶残的维京人（也是海盗）身上那些不文明的习惯。

公元 10 世纪早期，法国海岸屡屡遭到一个维京人的侵犯，这个人叫作罗洛。那个时候的法国统治者软弱无能，面对强悍的北方海盗的入侵束手无策，只能把希望寄予贿赂和讨好上，企图以此引导他们成为"好人"。他做出承诺，只要不再对剩下的属地进行侵扰，就将诺曼底地区送给他们。对于这个交换条件，罗洛欣然同意了，此后他就成为"诺曼底大公"。

可是，罗洛的子孙后代们秉承了他好战的热情，英格兰海岸的白色悬崖以及青翠的田野，他们只需要花几个小时从欧洲大陆到达海峡对岸，就能清晰地看到。可怜的英格兰已经在漫长的岁月中饱受了无尽的苦难。开始是为期 200 多年的罗马殖民地，后来又臣服于盎格鲁人和撒克逊人这两个日耳曼民族；此后，又被残暴的丹麦人攻占，并且建立了克努特王国。经过旷日持久地斗争，公元 11 世纪，终于赶走了丹麦人，忏悔者爱德华当上了国王。这位撒克逊人身体欠佳，一看就知道时日不多，他也没有可以继任的子孙。诺曼底大公瞅准了这个千载难逢的机会。

公元 1066 年，爱德华撒手人寰，威塞克斯亲王哈罗德接替他的位置，成为新的英格兰国王。这个时候，诺曼底大公从海路进发，一场攻占英格兰的战争就此拉开了序幕。黑斯廷一役，哈罗德惨遭失败，诺曼底大公自诩为英格兰国王。

公元 800 年的时候，一个日耳曼酋长登上了罗马帝国皇帝的宝座，这种情形你在上一个章节中已经看过了。而今的公元 1066 年，一个北欧海盗的后代又摇身一变，成了英格兰国王。

与神话故事相比，历史上的真人真事更加妙趣横生，吸引人的目光。这样一来，我们大可不必再去阅读神话故事了。

第三十一章

封建制度

由于三面受敌，欧洲已经沦为一个地道的兵营。假如那些职业骑士和组成封建制度的行政官员不复存在，那么欧洲也将随之消亡。

现在我要给大家讲述的是欧洲 1000 年以前的情况。那个时候的人民处在水深火热中，过着极为悲惨的生活，所以，当世界末日的流言一经传播，他们马上就相信了。为了在世界末日来临之时，因对上帝的赤诚之心而得到救赎，无数的人挤进修道院，他们不约而同地出家当了僧侣。

日耳曼部族从亚洲的家乡撤离开始向西迁移的旅程，发生在很久以前一个记不清楚的年代里。依靠人员数量，他们攻占了罗马帝国，罗马帝国从此毁灭了。东罗马帝国之所以得以保存，是因为它远离大迁徙的必经之路，尽管得以苟活，它也成不了气候，只能在罗马昔日的辉煌中扼腕叹息了。

接下来的年代（历史上最为黑暗的时期就是公元 6 世纪与 7 世纪）充满了动乱和暴力，日耳曼各个部族在教士们的劝诫之下，信仰了基督教，并且承认了罗马教皇为精神首领的地位。公元 9 世纪，那个组织能力非凡的查理曼大帝，将欧洲的绝对部分地区组成一个统一的国家，从此罗马帝国得以重现。这个国家到了公元 10 世纪的时候分崩离析了，西部地区独立出来，成为法兰西王国，日耳曼民族建立的神圣罗马帝国占据了东部地区。为了获得正当的统治地位，联邦内各个国家的首领都以恺撒和奥古斯都的直系后裔自居。

　　遗憾的是，法拉西国王的权力仅只局限于他居住的城堡之内，至于护城河以外的广大地区，他却没有能力干涉。而神圣罗马帝国的臣属都非常强大，因此，他们常常公然向皇帝提出挑战。这些统治者的地位都名存实亡。

　　更糟糕的是，西欧三角地带受到三个方向敌人的威胁。危险的伊斯兰教徒在它的南面，残暴的北欧人时常袭击它的北部地区，东面又没有天然屏障的保护，只有一小段喀尔巴阡山脉矗立在那里。这样一来，匈奴人、匈牙利人、斯拉夫人和鞑靼人能够轻易地长驱直入。

　　罗马时代的和平与繁华已经一去不复返了，曾经的"好日子"人们只能在梦中回味了。现在面临的不是死亡就是战斗。在这两者之间，人们理所应当地选择斗争。由于环境的关系，欧洲俨然成为一个充满暴力的兵营，为一位坚强的领袖人物的需求相对迫切。但是国王和皇帝都在很远的地方，他们根本指望不上。这些远距边疆的人们（在公元1000年的时候，欧洲大部分地区都属于边疆）能够依靠的只是自己而已。如果国王的代表能够帮助他们抵御强敌，他们倒非常愿意跟随和拥护他。

　　在很短的时间内，无数的公国遍布了欧洲中部各地，这些公国的统治者由于公爵、伯爵、男爵或主教大人担任，他们都有属于自己的军队。公国的统治者，即这些公爵、伯爵、男爵们无一例外都发誓对"封地"的国王效忠。当然，国王分封土地给他们，他们必须报之以税赋进贡以及服兵役等。那个时候负责管理皇帝封地的公国统治者，能够在某种程度上保持独立自主，并具有相当的权利，这都是拜交通困难、信息传递缓慢、通信设备落后这些条件所赐。

　　当然，假如你认为，这种封建体制在11世纪并不受百姓们的欢迎，那就错得离谱了。在人们看来，封建体制是一种必然存在的、符合实际情况的政治体制，因而他们都拥护这一政体。统治者即他们的主人们，通常将自己的居所建造在深深的护城河之间或者是陡峭的悬崖之下。这样，臣民们能轻而易举地看见他们，而且当危险靠近的时候，这些城堡将成为人们安全的避难所。所以，人们总是想方设法把房子建在紧紧挨着皇城的地方。这就可以解释，为什么欧洲的很多城市都起源于封建城堡的四周这个问题了。

我想强调的是，中世纪的骑士并不只是一名纯粹的职业士兵而已，他们同时也是公职人员。还兼任社区的法官和警官之职，那些拦路抢劫的强盗由他们负责审判和处置，保护四处游走的小商贩的利益，也就是 11 世纪的商人。他们还负责看护堤坝，使村镇免遭洪水的袭击，这跟四千年前尼罗河边守护河坝的古代贵族是一样的。那些到处流浪的行吟诗人也由他提供赞助，这样的话，大字不识的村民们就能够从行吟诗人那里听到关于大迁徙时代的赞美诗了。除了这些，社区的教堂和修道院也由他们提供必要的保护。这些人可能自己是目不识丁的文盲，不过替他记账的却是他雇用来的教士，包括他所在的男爵或公爵属地里发生的婚姻、丧葬或是出生等时间的等级，都是这些雇佣教士来完成的。

公元 15 世纪，国王们再次变得强大，已经具备足够驾驭"上帝恩准"的人们的能力了。因此，封建骑士们昔日独立的权利丧失了，他们沦为一般的乡绅。由于与时代不相符合，他们逐渐成为令人森严的怪物。可是，不要忘记，欧洲之所以能够顺利度过那个黑暗时代，都是封建制度的功劳。就现今有很多坏人一样，那个时代的坏骑士也很多。但不可否认的是，绝大多数 12 以及 13 世纪的硬拳头男爵们，都具备勤奋努力的好品质，作为地方官，他们对进步事业所作出的贡献是不可磨灭的。那时，曾经将埃及人、希腊人、罗马人的文化与艺术点亮的火炬已经濒临熄灭。正是因为骑士以及他们的好朋友僧侣的功劳，欧洲文明才得以继续延续，欧洲人才免于回到穴居时代，免于一切从头开始的苦难。

第三十二章

骑士制度

　　欧洲中世纪的职业战士迫切地想要建立一个全新的组织，这个组织以共同利益为最高要求，能够相互扶持和帮助。骑士制度在这样一种严密组织的需求之中诞生了。

　　我们不太清楚骑士制度的起源问题。不过，明确而清晰的行为准则这样一种人们急需的东西，伴随着骑士的发展而出现在了人类的生活中。在这种准则的推动下，那些野蛮的行为被温顺取代了。与过去五百年的黑暗时代相比，人们彼此之间也更加和睦了。当然，没有谁能够在朝夕之间将那些野蛮的边疆居民教化。这些人把大量的时间花在与穆斯林、匈奴人或北欧海盗的苦战中。他们通常在早上向上帝保证要对别人具有仁慈宽厚的态度，可才到了晚上就开始了血腥的杀戮行为了，他们总是忘记了自己的誓言，一次又一次故技重演。不过，进步是一个缓慢而循序渐进的过程，最终，他们规定的"等级"制度就连嚣张跋扈的骑士都不得不遵守了，不然的话，他们就将自食其果。

　　在欧洲，随着地方的不同，骑士精神以及骑士制度也是不相同的。但有一点惊人地相似，那就是都把"服务"和"恪尽职守"当成必须遵守的要义。中世纪的人们认为"服务"是无比高贵和优雅的品质。当仆从并不是什么低贱的事情，只要你对于工作勤恳努力，踏实认真。当然，在那个时代，另外一个重要的品质就是忠诚了，尤其对骑士而言更为重要，因为那个时代的正常运行依赖于人们对各项事业的忠诚。

所以，一位青年骑士必须发出这样的誓言：永远做上帝忠诚的仆人以及皇帝忠诚的随从。除此之外，他还要许诺能够大方支援和资助那些比他自己困穷的人。他还必须发誓谨言慎行，戒躁戒傲，不炫耀自己取得的成绩。除了穆斯林，他要把所有苦难的人都当成自己的朋友（至于穆斯林，一旦看见，就要赶尽杀绝）。

事实上，这些誓词只不过是中世纪人们理解的十诫里的内容。然而，一套与礼貌和举止有关的复杂礼仪制度却因它而发展起来。中世纪的骑士们所追求的，是亚瑟王的圆桌武士和查理曼大帝的宫廷贵族那样的人生，这些是行吟诗人所津津乐道的故事。他们希望自己能够具有朗斯洛特的勇气，以及罗兰伯爵的忠诚。就算他们衣衫褴褛、身无分文、饥饿难耐，他们依然能够保持优雅的举止、庄重的仪态、得体的举止，骑士的声誉他们从来不敢忘记。

这么一来，骑士团成了人们学习优雅庄重的言行举止的学校，而让社会机器维持正常运转的正是礼貌这一润滑剂。骑士精神无异于谦恭礼貌，它向周遭的世界传递着关于服饰搭配、用餐礼仪、交际舞蹈，以及其他无数日常生活礼仪规范的信息，由此，人们的生活变得趣味无穷，人与人之间的相处也更加和谐。

骑士制度也面临着其他人类组织机构的命运，当它垂垂老去、变成一堆废物的时候，灭亡的时刻就来临了。

关于十字军，我将在下一个章节向大家讲述。十字军东征之后，商业复兴的时代随之而来。城市如雨后春笋般地出现在欧洲大陆之上。首先变富的城市居民开始受教于优秀教师，过了一段时间，他们赶上了骑士时代。身披盔甲的"勇士"们在火药的成功发明后，失去了以往刀剑砍杀不动的优势。到了这个时候，那套如同下棋般精准的作战方案，已经不再适用于雇佣军队。社会再也不需要骑士了。他们为之献身的崇高理想也已经一文不值，他们沦落为可笑的小丑。据说，这个世界上最后一位真正的骑士就是尊贵的堂吉诃德先生了。当他离开人世以后，为了偿还债务，他的子孙们变卖了他曾经代表荣光的宝剑和盔甲。

后来，那把宝剑被很多人拥有过，个中原因不甚清楚。曾经处于低谷的华盛顿总统还在福奇谷佩戴过这把宝剑。当年戈登将军在喀土穆城堡与他们的人民同生共死，最后时刻来临的时候，也是这把宝剑与他一同就义。

至于这把宝剑在世界大战的胜利中所体现出来的巨大能量，我就无从知道了。

第三十三章

教皇与皇帝关于权力的争夺

> 由于中世纪人民奇特的双重效忠制度，教皇与神圣
> 罗马帝国的皇帝之间的战争绵延不断。

我们很难弄明白以前那个时代人们的生活情况。每天出现在你视野中的爷爷，在你看来，全然是生活在另一个世界里的人，他与文明的思想、穿着、言行举止等都大相径庭。他神秘而又难以琢磨。现在，我讲述给你们听的故事就与25个世纪以前的老爷爷们有关。要想对这个章节有个透彻地了解，我认为你们必须要阅读好几遍。

简单而平凡就是中世纪老百姓的生活状况。连那些来去自由的自由民，也很少有机会远离居住地。那个时候的手抄书数量相当有限，更别说印刷书籍了。在每个地方，都不缺乏一些勤恳教授人们读书、书写以及基础算术的僧侣。可是，科学、历史和地理却在古希腊和古罗马的遗迹中销声匿迹了。

人们只能通过故事以及传说来了解一些过去的事情。他们所掌握的历史知识，虽然是由父亲传给儿子这样代代相传的古老方式流传下来的，不过，除了在一些细节上有所出入以外，都能保持着历史的真实性。尽管已经过去了2000年的时间，如今为了使调皮的孩子乖乖听话，印度的妈妈们依然沿用古老的恐吓语来吓唬孩子："要是不听话，伊斯格坎尔就要把你抓走了。"这位伊斯格坎尔即亚历山大大帝。公元前330年，他曾经出兵印度，这

么多年过去了，他的故事依旧流传了下来。

中世纪初期的人们没有见过任何一本讲述罗马历史的教科书。他们完全不知道今天的小学毕业生耳熟能详的那些历史事件。可是，在你们的印象中，罗马帝国不过是一个空洞的名词而已，对他们而言，却是实实在在的生活，是真实存在可以感受的。罗马是他们的居住地，他们代表着罗马的优越，因此，他们非常高兴地接受教皇作为他们的精神的统治者。当"世界帝国"的伟大概念被查理曼大帝及后来的奥托大帝光复后，他们心怀感激、惊喜若狂，神圣罗马帝国——这就是他们理想的世界模样。

然而，城市里虔诚的自由民却因为罗马传统有两个不同的继承人而感到左右为难。中世纪的政治制度所依托的理论基础既简单又正确无误。总之，就是人们的物质生活和肉体方面由凡间的统治者（皇帝）负责看管，而人们的精神世界则由精神统领（教皇）负责守护。

但是，在实际操作过程中，这一制度的弊端在一开始就有所体现了。帝皇总想对教会的事情加以干涉，教皇也要还以颜色，对帝皇的国家管理工作加以指点。后来，他们之间的态度变得很不友好，并且彼此发出警告：各司其职，互不干涉。事态继续发展下去，战争便一触即发了。

面对这样的局面，人民又能如何？不仅要服从国王，还要忠诚于教皇，这是对一个正派的基督徒的基本要求，可是国王和教皇却势不两立。这样的话，让一个服从的臣民同时又是一个虔诚的教徒该怎样选择？他要支持谁呢？

正确回答这个问题真是一件极其困难的事情。如果那位皇帝刚好是才能卓越的人，而且也有组织一支军队的雄厚财力，那他绝对会穿越阿尔卑斯山，进攻罗马，将教皇居住的宫殿团团围住，然后逼迫教皇就范，不然的话就要采取严厉的措施。

当然，在大多数时候，更为强大的是教皇。他有权力对那些反抗他的国王和君主做出驱逐出教会的处罚决定，从而剥夺他们以及他们的臣民从事所有宗教活动的权利。这样一来，所有的教堂都面临倒闭，人们没有办法接受洗礼，即将死亡的人也不能接受赎罪仪式，总而言之，中世纪政府职能的二分之一都将被取消。

除此之外，教皇还有权废除臣民对其君主的效忠宣誓，从而成为宗主的敌人。可是，人们如果服从了教皇的劝诫背叛了国王，一旦被附近的国王抓到，等待他们的将是上绞刑架的命运，这同样是非常不幸的事。

由此可见，平民百姓的境况是非常糟糕的，生活在11世纪后期的人们更是如此。那个时候，德国国王亨利四世和教皇格里高利七世之间爆发了两次不分胜负的战役，欧洲的和平至此陷入崩溃，从此进入了长达五十多年的混乱状态。

11世纪中期的时候，空前激烈的改革运动爆发在教会内部。那时教皇选举制度极不规范，如果教廷的当政者是一个对皇帝友好的人，这将在很大程度上有益于神圣罗马帝国的皇帝。所以，皇帝很乐意推选这样的人担任教皇，于是，当教皇选举开始的时候，主教们就齐聚罗马城，为他们朋友的利益而施展自己的影响力。

这样的选举方式到了公元1059年的时候发生了变化。教皇尼古拉二世下令成立了红衣主教选举团，这个团体是由罗马城以及周边地区的教会和执事所组成的。具有选举下一任教皇权力的人是这个团体里的权威人物。

公元1073年，格里高利七世被红衣主教团推选成为新的教皇，这位新任教皇的主教名叫希尔布兰德，出生在托斯卡纳一个平常家庭。这个人具有非凡的胆识和旺盛的精力，他坚持着自己对教皇权威的花岗岩般坚定的信仰和勇气。他认为，教皇不但是基督教的最高领袖，同时也是所有凡间事务的最高上诉法官。当然了，教皇有把卑微的德意志国王提拔为崇高皇帝的权力，同样也有罢免他们的权力。国王、大公以及皇帝制定的法律，他们都具有否决的权力。如果有人胆敢挑战教皇的赦令，那是很危险的，很可能等待他的就是残酷的刑罚了。

格里高利七世的使者跑遍了整个欧洲，他将教皇颁布的新法律通告给所有国家的君主，并且要求他们对法律的内容稍微有所重视。征服者威廉许诺会乖乖听话。亨利四世则是个天生的反叛者，他从六岁开始就与下人们打架，这样的人是断然不会向教皇屈服的。果然，他将德意志的教徒召集起来，控诉教皇犯下了累累罪行，已经到了不可饶恕的地步，之后在沃尔姆斯宗教会议的名义之下，格里高利七世被罢免了职务。

作为对亨利四世的回敬，格里高利把这位君王从教会中驱逐了出去，而且他还号召德意志的王公们抛弃这位品行沦丧的君王。这些王公们积极响应了这个号召，因为他们非常乐意这样做，于是，在他们的盛情邀请之下，教皇来到了奥格斯堡，打算为他们另择一位君主。

格里高利从罗马厨房踏上了去往北方的路。亨利并不是弱智，他非常清楚自己的处境已经到了一个非常危险的境地，因此，他决定采取一切措施，竭尽全力与教皇和好。那个时候正好是严冬，他顶风冒雪穿过阿尔卑斯山，及时赶到卡诺萨城堡这个教皇暂时停留休整的地方。公元 1077 年 1 月 25 日至 28 日这段时间，破衣烂衫的亨利把自己伪装成一个忏悔的朝圣者，在卡诺萨城堡外足足站了三天。后来，教皇终于让他进入了城堡，并且原谅了他的过错。可是，他的忏悔只维持了很短的时间。回到德国后，亨利立马原形毕露了。国王被驱逐出教会以及教皇被主教会议废除的剧情又一次上演。然而，亨利这一次翻越阿尔卑斯山的时候还带了一支庞大的军队，他将罗马团团围住，逼迫格里高利退位，后来，格里高利遭到了流放，并且在流放地悲惨地死去。

没过多久，夺得德意志皇位的霍亨施陶芬家族比以前更加独立，他们根本不当教皇是一回事。格里高利曾经将教皇的权力置于一切凡世君主之上，他认为，当世界末日来临的时候，他手中羊群里的每一只羊的命运都掌握在教皇的手中。至于国王，在上帝看来，那仅是无数忠诚的牧羊人中的一个。

一般被人们称为红胡子的巴巴罗萨，是霍亨施陶芬家族的成员，叫作弗里德里希。他提出了这样一个反对教皇的论述：上帝亲自恩准了他的先辈们管理神圣罗马帝国。为了将那些"丧失掉的行省"纳入北面的国土之中来，他必须发动战争。遗憾的是，在十字军第三次东征途中，巴巴罗萨不幸溺死在小亚细亚。他年轻有为的儿子继承了他的战争事业，这位英姿勃发的青年，在很小的时候就在西西里接受伊斯兰教育了。教皇向他提出了指控，控诉他犯了异端邪说罪。事实上，他对北方基督教世界一直持鄙夷的态度，对粗俗的骑士和险恶的主教们从来没有产生过好感。但是，他一直沉默不语，假如十字军东征运动，并将耶路撒冷从异教徒的手中抢了过来，因此，他获得圣城王国的地位。即便他做出了这样的伟大功绩，教皇们仍然不能够宽恕他。弗里德里遭到了放逐，安如的查理被批准获得了他在意大利的领土，查理是著名的法王路易的弟弟。由此，战争被引爆了。企图复国的康拉德四世之子康拉德五世，也是霍亨施陶芬家族的最后一位帝王，在战争中被打败了，并且得到了砍头的下场，就在那不勒斯。20年过去后，西西里岛上居住的法兰西人一律被认为不受欢迎的人，他们遭到了灭顶之灾，也就是在西西里晚祷事件中，他们全部被杀死了。

教皇与皇帝之间的战争似乎永远不能得以解决。可是，一段时间后，这两个仇敌开始学会各做各的事，不再彼此干涉和冒犯。

公元1273年，坐上德意志皇位宝座的人是哈布斯堡的鲁道夫。为了省事，他拒绝到罗马去接受加冕礼。对此，教皇并没有反对，可是这不代表教皇不在意这件事，作为对他的报复，教皇开始疏远德意志。当然，这在某种程度上确保了和平的局面。持续了两百多年的战争，将那些可以用来建设内部事业的精力消耗殆尽。

然而，世界上的事都是利弊相结合的。意大利的一些小城镇无比谨慎地维持着教皇和皇帝之间的平衡关系，从而尽可能的积蓄增加自己独立性的能力，这些小城市在圣地朝拜热潮袭来的时候，及时解决了交通运输的问题，使成千上百万的基督徒朝圣者得以顺利过境。十字军结束了远征运动后，这些城市已经拥有足够的资金实力，能够用砖瓦和金子构建起属于自己的强固防御工事，能够从容地抵挡教皇或皇帝的进攻，这个时候，无论是皇帝还是教皇，它们都不放在眼里。

教会和国家之间打得不可开交的时候，胜利的果实被中世纪城市这个第三者抢走了。

第三十四章

十字军

> 圣城被土耳其人攻占，他们亵渎了神灵，东西方之间的商贸活动也受到严重地阻碍，这个时候，所有的争执全部被遗忘。欧洲十字军踏上了东征的旅程。

将守护欧洲门户的西班牙和东罗马帝国这两个国家除外，在将近三个世纪的时间里，基督徒和穆斯林之间一直和平相处。公元7世纪的时候，叙利亚被伊斯兰教徒攻占了，他们霸占了圣城。不过，他们承认耶稣伟大先知的地位（排在穆罕默德之后），基督徒们可以自由地到康士坦丁大帝的母亲圣海伦娜建立在圣址上的大教堂里去祈祷，穆斯林并不加以干涉。公元11世纪早期，被称为赛尔柱人或土耳其人的鞑靼部落从亚洲荒野而来，一举征服了西亚的伊斯兰国家。这样一来，两大教派相互妥协的时代就此结束了。土耳其人抢夺了东罗马帝国小亚细亚的所有土地，东西方之间的贸易活动一度中断了。

一向只关注东方情形的东罗马皇帝亚历克西斯，平时很少接触西方基督教邻居，而这个时候却求助于欧洲，并且给他们提出了忠告，如果君士坦丁堡被土耳其人攻陷，欧洲也将受到莫大的威胁。

小亚细亚和巴勒斯坦沿岸的一些小块土地成为意大利某些城市的商贸殖民地。它们四处散播一些关于异教徒残暴不仁、基督教徒处于水深火热之中的恐怖消息，整个欧洲都开始忧心忡忡。

　　那个时候，教皇陛下是乌尔班二世。他出生在法国的雷姆斯，曾经在著名的克吕尼修道院接受过教育，格里哥里也是这个修道院的学生。乌尔班二世意识到，最好的时机已经到来，是该采取行动的时候了。当时的欧洲局势让人心灰意冷：农业生产还停留于原始的耕作手段上（从罗马时代开始一直沿用至今，没有进行过改良），所以粮食非常短缺；面对失业和饥饿的威胁，人们怨声载道。相比之下，西亚简直是移民的天堂，它在过去的几个世纪里以充足的粮食养育着几百万人口。

　　因此，在法国于公元 1095 年举行的克莱蒙特会议上，乌尔班突然站起来，口沫横飞地述说了异教徒对圣地的糟蹋行为，并且他们还造成了空前的灾难。接着他还描绘了一幅美妙的图景，关于这块流着牛奶和蜂蜜的圣地，从摩西时代到今天对基督徒的恩泽。他竭尽全力地说服法国的骑士们离开自己的妻子儿女，到巴勒斯坦去把土耳其人赶走。

　　没过多久，整个欧洲大陆被无法阻挡的宗教大潮侵袭。人们再无理智可言，男人们丢下手中的铁锤和锯子，从店里走出来，从最近的道路前往东方世界，他们要将土耳其人赶尽杀绝。甚至连孩子们都怀揣着对基督的敬意，满腔热情地离开自己的家乡，到巴勒斯坦去感化土耳其人。但是，在这些热情高涨的人群中，大概有 90% 的人根本无法到达目的地。他们穷困潦倒，为了活命而不得不当上乞丐或者是小偷。这样一来，他们成为道路安全的障碍，愤怒的村民绝不会放过他们。

　　第一批十字军的统帅是神志不清的隐士彼得以及穷困潦倒的瓦尔特，军队成员包括虔诚的基督徒、身无分文的破产者、逃犯以及没落贵族等。这群乌合之众在对付异教徒的最初阶段，疯狂杀戮遇见的所有犹太人。他们的征途在匈牙利就停止了，此后便全部命归黄泉。

　　教会从这次经历中得到了很好的教训：要想拯救圣地，光凭一腔热情是远远不够的。决不能忽视组织作用的重要性，它与勇气、胆识以及愿望一样必不可少。因此，他们用了一年的时间对一支 20 万人的军队进行训练和装备。这支军队的领导者是战斗经验极其丰富的布隆的戈德弗雷、诺曼底公爵罗伯特、弗兰德斯伯爵罗伯特，以及其他几位贵族。

公元 1096 年，第二支十字军从水路出发，开始了漫长的征程。骑士们到达君士坦丁堡的时候，对罗马皇帝举行了庄严的效忠仪式（就像我告诉过你们的那样，顽固的传统是不会轻而易举灭亡的。就算罗马皇帝是个贫困潦倒而又无权无势的人，人们却不会改变对他的尊重）。之后，他们从海上航行至亚洲，他们将所有抓住的穆斯林统统杀死，攻陷了耶路撒冷，并进行了屠城。接着，他们带着虔诚的泪水和感激的心，走向圣墓，赞美上帝。没过多久，土耳其人在援军的帮助下，再次夺回了耶路撒冷，为了复仇，他们把所有追随十字架的信徒赶尽杀绝。

随后的两个世纪，十字军先后进行了七次远征行为。慢慢地，我们总结出了进攻亚洲的一些技巧。最危险和辛苦的是陆路行军，他们选择翻越阿尔卑斯山，到达热那亚或者威尼斯之后再从水路到达东方。将十字军从地中海运送出去的活计，在精明的威尼斯人看来是一项利益巨大的买卖。他们从中收取高昂的运费，如果士兵们没有能力支付运费的话（很多人都没有钱），他们就故作仁慈，大方地让士兵们乘船，以苦力抵消船运费用。有时候，为了支付从威尼斯到阿克的船费，十字军士兵不得不为船主而战，将抢夺的土地献给船主。威尼斯在亚得里亚海沿岸、希腊半岛、塞浦路斯、克里特岛及罗得岛，所获得的大量殖民地都是采用的这个方法。甚至连雅典也沦为威尼斯的殖民地。

可是，这一切对于解决圣地的问题没有丝毫的帮助。当宗教崇拜的热情慢慢冷却，对于所有出身良好、教养良好的欧洲青年来说，短暂的十字军旅程不失为一门很好的通才教育课程。所以，总是有很多人纷纷报名去巴勒斯坦服役。但是，原先的热情早已消退了。早期对伊斯兰教教徒无比仇视、对东罗马帝国和亚美尼亚的基督徒无比热爱的十字军，现在却改变了内心的方向。由于拜占庭的希腊人经常欺骗他们，而且对他们不忠诚，所以他们开始对这些人深恶痛绝起来。对亚美尼亚人和东地中海地区的所有民族，他们也一律没有好感。然而，他们却开始对穆斯林敌人的那些豁达、宽厚以及公正的品质极为欣赏。

当然，他们并没有外露这些内心的秘密。不过，假如十字军有回到家乡的机会，他们就可能将从异教徒那里学来的礼仪用在日常生活之中。这些西方的骑士跟他们的敌人比起来，不过是粗俗的乡巴佬。十字军战士还从东方带回了一些诸如菠菜、桃子等植物的种子，他们将这些种子种在了自己的院子里，除了自己吃以外，还能卖钱。除此之外，他们还穿上了伊斯兰教徒的丝绸或棉布长袍。其实，这场打击异教徒的十字军运动最后却改变了初衷，成为无数欧洲青年学习基础文明的大教室。

如果从政治和军事的角度来看，十字军东征完全以失败而告终。耶路撒冷和小亚细亚的很多城市，在失守和重新夺回之间往复循环。土耳其人逐一攻占了十字军曾在叙利亚、巴勒斯坦及小亚细亚建立起那些小国家。公元1244年，阿拉伯的伊斯兰教徒牢牢地掌控着耶路撒冷，并把它变成了一个地道的土耳其化的城市。圣地的情景与1095年的时候一模一样。

但是，十字军运动过后，欧洲发生了一场变革。东方灿烂的文化在西方大地上重现。于是，人们对晦暗的城堡生活感到无比厌倦。他们热切地期望广阔和活力无限的生活。当然，教会和国家这两个组织机构却无法给予他们这一切。

他们终于在城市里寻觅到了这种生活。

第三十五章

中世纪的城市

中世纪的人们为何会说"城市的空气是自由的空气"。

中世纪初期就是一个开荒与定居的时代。原本生活在森林密布以及山地与沼泽之外的一个新民族，穿越西亚连绵群山组成的天然屏障，来到西欧大平原上，将大片土地收归囊中。他们身上具有历史上所有拓荒者的品质，不喜欢安定的生活，他们总是四处流浪，用砍断树木的力气彼此斗争和杀戮。他们追求自由自在的生活，不喜欢安分守己地生活在城市里。跟在牧群后面从劲风吹拂的草原上走过，让山谷中清新的空气从他们的肺脏穿过，这会使他们感到无比兴奋。如果在一个地方待久了，当他们感到厌烦的时候，他们就会毫不留恋地拔掉标桩，收拾行李，踏上另一个寻找新家园的旅程。

弱者在迁徙的路途中死亡了，能够存活下来的人是那些坚强的战士，以及跟随他们的男人踏进荒原的同样坚强的女人们。以这种方式，他们逐渐成为一个坚韧的民族。他们对优雅礼貌的生活毫无兴趣。繁忙而劳累的生活使得他们无法把时间和兴致花在吟诗作画上。同样，他们也不乐意讨论问题。村子里面最有学问的人（一个会读书写字的人在 13 世纪中期以前都被视为"柔弱"的人）是僧侣，人们把解决问题的重担推给了僧侣们，事实上，那都是一些不切实际没有意义的问题而已。几乎同时，他们生活的那个地方有一大块原本属于罗马帝国的土地被那些日耳曼酋长、法兰克男爵或北欧公爵们（或者是别的什么头衔和称号）霸占了。他们满心欢喜地将自己的新世界建立在往日繁华的废墟之上，在他们看来，那真是完美无憾啊！

为了管理好自己的城堡和周围的乡村，他们倾注了所有的心血，尽了最大的努力。与所有软弱的普通人一样，他们对教会的条规忠诚而恭敬。同样，他们也是自己的国王或君王忠诚的臣民，尽可能地维持着与那些遥远而危险的帝王们的亲善关系。总而言之，他们尽量让一切事情都趋于完美和公正，对邻居们也是如此，而且还不至于损害自己的利益。

有时候，他们会觉得自己所处的这个世界并不理想。很多人不得不沦为农奴或者"佃户"。他们像牛羊一样，住在牛羊圈里，同时也是那块供养他们的土地的一个组成部分。他们过着不幸福也不悲惨的生活。可是，还能怎样呢？中世纪的主宰——天主，肯定是要让所有的事物达到完美的境界的。假如骑士和农奴要同时存在于这个世界之上，是由天主的崇高智慧来决定的，那么对教会无比忠诚的子民是不能发出这样的质问的。所以，农奴们无怨无悔地接受着命运安排，如果实在无法承受压迫，他们就会暗淡地死去，就像得不到照顾的牲畜一样。即使这样，主人们也只不过是匆忙间随便做点事，让状况稍微有所改观。可是，如果是农奴以及他们的封建主们来承担起世界进步的责任的话，现在的我们会重蹈 12 世纪的生活方式，将替我们医治牙疼的医生的医术手段当成异教徒或者穆罕默德的邪恶东西，对其嗤之以鼻，认为那是毫无作用的。

其实，在你们身边有很多人对于"进步"是持怀疑态度的，关于这个问题，等你们长大后，就会发现了。为了向你证明"世界是一成不变的"这个观点，他们会一一细数我们这个时代的一些丑恶的事实。面对这些观点，我希望你们能够保持冷静，不要理睬。你想一下，我们的祖先学会直立行走，几乎用了 100 万年的漫长时间。而又是花多少个世纪，他们才能够将动物一样的哇哇声发展成为可以听得懂的语言。至于文字的发明那也是4000多年前的事情了，这是一项把我们的思想代代流传下去，并对后代意义深远的伟大发明，如果没有文字，进步也无从谈起。我们早期的祖先们对于那种征服大自然、使其为人类效忠的想法感到难以理解。所有在我看来，人类变化发展的速度前所未有。或许，我们的确太过注重物质的享受了，不过到了某种程度，这必然会有所改变，到那个时候，我们会竭尽全力去解决一切问题，除了健康、酬劳、自来水管道、机器设备等。

但是，请千万不要对已经消失的"以前的美好生活"太过伤感。那些总喜欢把中世纪辉煌的大教堂和闪光的艺术品，与我们现代社会的暴乱、尾气、污染以及不堪入目的文化相比较的人，往往会在昔日的辉煌与今天的衰落之间争吵不休。可是有谁能够看到，中世纪宏伟的大教堂四周几乎都分布着一些简陋、破败不堪的茅草屋，与那些贫民窟相比，当今社会中最为简单的公寓也能够当之无愧地号称华丽的宫殿了。的确，像朗斯洛特和帕尔齐法尔这样高贵、纯洁而又年轻的英雄们，为寻找圣杯而在路途中奔波的时候，他们不会受汽油味的困扰。不过，那个时代同样有无数种其他的异味，诸如仓库、牛圈的味道、在街道上腐烂的垃圾发出的恶臭味，主教居所四周猪圈的味道以及流传下来的祖辈们穿过的衣服的味道，还有从不洗澡的人们身上发出来的味道等。这幅图画看起来并不那么使人愉快，我不想花费太多的笔墨来加以描述。不过，要是你在一本关于古代历史的书中看到一位法国的皇帝从皇宫的窗户里跳出来，却被巴黎大街上那些四处觅食的猪群的恶臭熏得当场昏倒的场面，还有从古代的手稿中看到的与瘟疫和鼠疫横行肆意的场景时，你就会对"进步"这个词有更深的了解，那个时候你或许会了解，这个词不只是当今广告词里的时髦话。

　　但是城市的存在对于过去 600 年所取得的进步是功不可没的，所以我在这个章节中所花的笔墨要比其他章节多一些。它实在是太过重要了，我不能只用两三页的篇幅仅仅写一下政治事件。

　　古埃及、古巴比伦以及叙利亚这些国家，都可以说是一个城市化的世界。无数的小城邦构成了古希腊这个国家，而腓尼基的历史等同于西顿和提尔这两个城市的历史。至于罗马帝国，广袤的领土都是由罗马这个城市所统治的。城市产生了书写、艺术、科学、天文学、建筑学、文学等无数的东西。

　　被我们叫作城市的木质结构的蜂房，在四千多年的悠长历史中一直是世界的大作坊。接着，日耳曼民族的大迁徙随之而来了，他们摧毁了罗马帝国。所有的城市化为乌有，欧洲又回到了放牧草原和乡村遍布的时代。正是在这段黑暗的时期，欧洲文明暂时搁浅了。

　　十字军的东征行为为文明的再次播种准备了良好的土壤。收获的季节即将来临，城市里的自由民却早一步将果实攫取了。

　　城堡、庙宇还有生活在高大的城墙之后的骑士以及僧侣故事，我在前面已经给你们讲过了，人们的人身安全以及精神世界都由这些人来守护。后来出现的工匠们（诸如屠夫、面包师、蜡烛制作匠等）来到城堡的四周居住，这个居住场所有助于他们在危险来临的时候迅速逃离到城堡里避难，同时也方便为主人服务。有时，他们在得到主人允诺的时候，在自己的房屋周围建起围栏。不过，他们的生活状况与居住在城堡里的主人的善心息息相关。工匠们会在主人出巡的时候跪在路旁迎接，并且为了表示感谢而亲吻他的手。

　　后来是十字军东征运动，世界已经在悄悄地发生了改变。人们在大迁徙的迫使之下，不断向西方移居。而十字军又把他们从西部引向了文明比较发达的东南地区，慢慢地他们意识到世界的广袤，而他们自己所生活的那个狭小圈子只是世界的很小一部分而已。他们开始追求漂亮的衣着、舒适的住房、可口的食物，对来自东方的神秘物品也赞不绝口。就算他们已经回到了自己的故乡，他们也对那些商品情有独钟。于是，这些商品出现在了黑暗时代唯一的商人口袋里，即背篓货郎，为了免遭这次巨大的国际战争带来的抢劫风的侵袭，他们购买了手推车，并且雇用了十字军战士为他们保驾护航，做好这些准备工作后，他们就放手大干起来。当然，他们的事业也充满了艰辛和困难。他们每去到一个新邻地的时候，都要向当地的统治者缴纳路费或者货税。即便如此，他们还是从生意中赚取了大量的钱财，所以，商贩们不知疲倦地经营着他们的生意。

　　没过多久，商人当中有一些头脑精明的人发现，他们可以自己制作那些从遥远的地方运来的商品。于是，他们把作坊建在了自己的家里。就这样，他们从奔波的商贩变成了制作商，生产出来的产品被卖给城堡中的领主和教士，同时还被卖到附近的城市和乡镇。领主和教士们要想得到他们的产品，只需用自己的农产品来交换，比如鸡蛋、酒类以及蜂蜜。在那个时代，蜂蜜就等同于糖。而距离较远的城镇居民则必须用金钱来购买这些商品，于是，商人们手中开始有了一些碎小的金子，从此金子在中世纪初期的地位被完全改变了。

　　真是令人难以想象一个没有钱的世界。如果没有钱，你是绝对不可能在现代化的城市里生活下去的。一整天，人们都会随身携带装着金属小圆片的钱袋，为了支付自己所购买的一切物品。为了购买纸张、火车票、电车票以及吃午饭，人们必须支付一便士、六便士、一先令等。至于铸造的银币，恐怕很多生活在中世纪早期的人们，终其一生都没有机会看到过。在城市的废墟之下，还深埋着希腊和罗马的金块和银币。罗马帝国的大迁徙之后，农业世界随之而来。农民们自己耕作粮食和饲养羊群，过着自给自足的生活。

中世纪的骑士同时还是乡绅，他们拥有自己的田地，基本上没有机会自己用钱购买物品。他们以及全家人所有的日常生活所需，以及吃、喝、穿等都由自己的田园供应。如果要修建城堡，石头可以到附近的山上去开挖，大厅的梁柱可以到森林里去采伐。就连少数需从国外购买的物品，也是用自己家的蜂蜜、鸡蛋和柴去交换得来的。

然而，平静农业社会的规矩被十字军东征迅速地打破了。你可以想象，计划前往圣地的希尔德海姆公爵，必须千里跋涉，还得支付交通费和食宿费才能到达。要是他在自己的家里，这一切费用就可以用农庄里的产品来支付了，但是现在，他不可能带上几百个鸡蛋以及一大车的火腿出发，以便应付威尼斯商船主或是布伦纳山口小店主的食欲。这些人只收取现金，所以公爵只能带着一些金子上路。不过，什么地方才会有金子呢？当然他可以去借，或许老隆哥巴德人的后代伦巴德会借给他的。如果公爵愿意用自己的庄园作为抵押，那这些得意地坐在兑换钱币的柜台后面的人会慷慨地借他几个金币。这样就能够保证公爵不幸被土耳其人杀死的时候，他们不至于落得一场空。

当然，这笔买卖对借钱人来说，风险是非常大的。最后的结果往往庄园归了伦巴德人，破产的骑士不得不受雇于一个更强大、更细心的邻居。

公爵大人还有一个选择，就是到城市里指定的犹太人集聚区去，在那个地方，他们只需要出50%或60%的利息就能够借到钱了。不过，这种交易也好不到哪里去。那是不是还有另外的办法？听说，居住在城堡周围小城镇上的人们很富有。他们与公爵很早就认识了，他们的父辈们彼此还是好朋友。这些人提出的要求应该还算合理。就这样，一个稍有学识的僧侣，即公爵的文书，写了一封关于借钱的信给最有名气的商人。这件事引起了轰动，这个要求在一个专为教堂制作圣餐杯的珠宝商的作坊中，被集聚而来的人们沸沸扬扬地讨论开来。他们找不到拒绝的理由，而且收取"利息"也是不合时宜的。第一，人们信仰的宗教规条中严禁收取利息；第二，他们只会收到以农产品为抵押的利息而已，而这些东西他们已经拥有得够多了。

"可是……"默默倾听了很久的裁缝这个时候提出了自己的建议。这位整天坐在桌边打发日子的裁缝就像一个哲学家一样，他说："我们可以借钱给公爵大人，那我们为什么不提出一个条件作为交换呢？我们都很喜欢钓鱼，不过，公爵大人不允许我们在那条河里做我们喜欢的这件事，那么，我们借100达卡给他，让他写下同意书，准许我们自由地在河中钓鱼，这么一来，我们能够钓鱼了，而公爵大人也有了他需要的100块，这样的安排是不是各取所需，大家都高兴呢？"

就是在那一天，公爵大人写下了同意书（看吧，就这样轻而易举地得到了一百块金币），这代表着他签署了自己权力的死刑判决书。协议书是由文书帮他拟写的，他在上面盖上了自己的印章（因为他不会写自己的名字）。然后，他兴高采烈地出发到东方去了。时隔两年，公爵回到了自己的家园，此时他已经一贫如洗。当他看到人们正悠闲自得地在自己的池塘里钓鱼，钓鱼竿排得老长，他怒火冲天。公爵吩咐他的管家，尽快赶走这些人。钓鱼的人走了，可是就在当晚，公爵的城堡里来了一批商人代表，他们温婉礼貌地对大人的归来表示祝贺，也对钓鱼事件向大人表示抱歉，紧接着他们提醒大人，自己能够到河中来钓鱼是得到允许的，裁缝将当年大人到圣地去之前签署的那份同意书拿出来对质，此前，这份同意书一直被珠宝商人保存在保险柜里。

这件事更加激怒了公爵大人。可是，他马上想起自己还需要一些钱。著名的银行家瓦斯特洛·德·美第奇还握有他在意大利签署的一些文件，这些文件就是需要钱来解决的商业期票。它的期限只有两个月，从签署后生效，一共有340磅佛兰芒金币。面对这样的困境，公爵只能强压怒火，使自己尽量保持平静，不流露出任何的不满。而且他还向人们提出再借一笔钱的要求。商人回复需要回去商议一下。

三天过去了，商人们给出了答复，他们愿意借钱。他们也很愿意为公爵解决一些小困难，不过再借 340 磅金币同样是需要条件的，他们希望大人能够签署另外一张同意书，批准他们组建一个属于自己的议会，这个议会的成员由城市商人和自由民选举组成，这个议会成立后，他们将自由管理自己内部的事物，城堡将没有资格对其进行干涉。

这样的要求让公爵大人恼羞成怒。不过，他实在太需要那笔钱了。于是，他勉为其难地答应了，又一次签署了同意书。一星期过后，后悔的公爵带领自己的士兵冲进珠宝商的家里，将签署的那些文件抢了回来，并且将其付之一炬。镇民们冷静地站在旁边，默默无语。下一次，公爵的女儿出嫁，急需钱，可是这一次他连一分钱也没有借到。自从那次在珠宝商家中发生了争执后，公爵已经被打上了不守信用的烙印。忍气吞声的公爵无奈地答应会补偿大家。这一次，除了重新签署第一次拿到的那张特许状之外，他还不得不签署了新的特许状，人们因此获得了建造"市政厅"以及专门保存文件的塔楼的权利，事实上，人们之所以要求建立一个坚固的塔楼，就是为了防止公爵再次带领他的武装力量使用暴力威胁。

这样的情况在十字军东征后的几个世纪中随处可见。从城堡到城市的权利转移经历了一个缓慢的过程。这期间，暴力行为是不可避免地。一些裁缝和珠宝商因此而丧命，也有几座城堡付之一炬，类似于这样的情况是存在的，不过还不多见。与此同时，城镇和封建主发生了微妙的变化，前者越来越富裕，后者则越来越贫穷。为了获取金钱，维护自己的地位，封建主们不得不向公民出卖自由的特许权。就这样，城市得以空前地发展起来了，甚至还成为逃跑的农奴的庇护地，这些人在城市中居住很多年之后，就变成了自由民。同时，四周乡村中生活的精力旺盛的人也将城市当成了自己的理想家园。他们为自己获得的重要地位而感到无比自豪。许多新的教堂和公共设施被他们建在了古老的市场周围，而在几千年前，人们还在这个市场中进行着用鸡蛋、羊、蜂蜜、盐等实物交换的贸易。而今，人们经常在新建的教堂以及公共建筑中进行集会活动，他们讨论和交流着彼此的想法，并展示他们的权力。他们为自己的后代创造了优越的生活条件，学识渊博的僧侣被聘请进城市，成为学校的教师。据说有个画技精湛的人能够在木版上画出美丽的图画，他们便重金聘请他来画教堂和市政厅四壁的《圣经》图画。

　　而此时的公爵大人已经垂垂老矣，他孤独地坐在自己暗淡的城堡大厅里，看着这一幅幅繁荣的景象，心中充满了无限的悔意，他痛恨自己当初为什么要签下那第一张出卖自己权力的同意书。手握保险箱的人们已经看不起他了，他能怎么办呢？如今，他们已经是自由民了，已经做好最充分的准备，将要享受他们经过十几代人流血流汗获得的东西了。

第三十六章

中世纪的自治

城市的自由民怎样才能在皇家议会中使自己的权利得到充分的体现。

当人们还在游牧时代逗留的时候，所有的游牧民族都是平等的，所有的人在享受社区利益的时候，也负有对社区的责任。

然而，当他们过上定居生活的时候，贫富差距就有所体现了，一部分人变得富有，一部分人变得贫穷。这个时候，那些不必担心生计问题的富人们控制了国家政权，这可能与他们有更多的时间经营政治业务有关。

埃及、美索不达米亚、希腊还有罗马都不约而同地出现过这些情况，关于这一点，我已经跟你们说过了。类似的情况还发生在秩序恢复后的西欧日耳曼各民族中。首先，统治西欧世界的是一位皇帝，选自于日耳曼民族大罗马帝国中最具权威的国王。他享受的权力很多，但是，大部分都不能付诸实际。西欧的真正统治者其实是那些国王们，只不过他们的地位很不稳固，掌握着日常行政管理权的则是成百上千的小领主们。农民以及农奴就是屈服于他们的子民。那个时候，城市并不多见，也没有中产阶级。然而，到了公元13世纪的时候，以商人为主要成员的中产阶级又一次在历史的舞台上出现了。就像我在上一章节中给你们介绍的那样，随着这个阶级的发展壮大，封建城堡的势力正迅速地走向消亡。

直到现在，国王只重视主教和贵族们的意愿。可是，十字军东征带动了商业和贸易的快速发展，在这种压力之下，王国不得不接受中产阶级存在的事实，如若不然，他的国库将出现空虚的现象，那样一来，他将承担沉重的苦难。事实上，这些国王们非常不情愿请教城市自由民，他们宁愿与自己的猪和牛商量。但是，现在他已经无路可走了，必须将这颗苦果吃下去，谁叫它是镶着金子的呢，然而，战争也是发生过的。

在英国，狮心王查理不在国内期间（他曾经到圣地去战斗，不过在他十字军东征的过程中，他绝大部分时间被囚禁在奥地利的监狱里），他的弟弟约翰负责管理国家事务。在政治上，约翰与查理都是拙劣的统治者，要论军事才能，他则比他的哥哥稍逊一筹。约翰初登摄政王之位，就把诺曼底以及法兰西的大部分土地丢失了。后来，他又深陷与教皇英诺森三世的争执之中，大家都知道，英诺森三世与霍亨施陶芬家族势不两立。约翰被教皇驱逐出了教会，1077 年亨利四世的经历再一次上演，约翰在公元1213 年低下了高贵的头，被迫向教皇求和。

多次的失败并没有使约翰有所收敛，他一如既往地随心所欲。后来，他的行为激怒了大臣们，他们向他提出了严厉的抗议，要求这位自负的帝王从此不再干涉臣民们应得的权利，而且逼迫他做了好好管理朝政的保证。这件事爆发在公元1215 年 6 月 11 日，地点是伦尼米德村附近的一个小岛。约翰签署了一份叫作"大宪章"的文件。至于这个文件的内容，其实并没有加入什么新的内容，仅仅只是将历代国王所应遵循的职责，以及大臣们享受的权利做了简单的重述。对于大多数农民的权利，它并没有过多地提及，不过正在发展中的商人阶级的利益倒是有了一些保障。这个宪章的重大意义在于它明确地规定了国王的权力，这一点是以往任何东西都无法比拟的。不过，它毕竟只是一个中世纪的文件，关于普通百姓的权利不受王朝暴政的危害这一点并没有提到。宪章只保护大臣们的财产，所以，除非他们刚好属于大臣们，就算是受到严格保护的男爵领地之下的森林和牛群，皇帝的林务官也拿它没有办法。

然而，几年过后，从皇帝的议会中开始传出一些不同的声音来。

约翰这个人不管从天性还是性格倾向上来说，都是非常低劣的。不久前他才郑重地许下承诺，说要遵守大宪章，但一转身，他就肆无忌惮地将这些条约践踏了。值得庆幸的是，没过多久，他就离开人世了。继承王位的是他的儿子亨利三世。这位新皇帝一上位，就不得不接受了大宪章。同时，国家的大部分钱财都被带领十字军东征的叔叔查理耗尽了，为了支付犹太债主的债务，国王想尽了一切办法。大地主和主教这些国王顾问们也无力提供给国王一些钱财，在这种情况下，国王要求城市代表前来参加大议会的例会。于是，公元 1265 年，会议如期召开了。代表们没有权利参与国家大事的商讨，不过他们是以财政顾问的身份出席会议的，可以提出税收方面的建议。

但是后来，这些"平民"代表们所参与商讨的事务越来越多，于是，由贵族、主教以及城市代表们组成的议会逐渐发展成为固定的国会。在法语中，用"ou l'on parlait"表示，它代表了"人民说话的地方"，这个会议成了一切国家大事决定之前的商议之地。

这样的具有一定执行权力的咨询组织遍布欧洲各地，它并不像人们普遍认为的那样，是英国的首创。因此，由"国王以及国会"共同管理的政治体制，也并不是只有英国才执行。有很多国家，比如说法国，皇室的势力在中世纪以后如日中天，而国会的势力几乎趋于消亡。城市代表加入法国国会的会议是在 1302 年的时候，但是，当"国会"有足够的能力保护中产阶级，也就是第三等级的权利，能够推翻国王的权利的时候，已经是 5 个世纪以后的事情了。后来，他们竭尽全力补救失去的岁月，还在法国大革命期间，将国王、贵族以及教士这些特权阶级废黜了，让国家的统治权回到普通百姓的手中。至于西班牙，平民们早在公元12世纪的时候就加入议会组织中来了。在德意志，"帝国城市"的殊荣被一些重要的城市成功地获取，这些城市代表在国会中占有重要的一席，国会必须听取他们的意见。

1359年，瑞典第一届议会召开的时候，代表们就赫然在列了。公元1314年，丹麦古老的全国大会得以恢复，纵然贵族凌驾于国王和人民之上，一次又一次地夺取了国家的统治权，但城市代表们的权利却一直得以保存。

在斯堪的纳维亚国家，代表们管理国家事务的情况充满了趣味性。而冰岛这个国家的一切事物，都是由拥有土地的人们组成的大会所管理的。这种大会从9世纪开始就定期召开，一直持续了1000年之久。

在瑞士，为了使议会免于邻近封建主们的掠夺，不同城市的自由民们做出了巨大的努力，并最终获得了成功。

最后是处于低地的国家，比如荷兰，在13世纪的时候，被称为第三等级的中产阶级就有资格出席各公国以及州郡的议会了。

公元16世纪的时候，很多小省份联合在一起，共同反抗他们的国王，尊贵的国王被人们在一次庄严的"三级会议"中废除了，教士们也被驱逐出了议会，贵族的权利受到前所未有的打击，此外，人们还建立了7个地区的尼德兰联合省共和国。城市议会开始了长达两个世纪的统治历程，这种统治完全没有国王、主教以及贵族的参与。城市得到了空前的高地位，国家的统治权掌握在善良的自由民手中。

第三十七章

中世纪的世界

　　中世纪的人们怎样看待他们生活中的一切呢？

　　日期这个发明的用处非常巨大。我们离不开日期，但是如果我们掉以轻心，就会被日期欺骗，所以要谨慎小心。它会让历史准确无比，比如说，当我们谈论中世纪人们的思想观点的时候，我并不是说那是发生在 476 年 12 月 31 日的事情，所有的欧洲人都会叫起来："啊！现在罗马已经消失了，我们生活的时代是中世纪，这真是趣味无穷啊！"

　　罗马人的习惯被查理曼大帝的法兰克宫廷里的人继承，关于这一点，你或许已经发现了，他们具有与罗马人一样的生活习惯、礼仪规范以及思想观点。等你成年的时候，你会看到，这个世界上生活的很多人还处在穴居人的时代。几乎全部的时间和时代都是重合的，人们的思想一代接着一代，相互包容、相互联系。可是，如果想真正弄懂中世纪那些具有代表性人物的思想，以及看清楚那个时代的人们的世界观和人生观，这确实是一件复杂且困难的事情。

　　千万不要忘记，中世纪的人们压根没有把自己当成一个天生具有自由权利的公民，能够按照自己的意愿往来，甚至靠着自己的能力或运气来改变自己的生活状态。相反的是，他们一律认为自己只是组成整体的一个小小部分，这个整体里面包含着皇帝和农奴、教皇与异教徒、英雄与恶棍流氓、穷人和富人、乞丐和小偷。他们对这种至高无上的法令全盘接受，而不会去深究为什么会这样。如果是现在的人，我敢肯定绝对做不到这点。现代的人天生具有探究事物的本质，他们会竭尽全力去改善自己的物质生活以及政治生活。

13世纪的男女，对于幸福美丽的天堂和恐怖残酷的地狱这些模糊的神学话语深信不疑。他们认为这是绝对真实的事情，因此无论是自由民还是骑士，他们为了来世更美好的生活而花费自己今生很多的时间来为之准备。至于现代的人，当度完丰富多彩的一生之后，会坦然面对崇高的死亡，就像是古罗马人和古希腊人那样，安详而平和。死亡临近的时候，我们会对自己60年来充满工作与艰辛的生活感到满足，然后心里想着一切会更好的美好愿望，平静地闭上双眼，长眠大地。

而中世纪，在人们的周围，笑容狰狞，骨骼咯咯作响的死神随处可见。人们常常被他惊悚的琴声惊醒，他偷偷地与他们坐在同一张餐桌上进餐，他会在人们与女友外出散步的时候，躲在灌木丛里坏笑。假如陪伴你度过童年生活的不是美丽的安徒生童话和格林童话，而是恐怖阴森的鬼怪故事，或是跟令人心惊胆战的病痛故事，那么你的一生都将可能活在对死亡的无比恐惧之中。中世纪的孩子们面临的就是这样的情况。他们生活的世界到处都是妖魔鬼怪，天使很少出现。有的时候，基于对未来的恐惧，他们的灵魂会变得恭顺和虔诚，可是，这样的情景又常常将他们推向了过度的残忍与伤感。他们会手刃征服地的所有妇女和儿童，双手沾满了无数善良的人的鲜血之后，他们又带着虔诚的心向圣地走去，祈求上帝宽恕他们。的确，他们做了很多应该让他们忏悔的事，甚至痛哭流涕地诉说自己的罪过。然而，当第二天的来临的时候，他们心中的忏悔就会烟消云散，另一个营的撒拉逊人（那个时候的伊斯兰教徒）将会惨死他们的屠刀之下。

当然，由骑士组成的十字军所遵守的行为规则与普通人是稍不一样的。但是，平常人在这方面却与他们的主人保持一致。这些人就像一匹马受到了惊吓，即使一张纸或者一个影子的出现都会让他们惊吓不已。他们也可能任劳任怨地为你工作，但是，当他们炙热的思想中有鬼怪出现的时候，也可能会失去控制，谁都不知道他会做出什么事情来。

可是，当我们对这些善良之辈进行评判的时候，最好先想一下他们所生活的残酷环境。事实上，他们只是些尚处于蒙昧状态的野蛮人，有文化和教养也是伪装出来的。被称为"罗马帝国"皇帝的查理曼大帝和奥托，实际上与真正的罗马皇帝，譬如奥古斯都或马库斯·奥里欧斯是大相径庭的，就像旺帕·旺帕这位刚果的"皇帝"根本不能与接受过良好教育的瑞典和丹麦皇帝相提并论一样。这些在遗迹的光环之下生活的野蛮人没有得到文明的熏陶，因为他们的先辈已经将这些文明摧毁殆尽了。他们大字不识一个，有些事情连现在12岁的小孩都知道，可他们却一无所知。《圣经》是他们唯一获取知识的源泉。可是，《圣经》这本书里只有《新约全书》中教导人们博爱、仁慈和宽恕的那些章节，对人类历史具有积极的推动作用。很显然，《圣经》绝对不可能成为天文学、动物学、植物学、几何学和其他所有学科的指南。

12世纪的时候，中世纪的文库里又出现了一本书，这本书就是实用知识大百科全书，它的作者是公元前4世纪的哲学家亚里士多德。我们知道，基督教一向对希腊的哲学家多有指责，在他们看来，这些哲学家们的论调无异于歪门邪道，可是，他们为何要将这样高尚的荣誉赐予亚历山大的老师呢？我也说不清其中的原因。可是，除了《圣经》以外，亚里士多德的确是被称为唯一值得信赖的老师，所有的基督徒都可以安心地阅读他的作品。

亚里士多德的作品传至欧洲，先是从希腊传到亚历山大城，此后它被翻译成了阿拉伯文，完成这项工作的是7世纪侵占了埃及的伊斯兰教徒们，后来它又被穆斯林们带到了西班牙。就这样，科尔多瓦的摩尔人的大学中，普遍开始讲授这位伟大的斯塔吉拉人（亚里士多德的家乡在马其顿的斯塔吉拉地区）的哲学思想。基督教知识分子还将阿拉伯文本译成了拉丁文。为了充分享受学术的自由，这些学者翻越了比利牛斯山。这一著名的译本经过长途辗转流传，最终在欧洲西北部的所有学校中成为学生们重点学习的教材。我对这个过程还不是非常明了，不过，它却是趣味无穷的。

在《圣经》和亚里士多德的帮助之下，中世纪那些才华横溢的人开始对世界上的万事万物进行解释说明，企图弄清楚他们与神的旨意之间的关系。这些卓越的人，也可以称为学者，他们都是才智过人的人，具有睿智的头脑，但是他们获取知识的途径仅仅局限于书本，而忽略了对现实的探索。比如，他们要给学生讲授鲟鱼或者毛毛虫的知识，只能求助于《新约全书》或亚里士多德的书本。他们不会亲自到河里去抓一条鲟鱼来观察，也不会走出图书馆到后院去捉几天活生生的毛毛虫，他们缺乏对这些小动物的实际研究和观察。艾伯塔斯·玛格纳斯或托马斯·阿奎那是当时最著名的学者，可是即使是他们，也不愿意去探寻巴勒斯坦的鲟鱼和马其顿的毛毛虫，与生活在欧洲的鲟鱼和毛毛虫之间的差别。

有时候，在学者们的讨论会上，会有像罗杰·培根这样好奇心特别重的人出席。他会去抓一些真的鲟鱼和毛虫，并把它放在讲台上，然后拿着奇特的放大镜或是古怪的望远镜来观察这些动物。他会得出与《旧约圣经》和亚里士多德描述的不一样的结论，对于这些，高贵的学者们当然会嗤之以鼻。他们认为培根做得有些过火了。他胆敢用一个小试验的结论，去挑战亚里士多德十年之久所得出来的观点。并且，培根还建议说，那位伟大的哲学家的著作虽然有些好处，不过最好不要对其进行翻译，这么一来，培根被学者们告上了政府部门，学者们说他"这是一个对国家安全构成严重威胁的人。他建议我们学好希腊文，然后认真阅读亚里士多德的原作。但是，他却对我们拉丁－阿拉伯语的译本有意见。这些译本已经流传了几百年的时间了，我们这些虔诚的信徒都从中受益匪浅。这个沉迷于鱼和昆虫内脏的人或许是一个邪恶的魔法师，他企图使用恐怖的巫术打乱我们这个世界的正常规律"。学者们控诉得有理有据，这着实吓到了守护和平的卫兵们。他们立刻发出命令，在十年内不准许培根书写任何一个字。可怜的培根在重新获得研究资格后，领悟出了一个道理。此后，他的书中充满了许多奇形怪状的符号，与他同一时代的人根本看不懂。那个时候，教会绝不允许有攻击和质疑社会秩序以及与异教有关的问题出现，所以大家都使用密码来发表自己的观点。

当然了，这种方法并没有什么恶意，它不是以愚弄人们为初衷的。那个时代，有一种善意充斥在异端思想的搜索者的心中。在他们看来，今生所做的一切都只是为了来世的生活奠基，关于这一点，他们深信不疑。因此，学识太过丰富，会让他们感到不安，许多危险的念头会将他们包围，并且开始出现怀疑，这样一来，等待他们的将是万劫不复。如果有一个中世纪经院教师，看到他的学生所学到的那些知识并不是基于《圣经》和亚里士多德的引导，这会让他们惶恐不安，跟一位仁慈的母亲眼看着自己的挚爱的孩子，向熊熊燃烧的火炉走去是一样的感受。这位母亲非常清楚，一旦孩子接触到火炉，手指必将受伤，所以，她一定要竭尽所能将孩子拉回来，甚至强制执行也在所不惜。当然了，母亲对孩子的爱是不容置疑的，如果孩子乖乖听话，母亲将给予他全部的关爱。中世纪的那些守护人们灵魂的卫士也是这样做的，他们坚决捍卫信仰的严肃，同时又倾其所有，任劳任怨地效劳于自己的朋友。他们尽量对人友善，不吝援助，然而，为了人们的幸福，那个时代千千万万的虔诚信徒付出了艰苦卓绝的努力，他们对社会的影响遍布每一个角落。

农奴永远都只是农奴而已，他的地位没法改变。尽管中世纪的世界主宰让这些农奴受尽苦难，当牛做马，但也赐予这些卑微的生灵永生的灵魂。所以，他的权利受到保护是势在必行的，他们会像一个善良的基督徒那样生活，直到死去。当他垂垂老去的时候，他曾经侍奉一生的主人们应该给予义不容辞的照料。生活单调乏味的农奴们，似乎从来不会担心明天会如何。他清楚自己不会陷入失业的困境，会有立足之地（可能是漏雨的小屋，不过会有屋顶的），会有果腹的食物，能够吃饱穿暖，所以他的处境很"安全"。

"稳定"与"安全"的感觉存在于中世纪的每一个阶层当中。为了收入稳定，商人和工匠们在城镇里组建了行会。那些得过且过的懒惰的人在行会里找到了安全感。同时，它也将满足与保障感带给了劳动人民，不过在我们现代充满竞争的社会中，早已经找不到这种感觉的影子了。我们现在所谓的"囤积居奇"的危机感，中世纪的人也非常明了，也就是说，一个富裕的商人买到了全部的粮食、肥皂以及腌制鲱鱼，然后，他自己制定了价格，要求所有的人都以这个价格向他购买这些物品。所以，政府部门并不鼓励发展批发业务，并且所有商品的价格都由当局核定，商人们售卖他们的物品必须按照这个价格执行。

排斥竞争行为的中世纪为何还要竞争呢？那样的话，世界将动乱不安，敌对与仇视随处可见，野心的投机商遍布各地，世界也将走到尽头，所有的财富将化为乌有，天堂的大门将向善良的农奴敞开，同时邪恶的骑士也将走进苦难的地狱中。

为什么要竞争呢？总之，为了最大限度地享受身体以及精神的安全感，中世纪的人们不得不放弃自己一部分的思想和自由。

这样的安排得到了大部分人的支持，只有少数人例外。他们坚定地认为自己仅只是暂时停留在这个世界上的过客而已，是为了获得更大的幸福以及更有意义的来生，他们才被迫来到这里。对于这个邪恶与磨难交叠的世界，他们故意持以漠视的态度。他们想要专心致志地阅读《启示录》，所以决绝地关上了百叶窗，遮住了阳光。他们会从《启示录》中了解到，来自天堂的光芒将照亮他们永生的快乐。虽然他们身处凡世，但他们尽可能地将这个世界上的一切欢乐置若惘然。只有这样，他们才能企及不远处等待他们的幸福。在他们看来，生活只是无法避免的苦难，只有死亡才是至高无上的荣耀。

　　古希腊人与古罗马人却与之相反，他们不会担心未来的事情，只一心一意专注于现实的世界，他们期望把自己的天堂建在这个活生生的世界上。那些有幸没有沦为奴隶的人已经充分享受到了体面创造的愉悦生活。除了这些，中世纪还有另一个极端：美丽的天堂被人们建在遥远的云端，而那些高贵的、卑贱的、富裕的、贫困的、睿智的以及蠢钝的人，将在这个充满苦难的凡世终其一生。在接下来的那个章节里，我将向你们讲述，钟摆已经到了摆向另一个方向的时候了。

第三十八章

中世纪的贸易

> 地中海地区为何会在十字军东征运动中崛起，成为繁忙的商贸中心呢？意大利半岛的城市又为什么会成为亚、非两大洲的商贸集散地呢？

中世纪后期，地位斐然的是迅速发展起来的意大利城市。这是为什么呢？主要有三个方面的原因。首先，曾作为罗马帝国中心地区的意大利，在很早的时候就拥有数量众多的公路、城镇以及学校了。

当欧洲遭遇野蛮人入侵的时候，意大利遭受到了前所未有的烧杀抢掠，不过，它的东西多得数不胜数，连野蛮人也无法将其销毁殆尽，所以意大利幸存下来的东西比较多。其次，那位庞大政治组织的统治者就居住在意大利，大量的土地、农奴、城堡、森林、河流以及法庭都是属于教皇陛下的。威尼斯和热那亚商人以及船主如出一辙，教皇只接受金银馈赠，而且教皇大人接受金钱的情况甚多。所以，人们只能将北部的鸡蛋、马匹以及其他的农副产品兑换成现金，才能向远方的罗马付账。这样一来，罗马搜罗了大量的金银，成为当时唯一的金钱富足之国。后来，十字军东征开始，意大利的城市在这场运动中成为军队运载的枢纽，它趁机大发战争之财，牟取暴利。

当十字军在东方战场驰骋的时候，他们显然已经对东方商品产生了依赖性，东征结束后，意大利的这些城市依然充当着东方商品的中转站。

在所有的城市中，威尼斯是实力最强大的。这个在海岸上建造起来的城市共和国，接受了大批4世纪从野蛮人的刀口下逃离的人群，他们从大陆来到这里。鉴于威尼斯四面环海的地理优势，人们开始发展制盐业务。中世纪的食盐是价格高昂的稀缺品，这个我们每日必不可少的餐桌调味剂，被这个城市垄断了一百多年的时间。正是依靠这种强有力的垄断地位，威尼斯的地位得以大大提升。他们甚至偶尔胆敢背离教皇的旨意行事。慢慢地，城市集聚了大量的财富，人们开始建造大型的船只，加入东方贸易事业中去。这些船只在十字军东征中充当了运送旅客到圣地去的交通工具。如果乘船的旅客没有现金支付船费，那他就得被迫为船主而战，将夺取来的土地交给船主抵债，这些威尼斯船主就是靠着这个方法，使他们在爱琴海、小亚细亚还有埃及等地的殖民地不断扩张开来。

14世纪后期的时候，居住在威尼斯的人口已经骤然增加到了20万，威尼斯一跃成为欧洲最大的城市。然而，平民百姓在政治方面却并没有发出声音的权利，政府管理事务依旧由少数几个富商把持着。由他们选举出的元老院和总督并没有实权，城市的真正统治者是那些组成十人议会的成员。他们的政治权利依靠一个组织严谨的私密组织来维持，在这个机构里面工作的都是私人密探和职业刺客。地下警察严密地监视着人民的一举一动，一旦发现有人对公共委员会的专横暴力，以及滥用权力的行为构成威胁时，他们就会暗地里将这个人清除掉。

如果是在佛罗伦萨，你将看到另一个走向极端的政府，一种动荡不堪的民主制。从北欧通向罗马的道路被这个城市牢牢控制着，在这样天赐的幸运下，他们获得了大量的钱财，于是，他们把钱财花在了商业贸易事业上。佛罗伦萨想参照雅典人那样，让贵族、教士以及行会会员都有权利参加城市事务的讨论。如此一来，引发了一连串的骚乱。人们开始组成不同的政党，相互攻击和谩骂，彼此势不两立。如果有一方在议会中取得了胜利，那失败的一方就将面临被驱逐和没收财产的下场。经过几个世纪有组织的暴民统治之后，发生了无法避免的事情。这个城市的绝对统治权被一个势力强大的家族攫取了，他依照古希腊"君主专制"的方法，对这个城市还有周边地区进行统治。这个家族就是大名鼎鼎的美弟奇家族，这个家族的祖先一开始从事医生的职业（在拉丁语中，"美弟奇"就是医生的意思，这个家族的名称就是这么得来的），后来又涉足银行业，几乎在所有重要的商贸城市里，都能够看到他们的银行和当铺。时至今日，美弟奇家族族徽上三个金球的图案我们还能在当铺中看到。这个家族就是佛罗伦萨的主宰，同时也和法国皇室保持着亲戚关系，他们的女儿成为某些国王的妻子。他们死后的墓地，可以与罗马的恺撒大帝的陵寝相媲美。

还有，热那亚是威尼斯强有力的竞争对手。那里的商人专门从事与非洲突尼斯及黑海沿岸几个谷仓的生意。除此之外，意大利大小不一的两百多个城市，每一个都是一个独立的商业个体，它们为了获取更多的利益而不间歇地进行着战斗，或明或暗。

从东方而来的商品，还要从这个集散地转运到欧洲的西部和北部地区。从热那亚运往马赛的商品需从水路行进，到达马赛后，还要进行二次装船，方可向罗纳河两岸城市运送。反之，法国北部和西部的销售市场就是这些城市。

至于威尼斯，它采用陆地运输将商品运抵北欧。这条古老的商道就是当年野蛮人入侵意大利所走的那条路，它途径布伦纳山口。从威尼斯发出的商品经过因斯布鲁克被送往巴塞尔。接着，从莱茵河顺流而下，最终到达北海地区和英国，也可能是被运送到奥格斯堡。这里的富格尔家族（这个家族从事银行业、制造业，对工人进行大肆搜刮，从而发了大财）对这些照看的货物进行再次分配，货物最终被运到了纽伦堡、莱比锡、波罗的海地区的各个城市，还有位于哥特兰岛上的威斯比。为了继续满足波罗的海北部地区的需求，威斯比与诺夫哥罗德城市共和国进行着直接商贸活动。这个俄罗斯的古老商贸中心，在公元16世纪的时候被伊凡雷帝彻底摧毁了。

位于欧洲西北部的那些小城市也各有自己的趣事。鱼在中世纪是普遍的消费品。当然，人们有很多不能吃肉的斋戒日。所以，那些远离海岸和河流而居的人们只能以鸡蛋为食，不然的话，他们就只能饿着肚子。但在14世纪的时候，一种特殊的加工鲱鱼的方法被发现了，贡献这个方法的是一位荷兰渔民，从此之后，鲱鱼能够被运到很远的地方去。由此，北海的渔业捕捞得到了飞速地发展，具有重要的商业地位。然而不知不觉中，这种重要的鱼却从北海跑到了波罗的海了，它们给内海的人们带去了不计其数的财富。同时，这些鲱鱼还吸引了世界各地的人们，他们纷至沓来，大肆捕捞这种小鱼。每年这种鱼的捕捞时间只有几个月而已（它们会在固定的时间藏到深海里去繁殖后代），其余的大部分时间，渔船都处于闲置状态，它必须找到其他的事情做，不然就会没有事情做。所以，在小麦运送中，这些船只找到了用武之地，它们在欧洲的南部和西部之间穿梭，去的时候，运送的是小麦，回来的时候，又将威尼斯与热那亚的香料、丝绸、地毯以及东方挂毯，运到布鲁日、汉堡和不来梅。

欧洲至关重要的国际商贸系统就是从这样简单的货物运送发展而来的，它从商品制作城布鲁日、根特（强大的行会与法国国王以及英格兰统治者在这里发生了激烈斗争，最后一种迫使雇主和工人濒临破产的劳工制度应运而生），一直伸展到了俄罗斯北部的诺夫哥罗德共和国。这座原本强盛而繁华的城市最后落入了伊凡沙皇的手中，在不到一个月的时间里，有6万居民死于他的屠刀之下，有幸活下来的人也全部变成了乞丐。

后来，有一百多个城市共同组建了所谓的"汉萨同盟"，这个北方商人同盟成立的目的是为了抵御海盗的入侵，以及免遭苛捐杂税和那些无聊法律的困扰。吕贝克是它的总部所在地。这个同盟拥有属于自己的舰队，他们随时在海上巡逻，当同盟里商人的利益受到英国和丹麦国王的干预时，他们毅然发起攻击，并且在战斗中获胜。

在这个奇特贸易的旅程中，有很多妙趣横生的故事，我多希望能够有更多的篇幅来讲给你们听啊！这种贸易常常是险象环生，因为要穿越艰险的高山以及深海，可以说，每一次旅程都是一次伟大的冒险，如果要写成书的话，需要好几卷的篇幅，我在这里对此就不多加描述了。除此之外，我已经将与中世纪有关的很多事情都讲述给你们听了，而且这也满足了你们一定的好奇心。

就像我努力向你们解释的那样，中世纪进步的步伐异常缓慢。在当局者看来，发明"进步"这种东西的是一位居心险恶的魔鬼，绝不应该提倡。而且，他们恰好是一个有权有势的群体，他们的这种思想，就很容易被强加于懦弱的农奴以及目不识丁的骑士身上。尽管这是一个恐怖的科学禁地，但好多地方的人还是敢于涉足，只不过，等待他们的往往是悲惨的下场，最幸运的结果也就是得以保住性命或是免遭二十年的牢狱之灾了。

12 世纪和 13 世纪的时候，西欧遭遇了前所未有的国际贸易洪灾，情形与尼罗河水漫过古埃及的山谷是一样的。等到洪水退去后，繁荣与富裕就从肥沃的土地上生长出来了。繁荣等同于悠闲，有了闲暇的时间后，人们才会去购买手稿，并且阅读大量书籍，从而对文学、艺术以及音乐产生兴趣。

这样一来，神圣的好奇心又一次充斥了整个世界。正是在这种好奇心的驱使下，人类才能超越那些不能说话的哺乳动物。我在上一个章节中已经对城市的发展和发生做了大量的描述，而今，敢于挑战旧秩序、跳出狭窄框架并大胆开拓创新的人，在城市中找到了安全的发展空间。

他们开始了工作。他们打开隐居书房的窗户，让灿烂的阳光照射进来，使屋里的阴暗、尘灰一扫而光，透过阳光，他们将漫长而黑暗的岁月中集结的蛛网看得一清二楚。

这时，他们开始全面清理房间，还准备将花园进行休整。

他们从屋子里走出来，翻越即将倒塌的围墙，当看到广袤的原野时，他们发出惊叹："这个世界多么美好啊！我生活在这个世界，这让我无比兴奋。"

此时，中世纪已经成为过去，接下来，一个崭新的世界粉墨登场了。

第三十九章

文艺复兴

又一次，人们因自己还活着而感到欣喜若狂。他们竭尽全力去拯救那些古希腊、古罗马、古埃及的文明遗迹，这些东西纵然老旧，却能带给人们快乐。他们骄傲于自己所取得的成绩，所以称之为文艺复兴，也叫作文明的再生。

文艺复兴不是一场政治或宗教运动，它是单纯的精神状态。

文艺复兴时期的那些恭顺的人依旧是教会之母的儿子，他们一如既往地出任着国王、帝王，还有公爵的臣民，并对这样的安排逆来顺受。只不过，他们改变了对生活和世界的态度。他们开始将色彩斑斓的服饰穿在身上，讲的话也跟以前有所区别，他们住在崭新的房子里过着与以往大相径庭的生活。

他们摒弃了从前对天堂的期待，不在眼巴巴地等待着来世幸福的永生。他们开始着眼于现在，试图把理想的天堂建立在当世，而且，他们也确实取得了令人瞩目的成绩。

我多次对你们提出告诫，要对历史日期的危险性引起警示。人们对历史日期的认识往往只停留在表面。在他们看来，中世纪就是黑暗和愚昧的代名词。在时钟的嘀嗒声中，文艺复兴拉开了序幕，顷刻之间，对知识的渴望之光照亮了整个城市以及宫殿。

要想将中世纪和文艺复兴时期做出泾渭分明的标记，其实是一件很困难的事情，几乎所有的历史学家都一致认为中世纪包含了 13 世纪。然而，我们是否能够将 13 世纪视为一个黑暗和停滞的时代呢？肯定是不可以的。人民非常活跃，大国正在崛起，大商业中心也飞速发展。崭新的哥特式大教堂纤长的塔尖，从城堡塔楼和市政厅的屋顶上高耸出来。各种运动充斥着整个世界。由于刚刚发了大财，市政厅里那些有权有势的绅士们逐渐意识到了自己的能力，同时，他们为了争夺更多的权力与封建主们展开了激烈的斗争。行会的成员们则正在为"人数众多非常有利"的优势而沾沾自喜，他们依据这个优势与市政厅里的权贵们争论不休。在这场混乱的局势里，国王和他的谋臣们做着浑水摸鱼的功课，他们的收获还不少，许多活蹦乱跳的鲈鱼落入了他们的魔爪，最后，他们在失望的行会兄弟以及议员们的面前，扬扬自得地吞食了这些收获。

夜幕降临，暗淡的灯光照耀着大街，在政治和经济问题上争论了一天的那些人带着一身疲惫离去了，此时登场的是民谣歌手和游吟诗人，他们的出现让冷清的街角立刻变得活跃和热闹，他们吟唱着一串串骑士的浪漫爱情、英雄们的探险故事以及美女的忠诚之歌。同时，无法容忍慢节奏进步步伐的年轻人大批走进学校，因此另一些故事出现了。

可以这样说，中世纪极富"国际精神"。听上去这似乎令人费解，还是让我来给你们解释清楚吧。"国际精神"在我们现代人身上体现得更多。我们来自美国、英国、法国或者是意大利，我们说着英语、法语、意大利语，我们在英国的、法国的、意大利的大学学习。如果想学另外一个国家才有的学科，那我们必须首先学会那个国家的语言，我们会到慕尼黑、马德里或者是莫斯科去读书。不过，13 世纪以及 14 世纪的人，几乎不会对别人说自己是英国人或是法国人抑或是意大利人。他们只会这样说："我是谢菲尔德的公民，我是波尔多公民，我是热那亚公民。"由于他们都是同一个教会的成员，因此，彼此之间就像兄弟一样。而且他们都能讲流利的拉丁语，这样一来，他们之间就不存在语言障碍了。可是在当今社会，语言障碍已经遍布欧洲，由此使得那些小民族所处的地位非常不利。在此我举例说明：一向倡导人们要宽容和快乐的伟大导师埃拉斯穆斯，在16世纪的时候有很多优秀的作品问世，这位出生于荷兰一个小村庄的教士使用拉丁语写作，因此他的读者遍布全世界。假如他现在还在人世，他或许会用荷兰文来写作，那么，他的读者就只有五六百万了。除非出版商将他的作品翻译成二十多种不同文字版本，否则其他的欧洲人和美洲人是看不懂的。但是，完成这项工作需要很多钱，而且出版商们不一定愿意承担这个风险。

如果是600年以前的话，这种情况是绝不可能出现的。绝大多数的欧洲人还很无知，他们不会读书写字。至于那些能够熟练驾驭鹅毛笔的人，他们是国际文坛的成员，这个文坛毫无边际可言，它包括了整个大陆地区，而且也不受语言或国际的限制。这个文坛的堡垒就是大学。它们与现在的防御工事没有任何相似之处，是没有边境的。只要有教师和学生集聚的地方就有学校。从中我们可以看出，中世纪以及文艺复兴时期，的确与我们当今社会大相径庭。我们现代的大学必定会经历这样的建设过程：某个有钱人想为自己的社区做一点贡献，或是某个宗教团体想为他们的信徒建立一座管理规范的学校，又或是出于国家对医生、律师以及教师的需要。要想建立一所大学，户头上必须有一笔用来建盖教学楼、实验室和宿舍的钱，这笔钱是很可观的。然后，还要聘请专业教师，举行入学考试，这样大学就正式运营了。

而在中世纪，就完全不是这样了。一个睿智的人这样对自己说："有一个伟大的真理被我发现了，我一定要告诉大家。"如果有人愿意听他讲授这些知识，不管在任何时候任何地方，他都会马上开始宣扬自己的学识，跟现在站在肥皂箱上口沫横飞的街头演说家一样。如果他讲的内容趣味十足，就可能吸引人们停下脚步来听，要是枯燥乏味的演说，人们则会无所谓地耸耸肩，各自走开。慢慢地，这位伟大的导师开始有了一些固定的听众，那些年轻的听众为了及时记录大师的睿智名言，以及其他他们觉得重要的东西，还特意带了笔记本、墨水和鹅毛笔。有一天，老师讲得兴致正浓时，天空突然下起了雨，于是，老师和学生们全部来到一个地下室里继续演讲，也可能是在老师的家里。老师坐在前面的凳子上，学生们坐在地上，这就是早期大学的雏形。中世纪的大学其实就是这样一个由教师和学生共同组成的整体，最为重要的是只是"教师"而已，其他的都是其次，包括场地。

我举一个发生在 9 世纪的事情作为例子。有很多著名的医生居住在那不勒斯的萨莱诺小城里，很多一心想当医生的人慕名前来，之后这个地方就出现了一座萨莱诺大学。这所大学存在的时间达 1000 年之久（一直到 1817 年），讲授的是与希波克拉底有关的医学知识，这是一位生活在公元前 5 世纪的伟大的希腊医生，他曾经拯救了无数希腊人的生命。

还有一位叫作阿贝拉德的神父，这位年轻人来自布列塔尼。12 世纪初期的时候，他就将自己的神学和逻辑学传遍整个巴黎。成千上万的青年学者，怀着对知识的渴望来到这个城市，只为听他讲学。英国人、德国人、意大利人还有瑞典和匈牙利的学生充斥着整个巴黎城。于是，世界闻名的巴黎大学在一座古老的大教堂附近出现了。

为了使那些对教会法律有兴趣的人能够了解更多的东西，意大利博洛尼亚城的一位僧侣专门编写了一本教科书，这位僧侣名叫格雷希恩。此后，无数年轻的教士以及世俗之人，从欧洲各地赶来倾听他的论述。为了使自己的利益免遭本地地主、旅馆主以及房东老板娘的损害，他们成立了一个互助协会（也叫作大学），这就是最初的博洛尼亚大学。

此后，巴黎大学内部出现了激烈的分歧。非法国籍的学生被学校赶走了。而此时，所有在外国接受教育的教士们都被英皇亨利二世召回了。被巴黎大学驱逐的一些学生，慢慢形成后来牛津大学的主心骨。这所著名大学就是这样发展起来的。同样，在

1222 年，博洛尼亚大学也分崩离析了。有一些心怀不满的教师（还有他们的学生）跑到了帕多瓦，重新开课讲学。就这样，这个地方也有了一所使当地人引以为傲的大学。从西班牙的巴利亚多里德到地处遥远的波兰克拉科夫，从法国的普瓦捷到德国的罗斯托克，都是这样的情况，大学一座又一座出现了。

我们所接受的教育一直与数学和几何学有关，所以，对于这些年代久远的教授们所讲述的东西，我们会感到有些荒谬。但是，中世纪尤其是 13 世纪，并不是一个完全停滞不前的时代，这是我必须要强调的。事实上，那个时代的青年人同样也充满了朝气和活力，他们赋予激情和挑战，对新知识的渴求非常强烈，喜欢刨根问底。就是在这样一种喧闹和躁动的气氛中，文艺复兴出现了。

然而，当中世纪的压台戏即将落下帷幕的时候，忽然有一个孤独的影子从舞台前飘过。这是个什么样的人呢？我想我们应该详细地去了解一下，而不仅仅只是知道他的名字而已。这个人就是但丁，他是佛罗伦萨一位律师的儿子，也是阿里基尔家族的成员。1265 年，但丁在佛罗伦萨出生了，并在这个祖辈们居住的城市里长大。那个时候，在圣十字教堂的墙壁上，乔托正在画亚西西的圣方济各的生平故事。但学生时代的但丁经常会在上学的路上看到一些令人毛骨悚然的血迹，就是这些血迹有力地证明了，教皇的追随者奎尔夫派和支持皇帝的吉伯林派之间的血腥斗争。

长大成人的但丁成了奎尔夫派的追随者。这是由于他的父亲正好就是这个教派的成员，这种情况就像是一个英国小孩因为自己的父亲是自由党或者保守党，而成为自由党或保守党是一个道理。很多年过去了，但丁清楚地意识到，由于成百上千个小城市的妒火，意大利迟早要走向灭亡，只有出现一个强有力的领导者将意大利统一起来，这种局面才可能扭转。所以，他毅然加入了吉伯林派，成为保皇党的一分子。

为了能够找到这样一位强大的帝王来统一意大利，他翻越了阿尔卑斯山，到北方去找寻。遗憾的是，他的希望最终成了一场空。1302年，失利的吉伯林派惨遭驱逐，被迫离开了佛罗伦萨。从此以后，但丁沦为一个漂泊无依的乞丐，依靠有钱的保护人的施舍苟延残喘，直到1321年，孤独地死在了拉维纳城的古代废墟之上。那些曾经的施舍者最终得以被后人记住，仅仅只是因为他们对一位伟大诗人施以援助。

但丁在自己漫长的漂泊生活中，逐渐意识到为自己当年的政治领袖生涯申辩的必要性。数不清有多少个时日，他满怀期待地在阿尔诺河沿岸来回走动，期望能够看一眼贝阿特里斯，这位美丽的女子早在十几年前就成了别人的妻子，而且已经离开了人世。但她永远都是但丁心中的女神，他多希望能够再次看到她那美丽的容颜啊。

但丁雄心壮志的事业最终失败了。他曾为生养自己的这块土地尽了自己最大的努力，然而，最终得到的下场却是被一个腐败的法庭指控为公共财产的盗贼，并遭到终身流放的处罚。假如他敢踏进佛罗伦萨的土地半步，将得到上火刑柱的悲惨结局。为了向自己的良心以及同代人洗刷自己的冤屈，但丁创造了一个理想的梦幻世界，他将自己失败的事情详细地写进了这个世界，并且无情地鞭挞了那些丑恶、仇恨、私欲，以及人们无药可救的恶劣品质。同时他还描述了这个自己深爱的美妙世界，一点点变成残酷自私、丑陋邪恶的暴君们彼此攻击的战场的情形。

他还将1300年前发生在复活节前那个星期四的事情描述给我们听，那时他在一个茂密的森林里迷了路，然后遇见了一只豹子、一只狮子还有一只狼，他前进的道路被阻挡了。正当他绝望透顶的时候，有一个白色的人影从树林间闪现出来。这个人就是罗马的诗人、哲学家维吉尔，此人受悲悯人间的圣母玛利亚以及贝阿特里斯之托，前来指引他走出困境。然后，但丁在维吉尔的带领下，踏上了地狱之旅，他们穿越了层层地狱，一直到达最底层的地狱之渊。在那里，他们看到了已经冻成雕像的魔鬼撒旦，那些罪恶深重的人、叛徒、骗子以及无耻的弄权者和沽名钓誉之徒，都围绕在他周围。这个地方极为阴森恐怖，在但丁和维吉尔到达这里之前，在他挚爱的那个城市里的形形色色的重要人物他都一一遇见了。包括皇帝、教皇、勇敢的骑士、怨声载道的放贷者等等。他们站在那里，要么就遭受永世的苦难，要么就等到赦罪之日的到来，然后进入幸福的天堂。

但丁所讲述的这些奇妙的故事被写在了一本手册中。13世纪的人们所作所为的一切、所思所想的一切，以及惧怕和期望的一切都被写进了这本手册中。而所有的情节都离不开那个佛罗伦萨的流浪者，绝望的影子永远伴随着他。

的确，当这位忧郁的中世纪诗人渐渐走近死亡之门的时候，那位在不久的将来成长为文艺复兴先导的婴儿，才刚刚从生命的大门中走出来。他就是伟大的诗人弗朗西斯科·彼特拉克，出生在意大利阿雷佐小城一个公证人的家庭里。

弗朗西斯科的父亲属于但丁的那个党派。他也不幸遭遇放逐，因此，佛罗伦萨并不是彼特拉克的出生地。当他长到15岁的时候，被送往法国，在蒙彼利埃接受教育，好让他以后能够像父亲一样成为一名律师。然而，这个孩子对做律师没有丝毫兴趣，他对法律深恶痛绝，诗人或学者才是他的梦想。他的这个愿望异常强烈，已经超越了一切，最终，他实现了自己的梦想（坚定的意志是可以创造出奇迹的，这是真的）。然后，他踏上了自己的长途之旅，从弗兰德斯到莱茵河沿岸的修道院，从巴黎、列日到罗马，他边走边抄写着手稿。此后，他住在了沃克鲁兹山区一个偏远而幽静的山谷里，这也成了他学习和创作的地方，没过多久，他的诗歌和学术作品就为他赢得了极高的声誉，他陆续收到了巴黎大学和那不勒斯国王的邀请信，他们都希望他能给自己的学生们和市民们传授知识。就这样，在到新工作岗位就任的途中，他必须经过罗马。他的大名早已在罗马被人熟知了，人们都知道他就是那位编纂古罗马即将消失的作家们作品的人，于是，人们在帝国中心的古老广场上将诗人的至高荣誉和桂冠赐予了他。

此后，他的人生都是在荣誉与赞美中度过的，他所写的都是人们喜闻乐见的事物。至于那些乏味的神学辩论，人们早已厌烦了。悲惨的但丁游荡在地狱之中，彼特拉克笔下记录的是纯美的爱情，清新的大自然以及灿烂的阳光，前辈们那些烦闷枯燥的历史绝不可能出现在他的作品中。彼特拉克每到一个城市都会受到人们热情地欢迎，其轰动的场面绝不亚于欢迎一个凯旋的英雄。如果他刚好与他那位爱讲故事的年轻朋友薄伽丘一起来，那欢迎的场面就更加宏大了。这两个人生活在同一个时代，对世界好奇不已，他们博览群书，喜欢到那些已经被人们遗忘的图书馆里搜索任何一部维吉尔、奥维德、卢克修斯或者其他古代拉丁诗人的手稿。这些人都是诚实善良的基督徒，当然了，所有的人都是。但是，不能因为你迟早要离开这个人世，所以就把自己弄得灰头土脸、衣衫褴褛、愁容满面。因为我们要相信生活美好的一面，而且生活是充满欢乐的。对此你是否需要证据呢？那么好吧！请你拿一把铲子到外面去挖土吧，看看你都发现了些什么呢？漂亮的古代雕塑、优雅的古瓶以及古代建筑的遗迹。这些东西是世界上曾经繁盛一时的伟大帝国的遗产。那些人在世界上称霸了上千年的时间。他们是强壮的、富裕的、英俊的（你只要看一下奥古斯都大帝的半身像就知道了）。可是，他们不是基督徒，所以被永远阻隔在天堂的门外了。他们最多也只能在地狱里消遣无聊的时日罢了，不久前，但丁还在那里遇到过他们。

然而，谁还会在乎这些呢？对一个最终要走向死亡的凡人来说，能够在罗马那样的世界里生活，已经像是在天堂了。更何况，我们每个人只有一次生命而已，为什么不凭着生存的简单乐趣而快乐地生活呢？

简单地说，这就是在意大利各小城市曲折的小路上飘散开来的精神。

你了解"自行车热"或"汽车热"的概念吗？当自行车被发

明出来的时候，那些几千年来缓慢艰难地在各地之间行进的人们欣喜若狂。车轮的速度以及翻山越岭的技能，给人们的出行带来了极大的便利。接着，一个才华横溢的制造师又造出了一辆汽车来。人们连蹬踩踏板的力气都省去了，只需安逸地端坐在车内，汽油会为你使力。所以，几乎每个人都热切地渴望一辆汽车，人们每天谈论的话题都是罗尔·罗伊斯、廉价福特、化油器、里程表和汽油。为了找到新的石油资源，勘测队员们冒险进入国家未知的中心位置。在苏门答腊岛和刚果找到了我们所需要的橡胶。顷刻之间，石油和橡胶成了身价百倍的宝物，为了争夺它们，人们之间展开了激烈的战争。全世界都被汽车弄疯了，小孩子可能不会喊"爸爸"和"妈妈"，却会说"汽车"两个字。

14 世纪的时候，当消逝已久的古罗马文明重新出现在人们视线中的时候，所有的意大利人都为之疯狂了。整个欧洲都被他们的热情感染了。市民们可以以一篇未知的手稿来作为过节的借口。写了一本法语书的人会受到和发明了一种新火花塞的人一样的礼遇，那些把时间和精力花费在"人类"和"人性"研究上的人（而不是在空洞的神学领域里浪费了宝贵的时间），觉得"人"理应得到的荣誉要大于征服所有食人岛的英雄们，甚至得到比他们高很多的尊重，这样才合理。

在文艺复兴的过程中，一件对古代哲学家和作家的研究工作颇有益处的事情发生了。土耳其人又一次进攻欧洲，他们将君士坦丁堡这个罗马帝国最后的首都牢牢围住了。1393 年，曼纽尔·帕莱奥洛古斯皇帝，派遣伊曼纽尔·克里索罗拉斯火速赶往欧洲，将拜占庭帝国所面临的困境向西欧人报告，并向他们求助。但是，他们永远也等不来援军，罗马天主教徒对希腊的天主教徒没有任何好感。可是，无论西欧人有多么漠视拜占庭帝国的命运，希腊人却能够引起他们极大的兴趣。拜占庭这座城市在特洛伊战争 5 个世纪以后才出现，古代的希腊殖民者将它建立在了博斯普鲁斯海峡边。为了能够读懂亚里士多德、荷马及柏拉图的原著，他们急切地渴望学习希腊文，遗憾的是，书籍、语法、教师这些都一无所有。当克里索罗斯来访的消息传到佛罗伦萨官吏的耳中的时候，他们第一时间向他发出了邀请。这个城市的人民渴望学习希腊文。他是否愿意当他们的老师呢？他最后的回答是愿意的，就这样，欧洲首位希腊教师将希腊字母"阿尔法""贝塔""伽马"，教给了成千上万渴望学习希腊语的人。为了学习这门语言，无数的年轻人不辞辛劳，长途跋涉地来到阿尔诺，他们只能住在恶臭的马厩里，然而这一切都是值得的，学习了这门语言以后，他们就能够走进索福克勒斯和荷马的世界里去了。

这个时候的大学里，陈旧的经院教师依旧捧着他们古老的神学和过时的哲学在教授，他们解释着《旧约》里那些隐秘的故事，并且对希腊－阿拉伯－西班牙－拉丁文本中亚里士多德著作里稀奇古怪的科学进行着讨论。一开始他们只是心情沮丧、表情惊愕地观察着所发生的一切，后来，他们彻底被这件事激怒了，他们高声叫嚣着：这样太过分了！年轻人全都从正规大学的演讲厅里跑出去，投奔了某个狂热的"人文主义分子"，去听他的"文明再生"的新理论了。

这些经院的老师们把他们告到了当局者那里，然而，如果一匹马不愿意喝水的话，又有谁能够强迫的了它呢？同样的道理，没有人能够迫使人们去听他们不感兴趣的论调。很快，这些老师们就摇摇欲坠了。他们仅仅只是取得了一些小胜利而已，他们将那些不求幸福也不允许别人幸福的盲目者纳入自己的阵营中来。新旧秩序之间一场可怖的战争在文艺复兴的心脏地带佛罗伦萨爆发了。这个中世纪阵营的首脑是一个面色阴沉、对美好事物深恶痛绝的西班牙多明我派僧侣。他在战斗中异常英勇。他对上帝圣神愤怒的警告声，几乎每一天都能回荡在玛利亚德费罗大厅里。"忏悔吧！"他这样喊道，"对你们亵渎神灵。心中无神的行为忏悔吧！忏悔你们对不纯洁事物的欢乐吧！"各种声音开始传进他的耳朵里来，天空中闪动的刀剑火光开始映入他的眼帘。他向孩子们传道，为了使他们免于走向父辈们的毁灭之路，而试图将他们拉回正道上来。他组织了一支童子军，以上帝的先知自称，忠实地服务于上帝。当头脑发热的时候，惊恐万分的人们决心改过自新，为他们对美好与快乐的追求而赎罪。他们将自己所有的书籍、雕像以及图画都丢弃到菜市场上去了，然后疯狂地唱歌跳舞，低俗地庆祝着"虚荣的狂欢节"。这个时候，萨佛纳洛拉则向那一堆艺术品扔了一个火把，登时所有的艺术品都在海中毁灭了。

　　在灰烬冷却过后，人们才开始发现自己已经损失惨重。他们挚爱的珍品就这样因为一时的狂热而毁于一旦了。这时，他们将愤怒的火焰喷洒在萨佛纳洛拉身上，并将他送进了监狱。在狱中，萨佛纳洛拉受尽折磨，不过，他从来没有对自己的行为有任何的忏悔之心。他具有诚实的品质，曾经想着要过上圣洁的生活。他志在将一切与他的观点背道而驰的人摧毁，他认为消灭任何地方存在的邪恶是他的职责所在。他是教会最为忠诚的孩子，在他看来，任何对异教徒的书籍和异教徒的美趋之若鹜的人都是罪大恶极的。可是，他毕竟只是一个人，太过单薄了，他只是在为一场无望的末代战役而奋斗，不会有什么结果的。当他陷入困境的时候，也从未得到过罗马教皇的任何帮助。反之，他还被忠实的佛罗伦萨子民送上了绞刑架，最后命丧黄泉，当他的尸骨在烈火中化为灰烬的时候，人们还报之以欢呼声，而这一切，是得到了教皇的同意的。

　　无疑，这是一个悲惨的结局，然而又是不能避免的结局。如果萨佛纳洛拉出生在11世纪，那他一定会成为一个伟大的人物。可是因为是15世纪，所以他注定只能是一项失败事业的首领。无论如何，一旦教皇陛下成为一个人文主义者，梵蒂冈变成希腊和罗马古代艺术品收藏的重要的博物馆的时候，中世纪就到此为止了。

第四十章

表现的时代

　　人们觉得，应该将自己最新发现的生活乐趣展示出来。因此，他们借助诗歌、雕刻、建筑、绘画以及出版的书籍来表达他们的快乐。

　　公元 1471 年，一位忠诚的老者与世长辞了。他活了 91 年，其中 72 年的时间花费在了圣阿格尼斯山修道院隐蔽的高墙后面。他被人们叫作托马斯兄弟，由于他在坎彭村出生，所以还有一个称谓，叫作"坎彭的托马斯"。在他 12 岁的时候，被送到了德文特。就在这个地方，共同生活会诞生了，他的创建者是著名的巡游传道者，曾经就读于巴黎大学、科隆大学还有布拉格大学的卓越人才格哈德·格鲁特。加入兄弟会的都是一些社会地位低下的俗世之人，他们是木匠、房屋装饰工人、石匠以及其他固定职业的人，他们像早年耶稣的那些弟子一样，生活简朴单纯。为了让穷人家的孩子们能够接受教会睿智的教育，他们成立了一所优秀的学校。托马斯兄弟发出承诺，带着自己的一摞书籍，千里迢迢来到了兹沃勒，从此，他与那个动荡的世界隔离了，过上了隐居的生活。

　　托马斯生活的世界瘟疫肆意、死亡频发、动乱不堪。英国宗教运动首领约翰威·克利夫的朋友及追随者约翰尼斯·赫斯的忠实信徒们，为了替丧生的领袖报仇，在中亚的波西米亚发动了一场恐怖的战争。因为康斯坦茨会议的命令，这位领袖被送上了火刑柱活活烧死了。而正是这个会议在不久前才向他承诺，假如他能到瑞士来，把自己的教义解释给教皇、皇帝、23 名红衣主教、33名大主教和主教、150 名修道院院长以及超过 100 名的王公贵族听，那就确保他的安全。

在西欧，法国为了赶走自己国土上的英国人，与英国展开了一场百年之战。在不久之前，险些彻底失败，还好圣女贞德及时出现才挽救了局面。当这场持久战刚刚落下帷幕的时候，为了争当西欧霸主，法国国王和勃艮第之间的激烈斗争又爆发了。

在南方，罗马教皇正虔诚地向上帝祈祷，希望他将罪祸降于在法国南方阿维尼翁居住的那位教皇。然而，这位教皇也不会坐以待毙，他将还之于颜色。在远东，罗马帝国的残余被土耳其人彻底摧毁了。至于俄罗斯人则踏上了东征的道路，企图将他们鞑靼主人的势力全部捣毁。

托马斯兄弟对于这个世界发生的这一切全然不知，他安坐在自己僻静的修道院密室里专心致志地研究他的手稿，并让思想任意驰骋，对他而言这样就足够了。在他的那本《仿效基督》的小册子里，他注入了自己对上帝所有的爱。后来，除了《圣经》，这本小册子被翻译成了多种语言，在这一点上，任何一本书都无法与它相比拟。这本小册子拥有的读者可以与《圣经》相媲美。成千上万人们的生活被它深深影响。它的作者是这样一个人：他将人生最大的理想体现在一个单纯的愿望中，这个愿望就是"他拿着一本书，坐在一间房子的角落里，平静而安详地过完一生"。

"好兄弟托马斯"代表了中世纪最纯洁的思想，如日中天的文艺复兴运动充斥着整个中世纪，人文主义者高声呼喊着新世纪的到来，而中世纪也在储备力量，准备背水一战。改革运动席卷了修道院，僧侣们改变了追求财富和享受的陋习。朴质、真诚、善良的人们，正努力以自己完美的生活为榜样，想指引人们在正义的道路上行走。然而，这一切只是徒劳。新世界就这样以极快的速度从人们的身边溜走了。静思的时代已经化为泡影。即将到来的是伟大的"表现时代"。

现在，我必须再次强调一点，我为自己不得不使用如此众多的繁冗词句而深表遗憾。我多么希望关于这篇历史故事的描写可以用一个音节的字来书写。可是，我无法做到这点。无论是谁，如果要写一本几何教科书，都必须要说到"弦""三角""平行六面体"诸如此类的字眼。如果你想学习数学，这些术语的意思是首先要了解的。反正，你迟早要在历史中学会，那些从拉丁语和希腊语发展而来的很多奇怪词语的意思，那你最好还是现在就弄懂它们吧。

如果我把文艺复兴时期说成是一个"表现的时代"，其实我的意思是：人们对听众的角色已经不够满足了，他们不喜欢自己做什么、想什么都由教皇和皇帝来指点。现在，他们想自己站到舞台上去进行表演。他们迫切地想表达自己的思想。如果某个人就像佛罗伦萨的尼科·马基雅维利那样，对政治有着浓厚的兴趣，那么他就可以写一本"表现"自己的书了，并且将他对一个功绩卓著的君王和一个伟大帝国的观点写进这个书里。此外，如果他对绘画也兴趣浓厚的话，他可以将自己对美的线条和斑斓的色彩的喜爱表现在画作里。乔托、拉斐尔、安吉利科这些人物之所以伟大，正是因为如此。

假如还把对水利和机械的热爱以及对色彩和线条的热爱融合在一起，那就会诞生列奥那多·达·芬奇那样的人物。他一边绘画，一边还做着关于热气球和飞行器的试验，此外，还思考着如何将伦巴德平原沼泽地的积水排干。当他感受到了世界万物的快乐的时候，他的散文、绘画、雕塑以及奇特的发动机构思里，都体现了这些快乐。如果有一个人具备米开朗基罗那样巨人般的精力，当他坚强的手感到画笔和调色板太过柔弱的时候，他便可以致力于雕塑和建筑，让妙曼的人像逐渐显现在一块笨重的石头上，而且还可以将宏伟的蓝图绘制在圣彼得大教堂里。这样一来，大教堂所有荣耀和胜利就表现无遗了。就这样，事情一直持续着。

不计其数勇于"表现"的男女充斥了整个意大利（没过多久就蔓延到整个欧洲了），为了将他们微薄的力量加在我们累积的所有知识、美以及智慧的财富之中，他们努力地生活着。不久前，在德国梅因兹城，约翰·古藤堡发明出了复印术，通过对古代木刻的研究，他将现行的方法做了改进和完善，首先将软铅的单独字母放在一起，接着组合成单词，最后在构成一整篇。的确，一次印刷发明权的官司中，他财产散尽，并且因贫困而死，然而，后世却因为他的天才发明而受益匪浅。

没过多久，威尼斯的埃尔达斯、巴黎的埃提安、安特卫普的普拉丁、巴塞尔的伏罗本，利用印刷术将自己的古典大作销售到全世界。这些书籍中，有的是用古藤堡圣经使用的哥特字母印刷，有的用意大利体，有的用希腊字母，还有的用希伯来字母。

就这样，那些需要表达自己的人拥有了全世界的听众。少数特权阶级掌握知识的时代已经一去不复返了。只有高昂的书价成了愚昧落后的唯一借口，但是，就连这个借口也在哈勒姆的厄尔泽维开始大量印刷廉价通俗读物的时候，永远成了过去。而今，如果你想与亚里士多德、柏拉图、维吉尔、贺拉斯及普利尼这些伟大的古代作家和哲学家交流，只需支付极少的钱就能办到。因为有了人文主义，全世界的人都在印刷文字面前找到了自由与平等的地位。

第四十一章

地理大发现

> 人们一旦从中世纪的束缚中挣脱出来，就务必需要更加广阔的空间去探索和发现。欧洲对他们来说，已经不能满足他们了。此时，航海时代终于到来了。

十字军东征运动就像一场实用的旅游基础教育课一样。然而，那个时代的人从来不敢偏离从威尼斯到雅法这条众所周知的路线。13 世纪的时候，威尼斯商人波罗兄弟经过艰苦跋涉，从广袤的蒙古沙漠穿行而过，然后翻越高山，几经辗转终于到达了中国皇帝的宫殿。波罗兄弟之一的儿子将他们在二十多年间经历的所见所闻写成了一本书，这本书的作者就是马可·波罗。书中关于"吉潘古"（"日本"一词的意大利读法）神秘海岛的金塔的描写，着实让全世界都目瞪口呆。它吸引了很多人前往东方寻找发财良机，只是碍于遥远的路途，才没有最终实现。

当然，航海不是不可能的事情。只不过中世纪的航海行为是很少的，其中的原因有很多。首先，那个时候的船只大多都是小型的。闻名于世的麦哲伦环球航行，花费了多年的时间才完成，然而那个船队的船只却还不如我们今天的渡船。那种小型船只的运载量只有 20 个人至 25 个人，而且这些人在船上连站起身子的地方都没有，只能蜷缩在窄小而阴暗的船舱里。厨房设备也非常简陋，只要天气稍差，就没有办法生火了，水手们只能吃着没有煮好的食物。中世纪的时候，鲱鱼腌制技术已被人们掌握，然而，罐头食品还没有问世，船只一旦驶入大海，人们就与新鲜蔬菜绝缘了。用小木桶盛装的水，保质期非常短，变质后会有黏稠的沉淀物，并且有一股朽木铁锈的臭味。中世纪的人们对细菌完全没有概念（13世纪，有一位叫作罗杰·培根的睿智僧侣好像已经发现了它们的存在，他却守口如瓶，没有对外宣布），所以他们喝的水几乎都是不卫生的，有的时候，受到伤寒的侵袭、整船的人都将失去生命。事实上，早期航行的船只上人们的死亡率是非常高的。1519年，有200多名船员跟随麦哲伦环球航行，他们从塞维利亚出发，当几年后回到欧洲，仅剩下18个人了。就算是在西欧与印度支那间的海上贸易异常活跃的17世纪，从阿姆斯特丹到巴达维亚做一个往返航行运动，也会有40%的死亡率，而且，这还是很平常的数据。那些不幸的人几乎都是被败血病夺去生命的，这种疾病是因为新鲜蔬菜匮乏而引起的，它影响牙床，导致血液中毒，直至患者精疲力竭，最后死亡。

因为条件如此恶劣，所以，你很好理解平民中的佼佼者为何会对航海兴趣不大的原因了。比如麦哲伦、哥伦布、达·伽马这些伟大的航海家，他们出发的时候，跟随他们一同出海的水手几乎都是被释放的囚徒、罪犯、将来的杀人犯等，他们的旅程异常艰险。

我们应该对这些航海家们的勇气感到钦佩，正当我们过着舒适闲逸的生活时，他们却在经历我们无法想象的困难，并且努力去完成那绝望的旅程。他们的装备差到了极点，船只漏水已是家常便饭。虽然，罗盘这种仪器（阿拉伯人和十字军从中国传播到欧洲的），他们在13世纪中期的时候就已经拥有了，然而他们的地图却一点也不精准，错误百出。他们把确认航线的事情交给上帝和猜测。如果他们的运气足够好的话，会在一两年或是两三年后返回到自己的故土。否则的话，他们将横尸在某个不为人知的荒岛之上。不过，我们的确是用生命下赌的真正先驱者。他们的人生由伟大的冒险构成。当一个新海岸模糊的影子或是一些未知的水域，逐渐出现在他们的视线里的时候，他们经历的所有痛苦和饥渴马上就消失得无影无踪了。

在到现在为止，我又一次希望这是一本有一千多页的书籍。早期地理大发现的这个题目，真的太吸引人的眼球了。可是，我们不能忘记，历史具有还原过去的功能，它与伦伯朗创作蚀刻画如出一辙。那些在历史上尤为重要和异常伟大的功绩，应该得到浓墨重彩的描绘，并投之于最闪亮的光芒，而其他的部分只需用阴影或几根线条简单描绘一下都足够了。所以，现在我只能用简单的语言将那些重要的发现写在这个章节里。

请务必记住这一点：对于14世纪和15世纪的所有航海家来说，只有一件事情是至关重要的，那就是能够找到一条通往中国、日本，还有盛产香料的神秘岛屿的舒适、安全的航线。从十字军东征开始，中世纪的人们就对香料异常喜爱。当欧洲人还未掌握冷藏技术的时候，香料就成了人们重要的日常所需，像肉类和鱼类这些容易变质的食品，只要配合香料和豆蔻就能食用了。

如果论地中海上伟大的航海家，那当属威尼斯人和热那亚人，不过，称霸大西洋海域的却是葡萄牙人。在与摩尔人长期的斗争中，西班牙人和葡萄牙人培养起了十万分的爱国主义劲头。这种劲头一旦被培养了出来，就很容易延伸到新的空间里。公元13世纪，位于西班牙半岛西南角的阿尔加维王国，被葡萄牙国王阿尔丰索三世侵占了，并将它纳入自己国家的版图中来。到了14世纪的时候，葡萄牙人控制了局势的主动权，他们击败了伊斯兰教徒，穿越直布罗陀海峡，将阿拉伯城市泰里夫对面的体达城和丹吉尔占为己有，而后者是阿尔加维王国非洲属地的首府。

一切准备就绪，探险事业就此拉开序幕。

公元1415年，有航海家亨利之称的亨利王子做好了充分的准备，几乎深入非洲西北部进行探险活动。亨利的父亲是葡萄牙的约翰一世，母亲是冈特的约翰的女儿菲利巴（如果要了解冈特的约翰，可以参阅莎士比亚的剧本《查理二世》）。在亨利之前，这片炙热的沿海沙滩曾经迎来过腓尼基人和古斯堪的纳维亚人。在他们的印象中，这个地方是长毛野人的家园，而今，我们了解的野人也就是大猩猩而已。在航行的过程中，亨利王子和他的船长最先发现的是加那利群岛，然后又再次发现了马德拉群岛，在一个世纪以前，曾经有过一艘热那亚的船只到达过这个群岛，接下来，他们重新细致地绘制了葡萄牙人和西班牙人模糊记忆中的亚速尔群岛。在非洲的西海岸，他们瞥见了塞内加尔河口，他们错误地将它视为尼罗河的西面河口了。最后，在 15 世纪中期的时候，他们还发现了佛得角，也就是绿角，它位于非洲到巴西的途中，此外他们还发现了整个佛得角群岛。

然而，亨利的探险活动并不是只在海洋中，他是基督骑士团的领袖，这次十字军东征发生在葡萄牙神殿骑士团之后。还在 1312 年的时候，应法国国王，即英俊的菲利普的要求，圣殿骑士团就被教皇克莱门特五世解散了。利用这个时机，亨利王子在火刑柱上烧死了自己的神殿骑士们，然后将他们的财产和土地占为己有。亨利装备几支深入几内亚海岸撒哈拉沙漠内地的探险队的钱财，就来自于宗教骑士团领地的年收入。

总之，亨利的中世纪传统观念根深蒂固，他在找寻神秘的"普勒斯特·约翰"这件事上花费了很多的时间和极大的精力。传说中的基督教传教士约翰是东方一个大帝国的统治者。早在 12 世纪的时候，这位神秘帝王的传说就遍布欧洲了。此后的 300 年，人们一直在努力地寻找普勒斯特·约翰和他的后代们。亨利理所当然地也进行了这个找寻工作，可是，真正的谜底直到他死后的 30 年才最终被揭开。

公元 1486 年，为了寻找普勒斯特·约翰建立的国家，探险家巴瑟洛缪·迪亚兹试图从海路出发，一直抵达非洲的最南端。

开始的时候，他为这个地方命名为风暴角，因为他前进的道路被疯狂的风暴阻碍，但在他的船员们看来，发现了这个角以后，他们寻找通往印度的航线就明朗许多了，所以，他们乐观地把这个角的名字改成了希望角（也就是好望角）。

过了一年，佩德洛·德·科维汉姆携带着热那亚美第奇家族的委任函，再次踏上了寻找普勒斯特·约翰神秘之国的旅途，这次他们走的是陆路。他穿越了地中海以及埃及的国土，一路向南，抵达亚丁后，从那里横渡波斯湾。当他到达印度的果阿及卡利卡特地区的时候，听到了很多与月亮岛（马达加斯加）有关的事情，传言这个地方位于从非洲到印度的路途中。后来，他在返回波斯湾的途中暗地里到麦加以及麦地那参观，他再次穿越红海，在1490年的时候，普勒斯特·约翰的神秘国家终于被他找到了。事实上，这个神秘的国家就是尼格斯统治的阿比尼西亚（埃塞俄比亚），早在4世纪的时候，他的祖先就是基督的追随者了，基督教传教士到达斯堪的纳维亚的时间整整提前了700年。

在无数次航海经历的基础上，葡萄牙的地理学家以及地图绘制专家们有理由相信，虽然可以从海路到达印度，但这实在是一件极其艰辛的旅程。就这样，一场激烈的讨论轰轰烈烈地展开了。一部分坚持继续从好望角抵达东方，另一部分则持反对态度，他们说："不，我们应该向西，渡过大西洋到达中国。"

在此，我必须强调一点，那个时代的人们已经对地球并非如同饼子一样是扁平的，而是一个圆球这种观点深信不疑。公元2世纪，埃及伟大的地理学家克劳丢斯·托勒密提出了著名的托米勒宇宙体系，他详细地阐述了地球是方形的。中世纪的人们很快接受了这一理论，当文艺复兴的大潮兴起时，它又被科学家们摒弃了。他们支持了波兰数学家哥白尼的学说。经过大量的研究，哥白尼觉得在绕着太阳运行的众多行星之中，地球只是其中之一，他发现了这个伟大的规律后，却慑于宗教法庭的严酷而一直不敢声张出去，整整保存了 36 年之久（直到 1534 年，他离开人世后，才被印刷出版）。宗教法庭建立于 13 世纪，那个时候，它的主要作用是防御和抵抗法国阿尔比教派和意大利华尔德教派的异端们，对罗马教皇的绝对权威所构成的威胁（其实，那些异教徒是非常温顺的，也就是很虔诚的教徒，他们厌恶私有财产，提倡像耶稣基督那样贫困的生活）。然而，在航海家们当中，普遍流传的是地球是圆形这一说法，他们争论不休的问题是选择向东航行还是选择向西航行。

克里斯托弗·哥伦布就是坚持向西航行的一分子。这位热那亚水手出生在一个羊毛商人的家庭了。他曾经在帕维亚大学学习过一段时间，所学专业是数学和几何学。之后，他继承了父亲的职业。不久之后，又做起了商务旅行，就在东地中海的希俄斯岛上。接着，还听说他去了英国旅行，不过我们却搞不清楚他究竟是去寻找羊毛还是去当船长。1477 年 2 月，哥伦布来到了冰岛（假如我们认为他的话确实可信）。不过，他也许是到了法罗群岛而已，因为那个地方在 2 月份的时候非常冷，很容易让人误以为冰岛。正是在这个地方，哥伦布与那些胆识过人的斯堪的纳维亚人的后代们不期而遇了。斯堪的纳维亚人曾经在 10 世纪的时候定居格陵兰，首次造访美洲大陆是在 11 世纪，那时由于大风突起，利夫船长被吹到了拉布拉多沿岸地区，那里简直就是葡萄种植的天堂。

对于那些偏远地方殖民地的情况却无人知晓。1003 年，托尔芬·卡尔斯夫内建立了美洲殖民地，并以他的名字来命名殖民地。而他的妻子正是利夫的兄弟托尔斯坦因的遗孀。遗憾的是，这个殖民地仅仅存在了 3 年的时间，都是关于格陵兰岛，因为爱斯基摩人不断地反抗和深切地仇视。关于格陵兰殖民者，从 1440 年开始就杳无音讯了，格陵兰人极有可能被黑死病夺取了生命。前不久，挪威大概有一半以上的人都死于这种病。不管事实是怎样的，在罗群岛和冰岛人民中间一直流传着一个关于"远西地区大片土地"的传说。这个传言一定也传到了哥伦布的耳中。接着，他访问了北苏格兰群岛的渔民，收集了很多相关的信息，然后到葡萄牙去了。在那里，他迎娶了亨利手下一位船长的女儿。

从 1478 年开始，他全力以赴寻找从西面通往印度支那的海上路线。他把航海计划书分别呈给了葡萄牙王室和西班牙王室。那个时候，葡萄牙人正扬扬自得地垄断着东面航线，对于他的计划丝毫不感兴趣。至于西班牙，由于在 1469 年，阿拉贡的斐迪南大公和卡斯蒂尔的伊莎贝拉结为连理，如此一来，阿拉贡和卡斯蒂尔便合二为一，统一的西班牙王国就此诞生了。此时，他们正与摩尔人打得不可开交，试图铲除他们在西班牙的最后一个堡垒格拉纳达，这场战争花费了他们大量的比塞塔（西班牙的货币单位），因此，西班牙也没有能力资助哥伦布的探险队。

像这位勇敢的意大利人一样为了实现自己的理想而奋不顾身的人实在是太少了。关于哥伦布的故事，早已众所周知了，在此我就不做过多的论述了。1492 年 1 月 2 日，摩尔人终于放弃了格拉纳达投降了。就在这一年的 4 月，哥伦布与西班牙国王和王后之间的契约最终达成了。哥伦布在 8 月 3 日率领着三只小船连同 80 名水手从帕洛斯出发了，这一天是星期五。他带领的这些水手，有很多都是获释的罪犯，这是对他们参加探险队的回报。10 月 12 日，又是一个星期五，大概在凌晨 2 点的时候，新大陆呈现在哥伦布的视野里。1493 年 1 月 4 日，哥伦布告别了拉·纳维戴德城堡的 44 名船员（他们全部都丧生了），扬帆回航了。2 月中旬的时候，他抵达了亚速尔群岛，那个地方凶神恶煞的葡萄牙人扬言要把他抓起来关进监狱。1493 年 3 月 15 日，哥伦布船长来到了帕洛斯岛，他立刻带着他的印第安人（哥伦布坚定地认为他发现的是印度群岛延伸出来的一些岛屿，所以他称那些土著居民称为红色印第安人）赶到了巴塞罗那，他迫不及待地想把自己这次成功的航行报告给他的保护人，而且还要向他们回报，他已经找到了通往中国和日本的金银之路，宽厚仁慈的国王和王后可以任意使用这条航线了。

然而，对于事实的真相，哥伦布至死都没有弄清楚。在他垂暮之年，他第四次出航，并到达了南美大陆，那个时候他曾经对自己的发现有过怀疑。可是，他还是至死都坚持原来的观点，他觉得并没有一个单独的大陆存在于欧洲和亚洲之间，而且他认为自己已经找到了通过中国的道路，并对此深信不疑。

同时，葡萄牙人也从未放弃过他们的东方航线，而且他们显然要幸运得多。1498年，达·伽马顺利到达马拉巴海岸，回到里斯本的时候，还拉回满满一船香料。他第二次出航到这个地方是在1502年。然而，寻找西向航线的工作却不尽如人意。约翰·卡波特和塞巴斯蒂安·卡波特兄弟，于1497年和1498年先后两次寻找通向日本的路，可是，迎接他们的只是纽芬兰岛白雪皑皑的大地和堆满岩石的海岸。这种景象，早在500年前，斯堪的纳维亚人就已经首次见识过了。担任西班牙航海员首领的是阿美利哥·维斯普奇（新大陆即用这位佛罗伦萨人的名字而命名的），他曾经探索过巴西海岸，却连东印度群岛的影子都没有找到。

公元1513年，正是哥伦布离世后的第七年，关于新大陆的真相终于被欧洲的地理学家们破解了。华斯哥·努涅茨·德·巴尔沃亚横渡巴拿马海峡，登上了著名的达里安峰，在那里他惊奇地发现一片浩瀚的水域，这可能意味着还存在着另一个大洋。

最后，为了彻底探访香料群岛（就是印尼的摩鹿加群岛），葡萄牙航海家斐迪南德·麦哲伦率领着一支西班牙探险队，开始了向西航行的旅程（不向东航行的原因是，那是葡萄牙人的势力范围，他们是绝不允许竞争的），这支船队由5艘船组成。麦哲伦率领船队穿越了非洲和巴西之间的大西洋，一路向南，到达了位于巴塔戈尼亚与火岛之间的狭窄海峡。巴塔戈尼亚的意思是

"巨型脚掌人的土地"，而火岛这一名称的来历与水手们在夜里看到的火光有关，这种火光意味着岛上有土著人居住。连续5周，麦哲伦的船队被暴风雪和强风包围，在海峡上任意游荡。由于惶恐不安，水手们发生了叛变。这场叛乱在麦哲伦异常严厉的措施下得以平息了，他把两名船员丢弃在一个荒岛上，让他们对自己的罪过忏悔。后来风平浪静了，海峡逐渐变宽，麦哲伦又驶向了一个新的海洋。这个海洋安宁平静，麦哲伦把他称为平静之洋，即太平洋。接着，他继续向西航行，他们的船队在渺茫的大海上漂泊了98天，看不到任何陆地，大部分水手被饥渴夺去了生命。他们疯狂地吞噬船舱里的老鼠，当老鼠被吃光的时候，又开始咀嚼船帆。

　　终于，在1521年3月的时候，他们看到了大陆。因为那个地方的土著人尽其所能进行偷盗事业，麦哲伦把它称为"土匪的国度"。后来，他们继续向西航行，最终抵达了香料群岛。

　　看！那群岛屿孤独地矗立在那里，麦哲伦看到了。麦哲伦给它起名为菲律宾群岛，这个名字出自于他的主人查尔斯五世的儿子菲利普二世的名字。当然，菲利普二世的美名并没有被书写在历史的长卷上，因为发生了一些令人不愉快的事情。刚开始的时候，麦哲伦受到了岛上居民的热情款待，后来，他为了逼迫居民们信奉基督教而以船上的大炮威胁他们，这样，他和他的船员们的日子就到头了，土著居民将他们绝大部分人都杀死了，麦哲伦本人也在此丧生。有幸存活下来的水手烧毁了剩下的三艘船只中的一只，继续他们的航程。后来，他们找到了摩鹿加群岛，也就是闻名于世的香料群岛；婆罗洲（即加里曼丹）也被他们发现了，他们还登上了蒂多雷岛。船队中的有一只船在这里出现了漏水情况，也就不能使用，于是船和船员们都留在了此地。仅存的"维多利亚"号在其船长塞巴斯蒂安·德尔·卡诺的指挥下横穿印度洋，历经万千艰难，终于回到了西班牙，遗憾的是，在穿越印度洋的时候，他们错过了发现澳大利亚北岸的机会（这块广袤的平坦大陆直到 17 世纪上半期才被荷兰东印度公司的船队发现）。

在人类历史上的所有航海事业中，这次航行是最重要的一次。整个行程花费了 3 年的时间，它取得了巨大的成就，但也付出了惨重的人力、财力代价。正是因为有了这次航行，地球是圆的这一理论得到了证实，同时还证明了哥伦布发现的新大陆是一块单独的大陆，并不是东印度群岛的组成部分。正是从那个时候开始，在发展与印度河美洲的贸易事业上，西班牙和葡萄牙几乎倾注了全部的精力。教皇亚历山大六世（担任最高圣职的唯一天主教徒）为了防止因为竞争而带来的流血事件的发生，不得不将世界一分为二，其分界线是格林尼治以西的五十度经线，也就是著名的 1494 年托尔德西亚分界线。这条分界线的东面是葡萄牙人的势力范围，他们可以在这里建立自己的殖民地，分界线以西则是西班牙的殖民势力范围。这就能够解释整个美洲大陆除了巴西以外，都是西班牙的殖民地这个问题了，同时也能够说明东西印度群岛，还有非洲的绝大部分都是葡萄牙的属地这个事实，这样的格局一直维持到 17 世纪和 18 世纪，那时，迅速崛起的英国和荷兰殖民者（他们对教皇的命令不屑一顾），夺走了属于西班牙和葡萄牙的殖民地。

当中世纪证券交易中心威尼斯的利奥尔托，听到哥伦布发现了中国和印度的消息后，立刻惶恐不已。顷刻之间，股票和债券狂跌了 40% 到 50% 的价格。不久之后，当他们知道哥伦布所探索的通往中国的道路功败垂成的时候，这些威尼斯商人才长长舒了一口气。然而，从水路到达印度的东方之路被达·伽马与麦哲伦的航行彻底证实了，这时，威尼斯与热那亚这两个中世纪和文艺复兴时期闻名遐迩的商业中心的统治者，开始为当初拒绝了哥伦布的行为而后悔不已。但是，一切都回不去了。毕竟，他们引以为傲的地中海只是个内陆海而已。海上贸易航线已经被打开，他们与中国以及印度之间的陆路贸易已经变得微不足道了。意大利的繁华和荣耀变成了明日黄花。新的商业中心和文明中心在大西洋崛起，这种卓然的地位一直延续至今。

你看吧，从文明产生伊始，在五千多年的历史进程中，它所行走的道路是多么奇特啊！尼罗河流域的居民发明了文字，所以他们的历史得以流传至今。从尼罗河到两河流域的美索不达米亚，后来又到克里特、希腊和罗马，文明的身影辗转不停。商业中心开始位于地中海，它周边的城市孕育了艺术、科学、哲学以及其他学术。可是，文明的中心在16世纪的时候又转移到了大西洋，世界霸主地位也被大西洋沿岸国家夺得。

有人下了这样一个结论：欧洲各国在世界上的影响力因为战争而大大降低了，大西洋的重要性也因此而得以衰落。他们希望文明能够穿越美洲大陆，定居在太平洋，不过我对这种观点是不认可的。

随着西线航路的不断发展，船只的体积也随之增大，航海家逐渐丰富了自己的学识。腓尼基人、爱琴海人、希腊人、迦太基人及罗马人的帆船，取代了尼罗河和幼发拉底河的平底船。后来，帆船又被葡萄牙和西班牙的横帆船取而代之了。再后来，英国和荷兰的满帆大船问世了，横帆帆船也惨遭遗弃。

到了今天，文明早已不再依附于船只的发展了，飞机逐渐取代了帆船和轮船。飞机和水力的发展将带动另一个文明中心的诞生。人类将把海洋还给小鱼们，让它真正成为鱼儿们宁静的家园，就像古代的鱼儿和人类早期的祖先共同栖身与深水之中那样。

第四十二章

佛陀与孔子

关于佛陀和孔子的事迹。

欧洲的基督徒们与印度及中国人民开始频繁而密切地接触，这得益于葡萄牙人和西班牙人的地理大发现。当然，西方人早就知道世界上并不是只有基督教这一种宗教。伊斯兰教还有北非的木桩、岩石、枯树崇拜，都是宗教的存在方式。当基督教征服者们踏上了印度和中国的土地时，他们才发现，这里生活着的成千上百万的人民从来都不知道基督教，也不会信奉基督教，在他们看来，自己拥有的上千年历史的宗教，要比西方的宗教优越得多。由于本书讲述的是整个人类的故事，不只是局限于欧洲或西半球，因此，我认为大家有必要知道一些关于两位东方主教的故事，时至今日，与我们一起生活在这个世界上的无数同伴还深受着他们思想和行为的影响。

佛陀是印度公认的最伟大的精神领袖，他的一生充满了趣味无穷的事迹。公元前6世纪，他降生在看得到白雪、雄伟壮丽的喜马拉雅山附近。这个地方正是400年前首位雅利安族（这个称呼是印欧种族的东方分支的自称）的伟大领袖琐罗亚斯德（查拉图斯特拉）的传道之地。他告诉人们，要把生活的过程当作凶神阿里曼与高尚的善神奥尔穆兹德之间的一场持久战。佛陀的父亲是萨吉亚斯部落的统治者，叫作萨多达那，他的母亲是附近一个国家的公主，叫作玛亚玛雅，还是少女的时候，她就结婚了。然而，天空中的月亮在高山上经历了无数次的圆缺，她依旧没能给她的丈夫生下一个可以继承王位的儿子来。终于，在她50岁的时候，事情有了转机，她怀孕了。她想回到故乡，与同族人一起分享这个喜悦，共同迎接即将诞生的小生命。

要经过长途跋涉才能回到她童年生活的柯利扬。一天，当夜幕降临的时候，玛亚玛雅正好在蓝毗尼花园一棵大树下休息，这个时候，她的儿子突然出世了。他的名字叫作悉达多，佛陀是世人对他的称呼，代表大彻大悟的意思。

岁月流逝，悉达多已经成长为一位年轻俊朗的王子。19岁的时候，他迎娶了他的堂妹雅苏达拉。此后的十多年里，他一直居住在深宫大院里，全然不知外面世界的苦难和艰辛，他只等着有朝一日接替父亲，成为萨吉亚斯新的国王。

事情在他30岁那年发生了转变，有一天，他乘着马车来到宫门外，突然看到一个面容枯槁的老人，被终年的劳累折磨得不成人样，四肢无力，没有半点精神，而且站立不稳。这样的情形困惑着悉达多，他向他的车夫查纳请教，车夫告诉他说像这样的人在这个世界上随处可见。这件事深深地触动了这位年轻的王子，他一如往常回到王宫里，与自己的妻子和父母生活在一起，并且努力让自己的生活快乐一些。时隔不久，他又一次坐着马车来到宫外，这次，他碰到了一个即将奔赴黄泉的病人。悉达多又问车夫，为什么这个人会病得如此之重，车夫的回答是，像这样的病人在这个世界实在是太多了，谁又能管得了这种事情呢？这让青年王子陷入了无尽的悲伤之中，不过，他依旧回到了皇宫。

几个星期过后的一个晚上，悉达多让他的车夫把他拉到河边去洗澡。可是，在前往河边的途中，马因为碰到一个死人而受到了惊吓。那具死尸四仰八叉躺在道路边的水沟里，已经腐烂不堪了。王子平生第一次见到如此恐怖的事情，这让他一直惊魂未定。查纳对他说，像这样的死人在世界上到处都是，这只是小事情，不要插手。而且这是由生命规律决定的，所有的人最终都要走向死亡，没有任何东西可以幸免于难。

就在那天晚上，他回到王宫的时候听到了欢迎他的音乐声，因为他外出的时候，妻子已经为他生下一个儿子了。王位后继有人，百姓们正欢天喜地地大肆庆祝呢。可是，悉达多却怎么也高兴不起来。生命的幕布就这样在他的面前拉开，人世间的丑陋、苦难、痛苦无情地映入他的视野，那一切就像挥之不去的梦魇，扰得他不能安眠。

悉达多怎么也睡不着，明月当空的夜晚，悉达多醒来了，很多事情和问题在他的脑海中来回穿梭，他怎么也想不明白，除非他能思索出其中的答案，否则他的一生都将沉浸在痛苦之中。为了寻找答案，他做了一个决定，离开家人，远走他乡。后来，他带上了他心爱的奴仆查纳，一起出走了。

就这样，这两个人走进了伸手不见五指的夜里，一个为了寻找灵魂的平静，一个为了忠诚地效忠主人。

悉达多在人群中漂泊了很多年，那个时候，一场巨变正席卷了整个印度。当英勇的雅利安人轻松地征服了印度人的祖先，也就是土著人的时候，成千上百万温顺的棕色人的统治者和主人就顺理成章地由雅利安人替代了。他们为了在这片土地上牢固自己的统治权，用不同个等级对人们进行了划分，而且还渐渐地在印度的土著居民身上强加了一种僵硬的种姓制度。地位最高的一个等级是印欧语族的后裔们，也就是武士和贵族。然后是僧侣，接着是农民和商贾阶级。至于印度本土的居民则沦为奴隶阶级，他们是受苦受难最深的阶级，遭受鄙视和虐待，他们的世界是暗无天日的绝望，他们还有另一个名字，叫作贱民。

种姓制度还波及了宗教领域。在几千年的流浪生涯中，印欧语族的先辈们积累了无数宝贵的冒险故事，这些神奇的经历被整理后，写进了一本叫作《吠陀经》的书里。整本书都是梵文，这种文字与欧洲大陆的那些语言，以及希腊文、拉丁语、俄语、德语及其他几十种语言有着非常密切的关系，只有上面所说的那三个阶层才有资格阅读这本神圣的书。低等的奴隶阶级根本无权了解书中的内容。如果有一个贵族或是僧侣胆敢把圣书的内容传达给贱民的话，那么，等待他的将是沉重的灾祸。

所以，对绝大多数印度人来说，他们的生活是无比悲惨和痛苦的。这个世界已然不能把幸福和快乐带给他们了，这迫使他们不得不将希望的目光投向另外的地方，他们祈望能够找到一个救命稻草带他们脱离苦海。为了安慰自己受尽苦难的灵魂，我们不停地幻想着来生的幸福。

婆罗西摩是印度人崇拜的生命之父，所有生灵的生死都掌握在他的手中，在印度人心里，他就是完美的化身。他们将婆罗西摩对权势和财富等各种欲望的轻视和唾弃，当成自己追求的最高理想。圣洁的思想和圣洁的行为这两者相比较，他们更看重前者的作用。正因为如此，很多人去到荒漠中，靠食用树叶为生，让肉体受尽煎熬，凭借对婆罗西摩的光辉、智慧、善良和仁慈的冥想来慰藉灵魂。

悉达多对这些流浪者进行了长期观察，并且以他们为榜样，循着真理的足迹，从喧闹的城市和乡镇中出走。他把自己的头发全部剃掉，然后装进一个袋子里，还有他随身携带的珠宝，并且写了一封告别信，让忠诚的查纳一起带回家中。这样一来，青年王子孤身一人上路了，他身边一个随从也没有，他住进了荒漠里。

没过多久，悉达多虔诚的美德和行为传遍了整个山谷，有5个年轻人慕名前来拜访他，希望他可以传授那些睿智的思想和语言。他的条件是，只要他们愿意追随于他，他可以当他们灵魂的灯塔。青年们答应了他的要求，于是，他们一同住进了山谷里，他在温迪亚山脉的孤独山峰间把自己对万事万物的理解全部讲解给青年们听，他们在一起生活了6年的时间。当这段讲学即将结束的时候，他发现，他仍然能够被那个他已经抛弃的世界诱惑，看来，他还没有达到自己理想的境界。于是他遣散了自己的学生，一个人静坐在一棵枯树根上，整整49天的时间，他不吃不喝地冥想。当第50个夜晚来临的时候，他的愿望终于实现了，婆罗西摩在他这位虔诚的奴仆面前显灵了。此后，人们便以佛陀来称呼悉达多，将他视为"大彻大悟"的人，神灵派他来凡间拯救深陷生死轮回之苦的凡人。

佛陀把他生命中最后的45年光阴花在了恒河河谷地带，他把谦恭、礼貌、温顺的简单教训宣讲给人们听。公元前488年的时候，他永远离开了人世。这时的佛陀已经成为人们敬仰的伟大导师了。他所宣讲的教义并不针对任何一个阶级，就连最卑微的贱民也可以以他的门徒自居。

然而，贵族、僧侣和商人们却对这些教义心怀敌意。佛陀倡导的人人平等以及所有人都有幸福来世的信仰让贵族、僧侣、商人非常不满，他们想尽一切办法来摧毁它。他们想让所有的印度人都回到婆罗门的旧教义中去，跟原来一样，继续禁事并让自己的肉体受尽折磨。但是，他们的愿望落空了，佛教并没有被摧毁，而且，佛陀的追随者们还翻越了喜马拉雅山，佛教在中国大地上流传开来。接着，他们还从黄海穿越而过，到达了日本，把导师的教义讲给那里的人们，并且劝服他们遵循导师的教诲，收起自己的武器。而今，佛教徒的人数大大超越了从前，比基督徒和穆罕默德的信徒加起来还要多。

还有中国的孔子，相比之下，这位睿智老者的故事其实很简单。他在公元前550年出生，一直过着平静而闲适的生活，讲究高雅和尊严。那个时候的中国还没有被统一在一个强大的中央政府之下。社会中盗贼肆意出没，封建主称王称霸，他们在城市间大肆掠夺、搜刮，人们的生活苦不堪言，中国北部和中部繁华的平原地区逐渐成为饿殍遍野的荒原。

忧国忧民的孔子竭尽所能，试图拯救万民于水火。他一向倡导和平，从来不主张使用武力解决问题。在他看来，只有想办法改变人们的内心才能达到真正的目的，一味地依赖于国家法制，并不能起到约束人们的良好效果。所以，他勇敢地挑起了提升东亚平原数百万人们品德的重任。尽管这件事看起来是多么无法完成，他还是努力去做了。对于宗教，中国人似乎从来不报之以热情。跟许多原始人一样，他们相信幽灵鬼神之说。不过，他们并没有先知这种人物，也不认可"天启真理"这回事。在世界上所有伟大的精神首领中，唯一没有看到过"幻象"的人可能就是孔子了，他从来没有以神的使者自居，也没有对别人说他听到过天神的声音之类的事情。

事实上，孔子就是一个普通的人，他通情达理、仁慈厚德，热衷于一个人漫游世界，喜欢用随身携带的笛子吹奏一曲悠扬的小调。他从不希望人们跟随他、拥戴他，或者把他当成崇拜的对象来敬奉。他与古希腊的那些哲学家极其相似，尤其是斯多葛学派的哲学家。他与这些哲学家们一样，对正直的人生、纯良的思想以及恬静的灵魂和安宁的良心深信不疑。

孔子曾经主动到另一位道德首领的家中拜访，由此可以看出他的宽容。他拜访的对象就是老子，这是中国道教哲学体系的创始人，这里所说的"道教"其实是中文版的早期金律。

孔子对任何人都不仇视，他把谦恭适度的高尚情操教授给人们。根据他的教诲，如果一个人真的值得人们尊重，那么他应该具备在任何情况下，面对任何事情都能够保持冷静的品质，不因为任何事情而怒不可遏，只顺应天命。就像那些睿智的人一样，非常清楚任何事情的发生最终都将对人类有好处。

开始的时候，孔子只是极少数人的老师。慢慢地，他的学生队伍逐渐变得庞大。公元前478年，孔子与世长辞了，到那时为止，有很多王公贵族都公开承认是孔子的学生。当孔子的哲学思想深入中国人的内心，在他们的思想体系中占有非常重要的一席之地的时候，基督才刚刚出生在伯利恒的马槽里。即使到了今天，孔子的思想还深刻地影响着人们的言行举止，尽管它可能已经背离了纯粹的原有模样了。一般而言，宗教将随着时代的变化而变化，最初的时候，基督教导人们要温顺谦和，不能被世俗的欲望驾驭。后来，他被钉死于十字架上，过了 15 个世纪之后，基督教会的领导们却将不计其数的金钱花费在建造豪华宫殿上，这显然已经背离了当初悲凉的伯利恒马槽了。

老子用类似金律的思想来教育世俗之人。然而，还没过完三个世纪的时间，他就被那些愚蠢的人刻画成一个凶残的上帝了，并且还有迷信的垃圾遮盖了睿智的思想，使一般中国百姓的生活充满了恐惧和忧愁。

孔子将孝敬父母的美好品质教授给人们，向他们灌输纪念先辈要比为子孙后代谋取利益更为重要的思想。他们背向着未来，却对充满黑暗的过去抱以留恋。祖先崇拜就这样成了一种正式的宗教仪式。为了让坟墓充分享受阳光的照射，他们可以奉献出最肥沃的向阳山坡，而把维持一家生计的麦子和谷物播种在岩石丛生的贫瘠山地上，纵然自己挨饿受冻，他们也不会委屈祖坟。

同时，孔子的至理名言和隽语警句被越来越多的东亚人们推崇。儒教以它深刻的格言和睿智的观察，把带有哲学常识的色彩涂抹在了所有中国人的心中，并且伴随着他们走完一生。无论是在乌烟瘴气的地下室里工作的洗衣工，还是在高墙深宫里居住并统辖万里之地的统治者。

西方世界那些狂热而粗俗的基督徒们首次与东方古老文明碰面的时间是在 16 世纪。早期的西班牙人和葡萄牙人面对宁静祥和的佛像以及高尚的孔子画像时，会感到手足无措，他们不知道如何对这些伟大的先知表达敬意，只有一笑带过。他们轻而易举地下了一个定论，认为这些神秘的神灵代表的是魔鬼，无异于偶像崇拜和邪门歪道，任何教会的追随者都不应该持以尊敬的态度。当他们的丝绸和香料贸易受到佛陀或孔子意志的干涉时，他们便付诸武力，用大炮和枪支弹药来对付这些"邪恶力量"。这样的制度必定会结出恶果。它留给我们的只是充满仇视和敌意的东西，对我们未来的生活没有丝毫益处。

第四十三章

宗教改革

> 用一个巨大的钟摆来比喻人类的进步再恰当不过，它总是不停地在前后摆动着。在文艺复兴时期，先是对文艺的热情和对宗教的漠视，之后，又是对宗教的热情和对文艺的漠视了。

我想你们对宗教改革一定不陌生。听到这个名词的时候，你们会立马想到那是一群数量有限但勇气可嘉的清教徒，他们跋山涉水为了追寻"宗教信仰自由"。后来，随着时间流逝，宗教改革被视为"思想自由"的代名词，尤其是在基督教信教盛行的国家更是如此。这个进步运动的首脑和先驱就是马丁·路德。然而，历史的空间里并不是只有对我们伟大祖先的赞誉之词，还有很多其他东西充斥其间，借用德国史学家朗克的名言：我们必须想方设法搞清楚从前"究竟发生了什么"。如此，历史事实就会有很多种不同的面孔了。

在人们的生活中，没有多少事可以定性为绝对的好或者是绝对的坏。这个世界并不是非黑即白，没有那么清楚的。真实地反映每一个历史事件的好坏两方面，是编年体史学家应有的责任。当然，这并不是一件容易做到的事情，原因是每个人的爱好各不相同。可是不管怎样，我们应该将公平公正摆在首位，不要让事物的真实面目过多地受到偏见的影响。

现在，我用自己的亲身经历来举例说明，我出生和成长的地方是一个纯粹的新教国家。当我第一次看到一个天主教徒的时候，我已经 12 岁了。我看到他们的时候觉得很害怕，非常不自在。这让我联想到阿尔巴大公为惩罚信仰路德教派和加尔文教派的荷兰异教徒们的酷刑，毕竟，我对无数新教徒被西班牙宗教法庭绞死、烧死以及碎尸万段的恐怖手段太过熟悉了。这一切就像鲜活地发生在我的面前一样，仿佛历历在目。像这样的事不是不可能再次发生。瑟洛缪大屠杀之夜也极有可能再次重现，那个时候，像我这样的一个可怜的小人物，可能会在睡梦中被杀害，还穿着睡衣，然后他们把我的尸首从窗户扔出去，与可敬的柯利尼将军的遭遇如出一辙。

此后多年，我都生活在天主教的国家。在我看来，那个国家的人，有着和我之前生活的那个国家的人民一样聪慧的头脑，而且，他们还具有亲切和蔼、仁慈宽厚的品质。此外，我还发现，天主教徒就跟宗教改革时期的新教徒一样，居然也有有理的一面，这真是让我惊诧不已。

但是，那些亲身经历了宗教改革，生活在 16 世纪和 17 世纪的人们并不会有这样的看法。他们认为真理永远只在自己这一边，而敌人那里的只是谬论而已。问题的关键在于，是你去绞死别人，还是别人来绞死你，当然了，所有人都希望是自己去绞死别人。不能说这是有失人道的行为，也没有必要为此而承当罪责。

现在，我们把视线投向公元 1500 年的世界中去吧，要记住这个日期并不难，在这一年，查理刚好出生了。高度中央集权的王国逐步取代了中世纪的封建割据势力，而查理恰恰是这些国王中最强大的一位，那个时候他还是一个嗷嗷待哺的婴儿。他的爷爷奶奶分别是哈布斯家族末代骑士马克西米利安一世和勇敢者查理的女儿玛丽（野心勃勃的查理发动了对法国的战争，并获得了胜利，之后死于瑞士独立农民之手），同时，他还是斐迪南与伊莎贝拉的外孙。因为如此显赫的身世，世界版图上大部分土地都被这个孩子继承了，也就是其父母、祖父母、外祖父母、叔叔、堂兄、姑妈们，在德国、奥地利、荷兰、比利时、意大利及西班牙留给他的，还有这些国家位于非洲、亚洲和美洲的所有殖民地也归于他。真是造化弄人，查理出生的法兰德斯王公的城堡，曾经在德国侵占了比利时的时候，被当成监狱使用。查理同时是西班牙、德意志的统治者，但他所接受的却是弗兰芒人的教育。

查理的父亲死后（传说是被人毒死的，不过没有真凭实据加以证明），他的母亲也疯了（她带着装着已经死去的丈夫的尸体，在国土上到处游行），因此，他从小跟着姑妈玛格丽特生活，受到姑妈的严格管教。长大后的查理被迫成为德国、意大利、西班牙以及一百多个奇异民族的最高统治者。他已经成为一个货真价实的佛兰芒人了，而且是虔诚的天主教教徒。对宗教的不宽容行为他历来都非常反对。其实，查理是一个懒惰的孩子，关于这一点，无论小时候还是长大成人，他都没有改变。他将在充斥着宗教狂热的世界中担任起统治世界的重任，这早已是命中注定的事情。他时常在马德里、斯布鲁克、布鲁日、维也纳这些地方来回奔走。他热爱和平，却不得不四处征战。在他 55 岁的时候，我们看到他背弃了人类，带着他嫉妒的仇恨和愚昧以及无比的厌烦情绪。又过了三年，他终于在绝望中闭上了疲惫的双眼，永远离开了人世。

关于查理皇帝的事情，我就讲这些吧！现在，我们看一下那个时候的世界第二大势力的情况。教会在中世纪的初期，将精力花在对异教世界的征服上，并且教导人们只有虔诚正直的生活，才能得到生活赐予的幸福，此时的教会其实以及发生了翻天覆地的变化了。首先是教会变成了一个富可敌国的组织，至高无上的教皇居住在宏伟壮丽的宫殿里，他再也不是一群贫困的基督徒的牧羊人了，围在他四周的都是声名显赫的画家、音乐家以及作家。在他大大小小的教堂里悬挂着新潮的圣像，看上去就像希腊神像一样，当然这纯属多余，教皇在他的时间分配问题上做得很不到位，管理国家事务的时间大概只占了他所有时间的百分之十而已，而剩下百分之九十的时间，都花在了把玩罗马雕像、欣赏新出土的文物、设计避暑山庄或者是研究新戏这些事情上。大主教和红衣主教以他为榜样，而主教和教士们又以大主教为榜样。真正恪尽职守的只有那些乡村神父，他们坚持自己的信念，远离世俗的世界，并且摒弃异教徒对美和享受的爱好。对于那些逐渐堕落的修道院，他们会尽力避开，因为生活在那里的僧侣早已背离了当初要过俭朴贫穷生活的誓言，大肆享受起来，只求不要成为公众的小丑而已。

最后，要讲的是普通百姓。跟以前相比，他们的情况有了很大好转。他们逐步变得富有，有了好房子可以居住，孩子们也能够受到优良的教育。城市被他们建设的美丽规整，因为有了火器，他们终于能够与以前的老对头平起平坐了。此后，敌人们再也不能轻易向他们的辛苦收获收取重税了。宗教改革运动中的主角的情况，我就先讲这些吧。

现在，我们来了解一下文艺复兴对欧洲的影响吧，这样，你就能对宗教狂热为何会紧随文艺复兴之后这个问题有清楚的认识了。从意大利发起的文艺复兴运动，后来传播到了法国，当这场运动到达西班牙的时候却遭受到了打击，这是因为西班牙人与摩尔人进行了长达五百多年的战争，经过这场旷日持久的战争的洗礼，这里的人们已经变得狭隘无比了，而且盲目地信仰所有的宗教事务。当文艺复兴的影响力越来越大，直至跨过阿尔卑斯山，此后，它完全背离了初衷。

北欧人们的生活气候与南欧大相径庭，在对生活的态度方面，这两个地区的人们也存在着根本的差异。意大利人的生活总是充满了阳光，他们钟爱歌唱，喜欢笑声，提倡及时享受生活。但是德国人、荷兰人、英国人以及瑞典人却不是这样的，一般情况下，他们的生活在室内度过，安静地听着雨水拍打玻璃窗的声音，他们就在紧闭的门窗里过着舒适的生活。他们总是很严肃，不苟言笑，对待事物也是如此。他们最为关注的就是灵魂的永生问题。对于他们认为的神圣和崇高的事物，他们从不随便拿来开玩笑。最能引起他们兴趣的就是文艺复兴中的"人文主义"这个内容了，然而，他们却对文艺复兴的另一个主要收获深表恐惧，那就是复兴希腊和罗马的古代异教文明。

可是，组成红衣主教团的几乎都是意大利人。因为这些人的存在，教会俨然成了一个俱乐部，是一个谈论艺术、音乐以及戏剧等方面的场所，至于宗教，他们一般不会提起。就这样，北方与南方之间的差距越来越大了，前者严谨认真，后者文明雅致，对待宗教随意而淡漠，然而，这种差距所带来的威胁居然没有任何人觉察到。

宗教改革运动为何发生在德国而不是英国或瑞典呢？关于这个问题，还有另外一些原因。从古至今，德国人与罗马就一直势不两立，教皇和皇帝之间的争执几乎从来没有消过，致使双方都苦不堪言。而其他国家的情况是，国家政权有一个强大的君主牢牢掌控，这样一来，统治者就有足够的能力捍卫人们的权力，不至于受到主教们肆无忌惮地侵犯。至于德国，毫无实权的罗马皇帝管理着一群伺机发作的王公贵族、侯爵，真正掌握实权，能够任意摆布老百姓的是主教和教士们。这些高僧企图满足文艺复兴时期的教皇们对华丽大教堂的喜爱之情，准备聚敛一笔巨额财富。在德国人看来，这些人只不过是想从他们身上搜刮钱财罢了，因此对他们心怀不满。

除此之外，还有一个原因，这个原因极少有人提及：印刷术的故乡就在德国。北欧的书籍非常廉价，以前《圣经》只是教士专有的神秘手抄本的历史一去不复返了。在那些父亲和孩子都熟知拉丁文的一般家庭里，它成为最为普通的读本。本来，法律是严厉禁止普通人阅读《圣经》的，可是现在，这本书已经成了全家人的读本了。他们发现，从教士那里听来的很多事与《圣经》的原意大相径庭。怀疑由此而生，人们开始深究此事，试图找出问题所在，如果得不到答案，大麻烦就会降临。

北方的人文主义者率先攻击了僧侣，由此，双方之间的战争拉开了序幕。其实，这些人文主义者对教皇还是怀有深深的敬意的，所以，他们不愿意将战斗的利剑直接对准教皇本人。然而，他们倒是很愿意对那些生活在宏伟华丽的修道院高墙大院里的僧侣们开开玩笑。

可是，领导这场战斗的统帅居然是教会异常忠诚的儿子，这实在令人百思不得其解。这个人叫作杰拉德·杰拉德佐，一般情况下，人们以埃拉斯穆斯来称呼他。他出生在荷兰的罗特丹姆一个贫苦的家庭里，他就读的那所学校位于德文特，托马斯曾经也在这所拉丁语学校学习过。后来，埃拉斯穆斯从事了教士的职业，有一段时间，他居住在一所小修道院里。他曾经游历各地，将所见所闻写成了一本小书。他刚刚开始创作的时候，这个世界正火热地流行着以《一个无名小辈的来信》为题材的文体，这种诙谐文体让整个世界都趣味盎然。这些书信很像我们今天的五行诙谐诗，用奇怪的德语和拉丁语写成，中世纪的末期僧侣们的愚昧和傲慢在信中一目了然。精通希腊文和拉丁文的埃拉斯穆斯是个学识渊博、严谨认真的学者。他修订了《新约圣经》的希腊原稿，并且首次用拉丁文翻译了《新约圣经》。他坚定地认为，无论是谁也无法阻挡我们面带微笑地来解释真理，在这一点上，他与罗马诗人塞勒斯特是一致的。

埃拉斯穆斯于1500年到英国访问托马斯·摩尔爵士的时候，写了一本趣味无穷的书，而且只用了几个星期的时间，这个书的名字是《愚人的赞美》，这本书运用了一种致命的危险武器，来对僧侣和他的追随者们进行了无情地攻击，这种武器就是幽默。

在整个 16 世纪，这本书都非常红火，几乎所有文字的译本都有。因为这本书的缘故，人们开始关注埃拉斯穆斯著作的其他与宗教有关的书，他强烈要求宗教改革，而且大声疾呼人文主义者加入他们的阵营中来，与他们共同致力于宗教信仰再生改革的任务。

遗憾的是，这些美好的愿望并没有付诸行动，教会的敌人们无法满足于埃拉斯穆斯采取的方式，他太过理性和宽容了。他们希望领导他们的是一个坚定、强大而果断的人。

看！他们终于等来了这个人，即马丁·路德。

路德在德国北部一个农民家庭出生，他有着非凡的勇气以及聪慧的头脑。他是厄尔福特大学的文学硕士，后来又加入了多明我会修道院。接着，他还出任了维滕堡神学院教授之职，最初的时候，他将《圣经》讲解给萨克森的农民听，那些家伙对宗教淡漠无比。路德利用大量的课余时间来研究《旧约圣经》以及《新约圣经》的原文。没过多久，他就发现了教皇和主教们宣讲的道理与基督原本的示意之间简直迥然不同。

路德在 1511 年的时候因公来到了罗马。正好赶上波吉亚家族的亚历山大六世离开人世，这位教皇曾经为子女聚敛了大量的财富。继承他皇位的是朱利叶斯二世，这是一个人品高尚的人，可是他却在战争和建造教堂这些事业上花费了太多的时间。一向严肃认真的神学家路德，并没有因为这位教皇的虔诚而对他有过深的印象。路德带着失望的心情回到了维滕堡。可是，后面更不尽人意的事情即将发生。

根据朱利叶斯一世的临终愿望，宏大的圣彼得大教堂已经开始动工修建了，然而，这项工作才刚刚开始就需要维修了。为了完成建筑工程，教皇积攒下来的所有钱财都被亚历山大六世拿出来了。1513 年，朱利叶斯的继任者利奥十世刚刚登位就面临着严重的财政危机。为了筹集资金，他不得不恢复了一个老办法，即出售"赎罪券"。这种"赎罪券"其实是一张羊皮纸，如果获得了"赎罪券"，那罪犯死后，待在炼狱里的时间就可以缩短，当然，这是需要出钱购买的。中世纪末期的信条赋予了这种做法合法的性质：教会有替有忏悔之心的将死之人赎罪的权力，同样也有为死后的有罪之人，向圣人祈求缩短在炼狱受苦时间的权力。

遗憾的是，只能用钱财才能换取这样的赎罪券。当然了，使用这个方法的确能够快速增加收入。而且，就连那些实在无力支付赎罪券的人也能够免费获得。

1517 年，被派往萨克森地区售卖赎罪券的人，刚好是一个在强行买卖方面颇有能力的多明我会僧侣，叫作约翰·特兹尔。他真的太过激进了，生活在这块小公爵领地上的人们被他这种销售手法彻底激怒了。而老实忠诚的路德更是怒发冲冠，他做了一件很冲动的事情。1514 年 10 月 31 日那天，他跑到维藤堡的宫廷教堂门口，将一张写着 95 条观点的纸张贴在了教堂的大门上，以此对教会销售赎罪券的做法进行了无情地揭露和攻击。路德在写这些规条的时候用了拉丁文，他并不是革命者，也不想挑起一场革命运动来。只不过，他对教会销售赎罪券的做法深恶痛绝，他希望自己的做法能够得到教授同行们的理解和支持。这件事本来只是教士和教授们之间私底下的瓜葛而已，并不是想要鼓动人们对教会作对。

遗憾的是，那正是一个全世界都对宗教事务高度关注的时代，几乎任何与宗教有关的讨论都将引起人们思想上的严重躁动。萨克森僧侣的 95 条宣言，在不到两个月的时间里就传遍了整个欧洲，成了人们热烈讨论的话题。每个人都必须在两者之间做出选择，就连才疏学浅的神学小人物都务必要发表自己的看法。这引起了教廷当局的极大恐慌，他们发出命令，让这位维滕堡神学教授立刻到罗马去对他的言行进行解释说明。有了胡德的前车之鉴，聪明的路德不敢贸然前去，他违背了罗马的命令，最后得到被驱逐出教会的惩罚。在那些忠诚的追随者面前，路德一把火烧掉了教皇的训令，从此以后，他与教皇之间彻底陷入了势不两立的境地。

路德在并非自己所愿的情况下，成了一群与教会为敌的基督徒的领军人物。诸如乌利奇·冯·胡顿这样的德国爱国者，纷纷赶来给他提供保护。维滕堡、厄尔福特、莱比锡大学的学生许诺，会在路德不幸遭受当局者逮捕的时候提供最大限度的帮助。萨克森选帝侯也一再保证，只要路德他在萨克森的土地上，他就是绝对安全的，任何人都伤害不了他。

这是发生在1520年的事。此时的查理已经20岁了。他统治着一半的世界，与教皇保持好的关系是必需的。于是，他在莱茵河畔组织召开了一次沃尔姆斯会议，并命令路德参加会议，在会上对自己的行为作出解释。此时的路德已经成为德意志人民心中的英雄，他无所畏惧地出席了会议。会上，他拒不收回自己曾经说过或写过的任何一个字。只有上帝才能驾驭他的良心，不管生还是死，他所做的一切都是以良心为指导。

经过一系列的审议和讨论，路德最终被沃尔姆斯会议定为一个对上帝和人类不忠诚的人，他被剥夺了公民权，任何一个德国人都不允许向他提供食物和居所，并且严禁人们阅读他的任何书籍，就连一个字、一句话都不得读出来。不过，这位伟大的改革家却是安全的。沃尔姆斯敕令被德国北方的大多数人视为不公正的文件，他们对此愤慨不已。他们将路德藏在了萨克森选帝侯的一座城堡里，以确保他的安全。在那里，他一如既往地对教廷持以轻蔑的态度，为了让所有人都能亲自读懂和理解上帝的话，他将《圣经》全部翻译成了德语。

发展到这里，宗教改革已经不单单只是一个与信仰和宗教有关的事情了。它被那些厌恶现代大教堂之美的人利用，他们在这个动荡的时期以此来攻击和诋毁那些他们深恶痛绝的教堂建筑。没落的骑士们也乘机对修道院所属的土地进行大肆虐夺，对他们以前的损失做一个补偿。蠢蠢欲动的王公贵族们也利用皇帝不在的时候，全力扩张自己的权势。饱受饥寒折磨的农民们也以半疯癫的破坏分子为榜样，抓住一切机会来与自己的主人作对，凭着以往十字军的狂热，大肆地掠夺、杀戮、焚烧等。

整个帝国都遭受到了这场突如其来的骚动的袭击。一些王公也变成了新教徒（根据路德的定义，新教徒就是"抗议者"），他们对领地内的天主教徒进行了大肆屠杀。还有一些仍然信奉天主教的王公贵族们则毫无客气地把新教追随者送上了断头台。为了解决臣民的宗教归顺问题，1526年，斯贝雅会议召开了，会议试图规定"全部臣民必须信奉领主所信奉的宗教"。如此一来，整个德国变得混乱不堪，信仰不同宗教的几千个小公国彼此对立，相互争执不休，影响了德国政治的正常发展至少有几百年的时间。

1542年2月，路德与世长辞了。他的遗体安静地躺在29年前他反对销售赎罪券，并粘贴95条观点的教堂里。文艺复兴时期的宗教冷淡以及充满欢笑和幽默的世界，在不到30年的短暂时间里转变成了一个争论、争吵、漫骂、辩论的宗教狂热世界。教皇统治的精神世界已经轰然崩塌了，整个西欧被一个屠杀的大战场取而代之，在利益和神学教义的分歧之下，新教徒和基督教徒之间展开了血腥地残杀。在现代人看来，这些神学教义与古代伊特拉斯坎人的神秘碑文一样艰深难懂。

第四十四章

宗教战争

宗教大争论的时代。

16 世纪和 17 世纪同时也是宗教大争论的时代。

而今，如果你多加观察，不难发现，你身边的那些人谈论得最多的就是"经济"方面的话题了，诸如与人们生活息息相关的工资问题、工作时间问题还有罢工等问题这都是人们所关心的，因为这些问题与我们现代人的利益关联最大。

然而，1600 年和 1650 年的孩子们却生活得非常闭塞，除了宗教以外，他们对其他事物毫不知情。"宿命论""化体论""自由意志"以及其他与之类似的几百个字眼，充斥了他们的头脑，这些词语解释着天主教或新教"真正信仰"的艰深的意义。根据父母的意愿，这些孩子加入了天主教、路德教、加尔文教派、茨温利派或再洗礼教派等。他们一部分人学习路德教派的教义，一部分人学习加尔文编纂的"基督教教规"，还有一些人念诵英国出版社出版的《公众祈祷书》里的三十九条信仰，而且接受这样的忠告：这是唯一的"真正信仰"。

关于英国那位结婚多次的国王亨利八世将教会的财产全部收归囊中的行为，他们都非常熟悉了，那位国王还攫取了教皇对主教和教士的古老任命权，以英国教会的最高统治者自居。他们一旦听到神圣的宗教法庭以及宗教法庭的牢狱和刑罚，就会吓得面如土色。除此之外，他们还从别人那里听到一些关于宗教法庭可怖的消息，比如说十几个手无缚鸡之力的百姓被一群凶残的新教徒抓住后，就因为他们诚实地说出了自己信仰的宗教，而得到了被吊死的后果。然而，这却是两个势力均等的派别，所以一时半会还不能分出胜负，这实在是一件很不幸的事情。就这样，战争一直进行了两百多年，而且情况非常复杂，真是一言难尽，所以我能够把重要的内容讲述给大家，如果你们对细节感兴趣的话，可以去查阅宗教方面的书籍，这类书籍实在是太多了。

天主教内部运动紧随新教的伟大改革运动之后。从此，那些同时是业余人文主义者和希腊罗马古董商的教皇们，从华丽的历史舞台退出了。接替他们的是那些对工作严肃认真，而且每天工作 20 个小时的人，他们承担起了那些繁冗的圣职事物。

修道院里那种糜烂的欢乐日子也一去不复返了。无奈之下，教士和修女们不得不很早起床，开始认真学习教规，把时间花在照料病患、安慰死者这些事情上。宗教法庭进一步加大了对人民的监视力度，任何带有危险性的教义都不能印刷出版。每当说到这些时，人们总是会不自觉地想起可怜的伽利略。他实在是太不小心了，通过他那个小巧的望远镜来对天空进行观察，然后发表了自己对行星的看法，这些看法显然与教会的传统观念背道而驰，因此，他遭受了牢狱之灾。但是，在这里，我要站在对教皇、僧侣以及宗教法庭公平的位置来申明一点：新教徒其实与天主教徒如出一辙，他们都把科学和医学以及对人、事、物进行探索研究的人，当成人类的死敌来看待，他们都同样地愚蠢和自私。

现在说说加尔文，他是法国最伟大的宗教改革家，同时担任着日内瓦地区政治与精神的最高统治者。但是，当迈克尔·塞维图斯（这位西班牙的神学家和医生，因为出任了首位伟大的解剖学家贝塞留斯的助手而闻名于世）要被法国当局送上绞刑架的时候，他却并没有出手相助，更有甚者，当塞维图斯想方设法从监狱逃脱，到达日内瓦的时候，加尔文还把他再次送进了监狱，漫长地审判过后，给他加了一个异教徒的名号，而将他送上了火刑柱，全然没有顾及他是一个受人敬仰的科学家。

就这样，宗教战争一发不可收拾。当然，我们收集到的关于这方面的确实证据实在是少得可怜。不过，总体而言，与天主教徒相比，新教徒更早认清了这场战争的无聊，而且，绝大多数诚实善良的男女，仅是因为自己的宗教信仰问题就被烧死、吊死、砍头，他们就这样无辜地成为显赫且严厉的罗马教会的牺牲品。

其实，"宽容"这个词出现得比较晚（当你们长大成人后，请务必记住这个），而且，即使我们现在所谓的"现代人"，也只能对那些事不关己的事情才能表现出足够的宽容。比如，他们可以对一个不管信仰佛教还是伊斯兰教的非洲的土著人怀有宽容之心，因为佛教和伊斯兰教都与他没有什么关系。但是，他们绝对不会容忍自己从事自由贸易的邻居，为了反对关税壁垒而加入关税改革组织，并且大力倡导进口税，就像是17世纪一个善良的天主教徒（或是新教徒）不能容忍他崇敬的朋友突然成为新教（或天主教）恐怖异端邪说的牺牲品一样，他们会用类似的语言加以谴责。

一直到前不久，"异端邪说"还等同于可怖的疾病，遭人唾弃。而今，如果我们看到有人因为忽视个人和居所的卫生情况，而使自己或者孩子们不幸患上伤寒或者其他可预防的疾病的时候，我们会马上报告给卫生局，卫生局就会请求警察的协助，一起将这种可怕的病源带走，以免传染给更多的人。而16世纪和17世纪的社会却把一个异教徒，也就是一个对新教或天主教公然提出质疑的人，当成比感染了伤寒的患者更有威胁的人物。如他们所说，伤寒症摧毁（或许是）的是一个人的肉体，但是，异端邪说却对人类永恒的灵魂世界构成无止境的威胁。所以，他们强烈呼吁每一个理智的善良公民都要向当局举报那些与现有秩序作对的人。不然的话，他们将受到惩罚，就像现在有人发现了邻居患了霍乱和天花，却瞒而不报，不让附近的医生知道那样。

在你们的成长过程中，将会了解到很多与预防药物有关的事情。我们所说的预防药物，就是医生们不会等到人们真的生了病才采取治疗措施，相反，医生们会对人们的居住情况进行研究，及时清理垃圾，传授给他们正确的饮食方法，告诫他们应该特别注意的事情，并随时提醒他们时刻保持卫生清洁，通过这些前期的工作，尽可能将疾病扼杀在摇篮状态。医生们甚至还走进学校，对孩子们刷牙的方法进行指导，使他们免于感冒病毒的侵害。

就像我之前所说的那样，16世纪的人们认为危害灵魂的疾病要比危害肉体的疾病可怕很多倍，所以，为了免于灵魂被疾病侵害，他们制定了一系列的精神预防药。当孩子们长大，具备了读书识字能力的时候，就必须接受正确（并且是唯一的）的信仰观。这种做法对欧洲的进步起到了真正的推动作用。各种规模的学校如雨后春笋般出现在新教盛行的国家里。他们在解释教义这件事情上倾注了大量的时间和精力，不过，除了神学以外，他们还教授其他方面的知识。人们阅读的习惯得到了空前地鼓励，由此激励了印刷业的繁荣。

这个时候，天主教徒们也没闲着，他们同样关注着教育事业，并且在这件事上花费了很多的时间。在这个问题上，教会从耶稣会最新规定的教义中寻找了重要的朋友和支持者。正是西班牙人一手创办了耶稣会这个优秀的团体。经过一段时期的艰难困苦之后，他最终融入宗教中去了。以前有许多罪孽深重的人，被救世军指引到正确的人生道路中来，在他们的有生之年，他们都将竭尽所能向那些更需要帮助和扶持的人伸去援助之手，在这样的感召之下，这个士兵觉得自己有必要为教会做出类似的贡献。

这是一个西班牙人，叫作伊格纳提斯·德·洛约拉。在美洲大陆被发现的前一天，他降生到这个世界上了，因为受过伤，他成了一个终身带着残疾的跛子。当他住院治病的时候，圣母和圣子对他显灵，并教导他要痛改前非，重新生活，所以，他下定决心一定要到圣地去朝拜，履行自己十字军的责任。当他到达耶路撒冷的时候，他清楚地意识到自己根本没有能力去完成这个任务，于是便返回了欧洲，加入与路德教派斗争的行列中去了。

1534 年，他在巴黎大学神学院接受教育，在此期间，他伙同其他 7 名学生一起成立了一个兄弟会。他们 8 个人立下约定，要保持生活的神圣纯洁，将公正、正直当成心中的信仰，绝不追逐名利和财富，将自己的一生全部奉献给宗教事业。没过几年，这个兄弟会就发展成了一个有组织规模庞大且正规的耶稣会，并且得到了教皇保罗三世的承认。

耶稣会之所以会取得非凡的成就，与他的创始人洛约拉曾经的职业军人生涯是分不开的，因为军人遵纪守法、绝对服从的品质极大地影响着耶稣会。这个组织最擅长的就是教育事业。所有有资格对学生进行单独教育的老师，都是受过严格且完备的教育和培训的。老师与学生们同吃同住，生活在一起，游戏也在一起，老师们周到地照料着学生们。就这样，一批新的对天主教忠诚无比的教徒被他们教育出来了，就像中世纪早期的人们一样，他们忠诚地履行着自己的神圣职责。

但是，威严的耶稣会教士却不屑致力于穷人的教育事业。他们走进华丽的宫殿，担任起王公贵族们的私人教师。这些教士们为何会这样做呢？当我跟你讲 30 年战争的时候，你就会明白了，不过在这场恐怖的宗教狂热爆发以前，还有其他一些事情发生。

在查理五世过世后，德国和奥地利归他的弟弟费迪南所有，他的儿子菲利普拥有全部的殖民地以及西班牙、荷兰、印度群岛及美洲。查理与他的亲表妹（即一位葡萄牙公主）结婚后生下的儿子就是菲利普，可能是因为近亲结合，生下的孩子多少有些神经错乱，所幸的是，菲利普还算是个正常的人。但是他的儿子唐·卡洛斯却是个真正的疯子，后来，在菲利普的批准下，这个疯儿子被杀死了。至于菲利普，他对于宗教的态度也无外乎一个疯子了。他以上帝任命的人类救世主自居。因此，他将那些胆敢与陛下的信仰背道而驰的人，一律视为人类的大敌，为了保护自己虔诚邻居们的精神世界，他必须将那些人一网打尽。

　　得益于新世界的财富之源，西班牙已经变得非常富有了，他们的卡斯蒂尔和阿拉贡的国库有数之不尽的钱财。但是，西班牙却被一种奇怪的经济病症困扰。西班牙的农民无比勤劳，尤其是妇女。可是，那些上层人士却对劳动持有鄙视的态度，他们只参加海军、陆军或者是担任公职。还有那些摩尔人，他们都是努力工作的手工艺匠，却在很早以前就被赶出了西班牙。所以，尽管西班牙拥有很多金银库，却只是一个一贫如洗的国家，因为他们需要小麦，还有那些他们国家没有的生活用品，而这一切都是要花钱到国外购买。

　　商业贸易异常繁荣的荷兰提供的税收，是 16 世纪最强大的国家首脑菲利普的主要财政收入来源。可是，弗兰芒人与荷兰人都坚定地信仰着路德教与加尔文教，教堂里的全部偶像雕像与宗教画都被他们销毁了，除此之外，他们还向教皇发出通告，说再也不把他当成自己的精神首领了，他们已经下定决心只受自己良心的支配，将新翻译的《圣经》当成一切行为的指导原则。

　　如此一来，王国陷入了进退两难的境地。对于荷兰臣民的那种异端邪说，他是绝对接受不了的，可是他又急需臣民们提供的钱财。如果，他对臣民们的信仰不加干涉，让他们按照自己的意愿加入新教，那么，他会觉得自己是一个不称职的上帝特使，如果把这些刁钻的臣民送进宗教法庭，用火刑来惩罚他们，他又将失去丰厚的财富收入。

　　菲利普一向是个犹豫不决的人，面对这件事情，他同样如此，究竟是要对他们仁慈宽厚，还是要对他们严厉残酷？至于荷兰人，依旧我行我素，丝毫不知悔改，继续唱着他们的赞美诗，按时去听路德派或加尔文派教士讲道。无奈之下，菲利普派出"铁人"阿尔巴公爵前往荷兰去管教那些冥顽不灵的臣民。阿尔巴一到达那个地方，就首先下令处决了那些没来得及逃跑的宗教首脑人物。1572 年（法国新教统治者在血腥的巴瑟洛缪之夜被一网打尽的那一年），还有几座荷兰城市惨遭阿尔巴的血腥屠城，他这么做无非是想对其他城市起到威慑作用。第二年，他又将荷兰的工业城市莱顿围困起来。

这个时候，乌德勒支同盟诞生了，它是由荷兰北部的七个小省份组成，这是一个具有抵抗性质的同盟。曾经担任过查理五世私人秘书的德国人以及奥兰治的威廉，被他们共同推选为军事总指挥，而且还同时出任"海上乞丐"的总司令，所谓的"海上乞丐"其实是一群海盗。为了更好地保护莱顿，威廉下令将堤坝挖开了，大量的海水涌入，形成一个浅水海域，包围着城市。他所统帅的那支海军，实在是奇特得很，他们用敞口驳船、平底货船，又推又拉地来到了城下，并且成功地将西班牙人击退了。

号称无敌舰队的西班牙海军首次遭受到如此可耻的战败，整个世界都震惊不已。这次战役让人惊奇的程度，与日本人在日俄战争中获胜所造成的效果是一样的。莱顿城获胜以后，新教的势力得到了很大的提高，为了彻底征服叛民，菲利普又想出了新的办法。他雇用了一个疯疯癫癫的宗教狂，执行对威廉的暗杀活动。虽然首领死于非命，但七省的人民却没有丝毫的退让，这反而增加了他们的仇恨和愤怒。1581 年七省代表在海牙召开了一次会议，会议宣布永远摆脱"残忍的菲利普国王"，"上帝恩赐的国王"职权由他们自己行使。

这件事在人民争取政治自由的历程中具有极其重要的地位；与签订大宪章的英国贵族起义活动比起来，走得更远了。在这些自由民看来，有一种默契存在于国王与臣民之间，二者有应该履行的义务，并且承担职责，任何一方先破坏这个约定，另一方就可以认为和约已经终止了。1776 年，英王乔治三世的北美属民也提出了同样的结论。不过，在他们与统治者之间有一个三千英里的海洋阻隔其中，他们之所以会做出这个决定，是因为慑于西班牙军队的枪声担心遭西班牙海军的报复。

继"血腥的玛丽"之后，新教信仰者伊丽莎白女王坐上了王位的宝座，至此，那种关于西班牙一支神秘军队将踏平荷兰和英国的传闻已经成为旧话。很多年来，水手们一直在谈论这个话题。这个谣传终于在 17 世纪 80 年代的时候成为现实，那些曾经到过里斯本的船长们都说，西班牙和葡萄牙的几乎每个码头都在争相建造船只。而荷兰南部地区的帕尔玛公爵正在策划组织一支军队，当舰队到来的时候，他们将从奥斯坦德出发，到伦敦即阿姆斯特丹去。

不可战胜的西班牙舰队终于在 1588 年的时候，开始了向北的航行旅程。但是，有一支荷兰舰队已经抢先攻占了弗兰芒港口，连英吉利海峡也处于英国舰队的严密监控之下。对于西班牙舰队来说，他们还是比较习惯于南海的风平浪静，狂风暴雨、波涛汹涌的海域对他们的航行有很大的影响，关于无敌舰队遭受敌人的袭击以及被风暴摧残之后的结局，我就不在这里多说了。整个舰队只有几艘从爱尔兰绕道而行的船只侥幸存活下来，其余的则遭到了倾覆之灾，全部葬身于北海了。

此时，英国和荷兰展开了对新教徒的攻击，战争在敌人的国土上爆发了。17 世纪末期，通过林斯柯顿写的一个小册子，曾经在葡萄牙工作的荷兰人豪特曼，发现了通往印度群岛的航线。后来，他们成立了颇具势力的东印度公司，开展了与葡萄牙、西班牙争夺在亚洲和非洲殖民地的战争。

正是在早期争夺殖民地的那个时期，一场妙趣横生的官司在荷兰法庭开审了。17 世纪初期的时候，为了寻找通往印度群岛的东北航线，荷兰船长范·希姆斯克尔克率领一支探险队出发了，他们在冰封的新泽勃拉岛海岸上度过了一个异常寒冷的冬天，然后，因为在马六甲海峡截获了一艘葡萄牙船只，而出尽了风头。大家都知道，这个世界曾经被教皇一分为二了，西班牙和葡萄牙各占一半。于是，印度群岛四周的海域便顺其自然地被葡萄牙人当成了自己的势力范围，但是，那个时候葡萄牙还没有对荷兰七省宣战，于是他们提出诉讼，说私营贸易公司的船长希姆斯克尔克没有权利擅自闯入葡萄牙的领地，更没有权利劫持他们的船只。为了打好这场官司，东印度公司特意聘请了一位才华横溢的青年律师，他的名字叫作德·格鲁特，也可以叫他格鲁西斯。在法庭辩论中，他提出了一个令人大惊失色的观点，即任何人都有在海上自由航行的权利。在他看来，所有在大炮射程之外的海域都是世界上所有国家共同的海域，任何船只都有权自由出入，如果按照鲁西斯本人的理论，那就是公海。这种说法第一次被人在法庭上提了出来，实在是语出惊人，几乎所有从事海洋航行事业的人都持反对态度。格鲁西斯著名的"公海说"或"自由海洋说"遭到很多人的攻击，英国的约翰·塞尔登就是其中一个，他还发表了同样有名的"领海"或"封闭海洋"的论文，他强调，任何一个主权国家都应该视国家周围的海域为自己所有的领地。关于这个问题，曾经在上一次世界大战中引起了很多的争执，导致一些复杂问题的出现，所以，现在我才把这个问题提出了讲给大家。

现在，还是让我们回到西班牙与英国、荷兰之间的战争这个话题上来吧。新教徒们用了不到20年的时间，夺得了大量的殖民地，诸如印度群岛、好望角、锡兰、中国沿岸某些岛屿还有日本。1621年，西印度公司一建成了就攻占了巴西，他们还建立了一个要塞在北美哈德逊河口，这条河的名字得益于1602年它的发现者亨利·哈德逊。

英国和荷兰这两个国家在他们的殖民地里大肆搜刮，聚敛了很多的钱财，为了能够专心致志地投入商业贸易，他们甚至还花费巨资雇用了作战的军队。他们认为，新教徒的不屈服就等同于独立自由以及繁荣昌盛。可是，对欧洲的很多地区来说，它无异于恐怖和混乱，这次战争与前一次战争相对比，就像发生在一群和睦的主日学校里的好孩子们之间的一次欢快的野游。

1618年，爆发了著名的30年战争。这宣告着1648年签订的威斯特伐利亚条约的废止。累积了一整个世纪的仇恨是这场战争爆发的重要原因，就像我曾经说过的那样，这是一场恐怖的战争，人们在战争中相互厮杀，彼此攻击，直到两败俱伤。

二三十年间，欧洲中部地区混乱不堪，为了争夺一批死掉的马，饥饿难耐的农民与饿狼之间展开了殊死斗争。德国几乎有六分之五的村镇都在战火中毁于一旦，经历了 28 次之多的劫掠，西德的帕拉丁奈特已经面目全非。而人口也由战前的 1800 万锐减到战后的 400 万左右。

当哈布斯堡王朝的斐迪南德二世坐上了皇帝宝座的时候，战争就不可避免地爆发了。可以说，费迪南已经被教会培养和熏陶成了一个虔诚恭顺的信徒了，他尽其所能维护着自己年轻时候发出的誓言，要铲除领地内的所有异教和异教徒。就在他当上皇帝的前两天，帕拉丁奈特的新教徒选帝侯及英王詹姆斯一世的女婿弗雷德里克也获得了波西米亚皇帝的桂冠，弗雷德里克是他最大的死敌，显然，这件事与费迪南的意愿是相违背的。

于是，他发动军队，大举进犯波西米亚。在这个强大的敌人面前，年轻的国王显得手足无措，他处于一个孤立无援的境地。愿意提供支援的荷兰共和国，此时正与西班牙的另一支哈布斯堡王族打得难分难舍，因此，它也只能是心有余而力不足了。至于英国的斯图亚王朝正致力于国内政权的巩固，也不愿意在波西米亚这个国家身上浪费人力和物力。经过几个月的奋力抗争后，拉丁奈特选帝侯从波西米亚被驱逐了，巴伐利亚信奉天主教的王族攫取了他的领土，由此，一场大战的序幕被拉开了。

此后，蒂利及沃伦斯坦将军率领着哈布斯堡王军袭击了德国的新郊区，战火一直烧到波罗的海沿岸。对一个信奉新教的丹麦国王来说，拥有一个势力强大的天主教邻邦实在不是什么好事，简直是一个极大的威胁。克里斯琴四世想趁敌人羽翼尚未丰满之时，对他发动攻击，因此，丹麦大军开始进犯德国的土地，不幸的是，他们最终惨败而归。沃伦斯坦不依不饶，丹麦不得不请求和解。后来，新教徒只控制着波罗的海地区的一个城市，即施特拉尔松。

　　在抵抗俄国的战斗中名声大噪的瑞典瓦萨王朝的古斯塔夫·阿道尔丰斯于 1630 年的夏天在施特拉尔松登陆了，这位野心勃勃的新教徒君王，试图将瑞典发展成为北方大帝国的中心。欧洲各新教徒君主对他持以热情的欢迎，并且承认他是路德教派事业的拯救人。古斯塔夫首战告捷，前不久大肆屠戮马格德堡新教徒居民的蒂利成为他的手下败将。接着，他率领军队踏上了漫长的行军之道，他们从德国境内穿过，准备攻占哈布斯堡家族在意大利的殖民地。在天主教徒的威胁之下，古斯塔夫突来了个回马枪，在吕茨恩重创哈布斯堡的主力部队。但是，在这场战役中，与军队脱离的瑞典国王也命丧黄泉了，这真是一件遗憾的事，不过，从此以后哈布斯堡已经大势不在了。

　　性情多疑的费迪南在战争失利的情况下，对他的部下产生了质疑，军队总司令沃伦斯坦也在他的教唆和默许下惨遭暗杀。信仰天主教的法国波旁王朝由于跟哈布斯堡王朝素来不和，如今听到这个消息，立刻与信奉新教的瑞典结成了同盟。德国东部遭到路易十三的军队的入侵。瑞典将军巴纳与威尔玛的军队，再加上法国的图伦和康代将军的军队，共同发动了对哈布斯堡王族的全面进攻，他们肆无忌惮地烧杀抢掠，哈布斯堡王族遭到了灭顶之灾。在这场战役中，瑞典人攫取了大量的财富，而且还声名大噪，如此一来，丹麦人便心生妒恨了。于是，同样信奉新教的丹麦和瑞典之间的战争一触即发，因为刚刚与瑞典结成同盟的信奉天主教的法国政治领袖黎塞留，才剥夺了法国新教徒享有 1598 年南特敕令中保证的公开礼拜的权利。

　　经过长期的战争洗礼，直到 1648 年，各国签订了《威斯特伐利亚条约》，战争才宣告结束，但是，战前的那些问题几乎什么也没有得到解决。天主教国家依然信仰天主教，信仰新教的国家依然学习着马丁·路德、加尔文、茨温利等人的教义。瑞士与荷兰这些新教国最终得到了认可。至于法国，依然保留了梅茨、图尔、凡尔登等城市及阿尔萨斯的一部分。统一的神圣罗马帝国此时已经大势已去，人、财、物尽空了，它既没有了希望，也没有了勇气。

欧洲各国在 30 年战争中获得了一个反面的教训，无论是天主教徒还是新教徒，都厌倦了战争，他们渴望和平共处。然而，这并不表示宗教派别之间的丑事以及神学者之间的对立，从此就在这个世界上消失不见了。尽管天主教和新教之间的战争已经暂告一个段落，新教内部不同派别之间的争执却愈演愈烈。在荷兰，关于"宿命论"实质（虽然这是一个模糊难懂的神学观点，但是你们的曾祖父们却认为将它搞清楚是非常必要的）的讨论，出现了截然不同的声音。在相互的争吵中，奥登巴维尔特的约翰还惨遭杀头之祸。这位荷兰的政治家，曾经在荷兰独立的最初 20 年为国家做出了卓越的贡献，其优秀的组织才能在东印度公司的筹备工作中体现无疑。而在英国，类似的争吵还引发了一场内战。

我必须在为你讲解了英国昔日的历史之后，才能告诉你有关这场导致欧洲首位君主通过法律程序被处死的争执。事实上，我竭尽所能要在这本书里向你们讲述，那些对认识现今世界情形有所帮助的重要历史事件。如果在这本书中我遗漏了某些国家，那也不是因为我个人喜好的缘故。其实，我非常希望将挪威、瑞士、塞尔维亚以及中国的情况告诉给你们听，但是，由于这些国家对 16 世纪、17 世纪的欧洲实在没有产生过多的影响，所以，我只能将其省略了。然而，英国的地位却比较特殊。居住在这个小岛上的人们的言行举止，在以往 500 多年的岁月中极大地影响着世界历史的进程。假如你对英国的历史一无所知，那么，今天的报纸所刊登的那些世界大事，你就不可能很好地理解。因此，我认为你们有必要了解，英国是如何在欧洲大陆上其他国家尚处于君主专制的时候，就发展成为一个立宪制政府的过程。

第四十五章

英国革命

查理国王在"神授君权"与虽非"神授"却更合理的"议会权力"二者之间的斗争中，获得了灾难性的结局。

第一位发现西北欧洲的人就是恺撒大帝，他在公元前55年的时候，率领大军从英吉利海峡踏上了英国的土地，并征服了英国。此后长达四个世纪的时间里，英国一直作为罗马的一个行省而存在。当罗马受到野蛮人入侵的时候，为了保卫罗马，驻扎在英国的军队奉命撤回了本土，此后，不列颠成了一个既没有政府也没有防御工事的孤岛。

这个消息传到日耳曼北部穷困潦倒的撒克逊部族那里，他们立刻采取行动，横渡北海，占据了这个肥沃的小岛。在这里，他们建立了很多盎格鲁－撒克逊王国（都以最初入侵者盎格鲁或者撒克逊人为国家命名），然而，由于缺少一个能力非凡的人将这些国家统一起来，所以他们常年争吵不休。在将近500年的时间里，斯堪的那维亚的海盗不断侵袭着默西亚、诺森伯里、威塞克斯、苏塞克斯、肯特、东盎格利，或是叫其他名字的地方。11世纪，独立帝王的最后一线希望也随之消失了，因为英格兰、挪威及北日耳曼都被甘纽特大帝纳入他统治下的丹麦帝国的版图中去了。

后来，他们赶走了丹麦人。刚刚才看到自由的曙光，英格兰又第四次被征服了。这次的敌人是斯堪的纳维亚人的另一个支系后裔，早在 18 世纪的时候，他们就发起了对法国的侵略战争，而且还建立了诺曼底公国。一直以来，诺曼底大公威廉对这个仅一海之隔的富饶岛屿怀有嫉妒之心，1066 年 10 月，他终于率领大军渡过了海峡，并在 10 月 14 日的黑斯廷战役中一举歼灭了最后一位盎格鲁－撒克逊国王的军队，由这位威塞克斯的哈洛德统领的军队实在不怎么样，战斗力非常弱。然后，威廉自己当上了英格兰的国王。但是，对威廉本人以及安如王朝或称为金雀花王朝的继承人来说，这个岛国根本不是久留之地。他们只是把它当成自己在大陆上占领的土地的一个组成部分而已，在这里居住着文明落后的野蛮民族，他们努力将自己先进的语言和文化强制灌输给这些愚昧的居民。慢慢地，这块英格兰殖民地却远远地将他们的祖国诺曼底抛在了后面。与此同时，法兰西统治者正在想方设法脱离自己这个势力强大的邻居：诺曼底——英格兰，对他们而言，诺曼底仅只是与法国王室背道而驰的奴仆。战争持续了将近一百年，这些"外来者"最终在一位名叫贞德的年轻姑娘的领导下被驱逐了。至于贞德本人却不幸在 1430 年的贡比涅战役中成为阶下囚，接着，将她俘获的勃艮第人把她卖给了英国士兵，最后她被扣上女巫的罪名，在火刑柱上牺牲了。

尽管如此，英国人却从来都没有在大陆上站稳脚跟，国王们最终选择了将所有的精力花在对本土不列颠岛的建设事业上来。然而，岛上的贵族却被那些奇特的世仇纠缠不清，这种情况在中世纪就如同麻疹和天花一样常见，所谓的"玫瑰之战"埋葬了很多老的封建主，如此一来，国王的统治权得到了很好的巩固。15 世纪后期，在都铎王朝亨利七世统治下的英格兰，已经成功变成了一个高度中央集权的国家。在人们的记忆中，印象最为深刻的恐怕要数亨利七世那个著名的法院——星法院了。任何企图恢复以往贵族对政府影响力的行为都将受到亨利严厉的制裁。

1509 年，亨利七世的儿子亨利八世继承了王位。至此，英国彻底告别了作为一个岛屿的历史，而发展成为一个强大的现代国家，并且在世界上获得了举足轻重的地位。

亨利对宗教没有丝毫兴趣。他的离婚事件引发了他与教皇之间的矛盾，他却非常乐意利用这个机会脱离罗马教皇的控制，使英格兰成为一个真正独立的国家，英国的教会也因此获得了"国教"的地位，凡俗的统治者也理所应当具备精神统治者的权力。1534年，英国爆发了和平的宗教改革运动，通过这次改革运动，都铎王朝赢得了一直惨遭路德派攻击的英国教士的支持，而且，大量的寺院财产都被国家收回了，由此增加了国家的财政实力。另一方面，亨利还获得了商人和手工艺人的拥护，这些引以为傲的岛民所生活的地方，被一个深而广的海峡与其他陆地隔开了，所以，一切的"外来品"都不能博得他们的好感，如果让一个意大利的主教来主宰他们的精神世界，他们是万万不能接受的。

亨利在1547年时候与世长辞了，年仅10岁的幼子继承了王位。小王子的保护人十分中意路德教义，因此，他们不遗余力地资助新教徒的事业。遗憾的是，年幼的国王才活到16岁就死了，他的姐姐玛丽，也就是西班牙菲利普二世的妻子接替了王位。她一继位，就把信奉新教的那些教士们送上了火刑柱，在其他方面也能够看到她在效仿她的西班牙丈夫的行事风格。

所幸的是，1558年玛丽就离世了，这时的继任者是著名的伊丽莎白女王。亨利八世一生一共娶了6个妻子，而伊丽莎白就是他与第二个妻子安娜·博林的女儿，安娜·博林由于失宠而被亨利八世处以斩首之刑。当英国的统治者还是玛丽的时候，伊丽莎白被关进了监狱，后来，在罗马教皇的要求下，她才获得了释放。此后，她对天主教和西班牙从来没有过任何好感。在宗教问题上，她与其父一样，没有半点兴趣，而且她也具备了父亲那样敏锐的判断能力。她执政的时间长达45年之久，在此期间，英国王室的势力得到了极大的发展，国家的财政和税收也大大增加，人们安居乐业，其乐融融。当然，这些成就的取得与那群拜倒在她王位之下的男人的帮助是分不开的，在英国的历史上，伊丽莎白时期具有举足轻重的地位。

虽然这样，伊丽莎白的王座却存在诸多不稳定的因素。她有一个非常危险的敌人，那就是斯图亚特王朝的玛丽。她的母亲是法国的一位公爵夫人，而父亲是苏格兰人。那个时候，玛丽的丈夫法国国王弗朗西斯二世已经过世，她成了一个寡妇，著名的美弟奇家族的凯瑟琳就是她的公婆（曾经一手策划了圣巴瑟洛缪之夜大屠杀），后来的英国斯图亚特王朝的第一位国王就是她的儿子。玛丽是天主教的忠实追随者，所有与伊丽莎白相敌对的人，她都当成自己的朋友。事实上，她是一个政治能力匮乏的人，苏格兰革命就是因为她无知地对加尔文教徒采取了残暴的惩治手段而引起的。后来，玛丽在走投无路的情况下，逃到了英国。在英国居住的 18 年间，她一直居心叵测地计划着推翻伊丽莎白，而她自己正是被好心的伊丽莎白收留的人。最后，伊丽莎白女王终于听从了忠诚的顾问团的告诫，把那个苏格兰女王斩首。

按照计划，1587 年，玛丽被杀了，由此西班牙与英国之间爆发了一场战争。但是，就像我在前面那个章节中讲过的一样，菲利普的无敌舰队惨遭英国与荷兰的海上联军的攻击，以失败告终了。原来意在毁灭两个新教国家的斗争，现在却成了一件大有益处的冒险事业。

而今，经过很多年的犹豫，英国和荷兰终于清醒地看到发动对印度和美洲的侵略战争，将使他们捞到巨大的好处，并且，这也是报复西班牙的一种强有力的手段，他们的新教徒同胞正遭受到西班牙的迫害。循着哥伦布的足迹，乔万尼·卡波特的威尼斯领航员率领着一支英国船队进行了探险活动，他们在 1496 年的时候，第一次发现了北美洲，并对那块大陆进行了勘测活动。如果是作为殖民地，拉布拉多和纽芬兰的价值是微不足道的，可是，纽芬兰沿岸丰富的资源却让英国渔业船队不可小觑。第二年，也就是 1497 年，佛罗里达海岸也被卡波特发现了。

在这些发现之后，亨利七世、亨利八世繁忙的时期随之而来，此时的国家已经出现严重的朝政问题，没有能力拓展海外事业。到了伊丽莎白统治时期，太平盛世出现了，这时，斯图亚特的玛丽被关押起来，消除了航海事业的后顾之忧，水手们可以自由自在地在大海上遨游了。在伊丽莎白的孩提时代，英国人威洛比已经冒险从北角穿过了，为了找到通往东印度群岛的航线，他手下的一位船长理查德·钱塞勒一路向东，继续航行，最终造访了俄国的阿尔汉格尔。就是在那里，他们成功建立了与未知的莫斯科帝国统治者的外交与商贸关系。伊丽莎白初登皇位时，这条航线就留下了很多探险者的足迹。"联合股份公司"名下的那些冒险商人们不知倦怠地工作，为此后几个世纪大殖民地公司的出现奠定了坚实的基础。集外交家与海盗为一身的那些人，钟情于在一次凶险难知的冒险航行中押下自己全部的筹码；为了追逐利益最大化，走私商人们将任何可能的东西全部都装在船上；商人们也是如此，在利益的驱使下，不管不顾，贩卖商品和人口。英国的国旗和女王的荣耀就这样被航海家们洒遍了整个世界。在国内，女王陛下每天沉浸在伟大的剧作家莎士比亚不断推陈出新的精彩剧目之中，生活无比惬意。还有精明睿智的智囊团协助女王管理国家事务，他们共同努力，用一个现代化的强国取代了亨利八世留下的封建遗产。

　　1603 年，伊丽莎白年过 70，安详地离世。继承她王位的是詹姆斯一世，这位新国王是伊丽莎白的侄子，亨利七世的曾孙，同时也是她的敌人斯图亚特玛丽的亲生儿子。蒙上帝垂怜，詹姆士意识到，自己所统治的这块土地是唯一在大陆战祸之外的国家。此时的欧洲大陆上，新教徒与天主教徒之间的战争正如火如荼地进行着，他们彼此之间做着徒劳的努力，企图摧毁对方，建立自己意愿之中的宗教王国。但是英国却巧妙地避开了路德或洛约拉的极端之路，他们在和平的气氛下，有序地进行着宗教改革。这种做法让这个国家在未来的殖民地争夺战中一直处于上风，而且为英国赢得了国际事务的主导地位，这种重要的地位一直延续至今，英国在正常有序的前进道路中前行，即使如斯图亚特王朝采取的灾难性冒险也无法阻挡它。

在英国人看来，继承都铎王朝的斯图亚特王朝就像个"外国人"。对于这个既定事实，他们怎么也想不通。都铎王朝的皇室成员偷一匹马都不是罪过，但是，斯图亚特王朝皇室人员如果偷瞄了一眼马厩，就会引起公众一片哗然。老女王在百姓的拥护和爱戴之下，随心所欲地统治自己的国家。不过，总体而言，她所执行的是这样一种政策：放任那些忠诚的英国商人想方设法捞取钱财，作为回报，女王能获得臣民们的大力支持和辅助。女王所推行的强大外交政策是非常成功的，人们能够从中获益良多，所以，即使有时候议会的权力对臣民的一些小自由进行了干涉，臣民们也不会过多计较。

表面看上去，詹姆士一世秉承了女王的这一政策，但前任身上异常闪亮的个人热情他显然是不具备的。国外贸易一如既往地得到鼓励和支持；天主教徒的处境还是一如从前，没有自由保障。然而，当西班牙为了讨好英国，显出曲意奉迎的笑容，企图建立友好和平关系的时候，詹姆士也同样露出了微笑。这种做法遭到了绝大多数英国人的反对，可是碍于国王的威严，他们选择了缄默。

不久之后，其他的摩擦也出现了。詹姆士一世以及1625年接替他王位的查理一世，在"君权神授"这一原则的支配下，完全按照自己的个人意愿来治理国家，弃人们的意愿和利益于不顾。这种观点早已经老生常谈了。教皇就是突出的代表，作为罗马皇帝（干脆说整个世界已经开发的领土都被罗马帝国囊括了）的继承人，他们一直以"上帝在人世间的代理人"的身份自居。这种世界统治权神授的观点得到了大多数人的认可，没有人对此提出异议。所以，也没有人会对"代理人"的神圣权力有所质疑，他就能够按照自己的意愿来统治这个世界，由于他代表的是宇宙中最高统治者的旨意，是万能的主的直接代理人，因此，所有人都要听从于他。

　　路德教派的宗教改革取得胜利之后，许多追随新教的欧洲国王悉数接收了原本属于罗马教皇的权力。这些领土的最高统治者身兼国教最高统治者之职，他们同样认为自己就是本领土之内的"基督代理人"。统治者的权力扩展到如此多的地步，臣民们心甘情愿地接受，没有任何怨言，他们认为是合理的，就像我们现在的人乐意接受议会制度一样，因为我们认为这个制度是公正合理的，除此之外，已经找不到更好的了。如此说来，英国人对路德教派或加尔文派为詹姆士国王呼吁"君权神授"的做法深恶痛绝，这显然对国王是有失公平的。为什么地地道道的英国人会如此反感国王君权神授的权力呢？这其中有另外的一些原因。

　　1581年，从荷兰首次传来了否定"君权神授"的声音，那个时候，西班牙的合法继承人菲利普二世已经被国民议会废黜了。他们的理由是，他们的契约被国王破坏了，所以国王也将像其他违背忠诚的奴仆一样被免职。从此以后，国王应该对他的臣民赋有特殊职责，这一观念便在北海沿岸的那些国家中流传开来了。人民的地位提高了，他们过着富足的生活。而居住在欧洲中心地带的那些贫苦农民的处境则完全相反，他们只能在统治者贴身护卫的压迫下卑躬屈膝地生活，那种会招致牢狱之灾的问题，他们是断然不敢多加议论的。但是，荷兰和英国的商人却不会为此担心，因为那些强大的海军和陆军的生存资本都掌握在他们的手中，他们将"信用"这个有用的武器运用自如。他们很乐意用自己的财富来左右"神权君授"，他们有足够的权力来反对哈布斯堡王朝、波旁王朝或斯图亚特王朝的"神圣君权"。他们非常清楚，国王唯一的武器就是那些愚笨的封建军队，而这些军队在他们的荷兰盾和英国先令面前会很快败下阵来。他们敢于采取果断的行动，至于其他的人，只能在沉默中忍受苦难或是冒上断头台的危险。

　　当斯图亚特王朝将自己的职责抛诸脑后，完全按照自己的意愿随心所欲滥用权力的时候，英国人终于忍无可忍了，为了反抗国王的权势，中产阶级摆出了第一道防线，即国会。可是，国王坚决不屈服，他还解散了国会。整整 11 年，国家的权力被查理一世牢牢掌控着。他不顾人民的反对，强行征收很多税收，把英国视为自己的乡村庄园，心不在焉地管理着。值得肯定的是，查理一世确实是一个智勇双全的人，而且，在他身边还有一群得力的助手。

遗憾的是，连那些忠实的苏格兰臣民也背弃了查理，而且，他还深陷苏格兰长老会教派斗争中不能自拔。因为战争经费紧迫，查理不得不违心再次组织了议会。1640 年 4 月，会议如期召开，当时，人民异常激动，局面混乱不堪，重新召集的议会不得不在维持了短短几个月之后再次解散。新的会议在 11 月份又召开了一次，不过，这一次的情况糟糕得比前一次还厉害。议员们觉得，有必要将"神圣君权的政府"还是"国会的政府"这个迷糊的问题弄个一清二楚。他们紧咬着国王枢密官的问题不放，以此展开了对国王猛烈地攻击，而且还处死了 6 个人。他们发出法令，没有他们的同意，任何人都不得擅自解散国会。1641 年 12 月 1 日，国王收到了他们送交的"大抗议书"，人民对统治者的各种不满行为全部罗列其中。

为了到乡村地区寻找一些支持者，1642 年 1 月，查理悄悄离开了伦敦。国王和议会为了捍卫各种权利分别召集了军队，一场大战一触即发。清教徒们（他们是英国的国教教徒，能够最大限度地纯洁教义是他们的梦想）这个英国最具权势的宗教群体，迅速站到了战争的前沿地带。他们组成了一支号称"对神虔诚"的部队，领导者是奥利佛·克伦威尔，很快，这支有着铁一样纪律的军队就成了所有反对派全军的榜样，他们有着对神圣目标的坚定信念。遭受两次战败打击的查理在 1645 年逃到了苏格兰。可悲的是，他又被苏格兰人民卖给了英国。

接下来，在苏格兰的长老会教徒与英格兰的清教徒之间，出现了明争暗斗的斗争局面。1648 年 8 月，经过普雷斯顿盆地三昼夜的激战，第二次内战以克伦威尔的胜利而告终，苏格兰的首都爱丁堡也被克伦威尔将军占领了。此时，常年的战争和一次次毫无结果的谈判，渐渐磨灭了士兵们的意志，他们对战争深恶痛绝，于是，他们决定遵循初衷。所有与清教徒背道而驰的人，都被他们驱逐出了议会。就这样，议会中剩下的议员们组成了"残余议会"，他们宣判了国王的叛国罪。由于上议院不愿意担任审判员，于是重新任命了新的审判员，判处国王的死刑。1649 年 1 月 30 日，查理一世从白厅的窗户中平静地走出来，一直走上了断头台。就是在这一天，一位对自己在现代国家中所处的地位认识不清的国王，在人类历史上第一次被君主制国家的代表们宣判了死刑。

一般而言，查理死后的那一段时期，被称为克伦威尔时代。起先，克伦威尔只是英国不合法的独裁者，1653 年的时候，他正式成为护国主。他在英国的统治只有五年的时间，这期间，他很好地贯彻执行着伊丽莎白的政策。英国的头号劲敌又成了西班牙人，此后，与西班牙的战争被称为全国人民的神圣事业。

国家将商人们的利益以及国外贸易事业放在首要位置，并且坚决捍卫着新教教义的严格性。在保持英国国际地位方面，我们不能否认克伦威尔的伟大功劳，但是，他却是一个彻底的社会改革失败者。这个世界上生活的人那么多，想要统一人们的思想，自然不是一件易事。从长远发展的角度来看，这个准则是非常明智的。由少数人组成的政府、只考虑少数人利益的政府，注定只是个短命政府。清教徒们在阻止王权滥用方面的出发点是值得认可的，可是，作为英国的至高无上的统治者，他们的做法却让人忍无可忍。

1658 年，克伦威尔离开了人世，斯图亚特王族们轻而易举地收复了王权。这个曾经没落的王朝如今被人们奉为"救世主"，受到了人民热烈的欢迎，因为清教徒扣在他们身上的束缚丝毫不比查理国王的专制独裁更为轻松一些。如果斯图亚特王族能够摒弃他们已经死去的父亲坚持的"君权神授"的意志，承认议会在国家中的最高地位，他们就很乐意尊奉他为国王，并且甘愿做他们忠实的臣民。

为了实现这种崭新的治国之道，整整两代人为此付出了巨大的努力。但是，斯图亚特王族却没能记住惨痛的教训，让他们改掉以前的坏毛病简直比登天还难。1660 年，查理二世回到了英国，登上了统治者的宝座。他生性温和恭顺，只是胸无大志，能力低下。查理二世是个懒散的家伙，并且懦弱随和，还善于说谎，这样的性格特点使他免于与人民产生公开的正面冲突。他依据 1662 年通过的"统一法令"，驱逐了境内所有不信奉国教的教士，使清教徒教士的势力遭受到毁灭性的打击。为了杜绝不信国教的异教徒参加秘密集会，他动用了 1664 年通过的"秘密宗教集合法令"，而且还出了流放西印度群岛的严厉惩罚措施。这种做法看起来很有从前"君权神授"的影子。臣民们累积多时的对以前旧制度的仇视开始爆发了，而此时的议会却觉得为国王提供资金是一件很困难的事情。

查理二世不能从议会那里筹集到所需的资金，于是，他暗自将求援的手伸向了自己的邻邦，希望从他的表兄法国路易国王那里借一些钱。作为出卖新教同盟的交换条件，他每年可以得到 20 万英镑，在他看来，议会那群人实在是太愚蠢了，他禁不住独自窃笑起来。

由于获得了经济上的独立，查理顿时感到信心满满。从前他那些流亡的岁月，几乎都是在天主教亲戚那里度过的，因此，他理所应当地对亲戚们的宗教有了些许好感。在他的作用下，英国重新归顺罗马也不是完全不可能的事。当他的弟弟詹姆士归顺了天主教的时候，他立刻发布了一项赦罪令，对那些反对天主教和非国教的旧法令予以取缔。这种做法使人们产生了质疑。这会不会是教皇精心准备的一个圈套呢？人们对此惶惶不可终日。大多数人都不希望内战再次爆发。百姓们已经受够了内战之苦，他们宁愿选择一个专治的君主或一个信仰天主教的国王，就算是"君权神授"也无所谓了。但是，另外一些人却没有这种宽容之心，他们是那些坚持信仰、饱受威胁的非国教信仰者，他们的领导者是一些卓越的贵族，对这些人来说，他们断然不会接受一位拥有绝对君权的统治者。

辉格党和托利党这两大党派一直相互对峙了 10 年的时间。前者由中产阶级组成，他们这个滑稽的名称与一群赶马车的人有关。1640 年，为了反抗国王的统治，一个长老会的教士率领着一群苏格兰的辉格莫人进攻爱丁堡，这群人其实就是一群马车夫。后者因为爱尔兰保皇党的追随者们而得名，现在代表的是支持国王的人。在这两大阵营的争执中，查理二世得以安静地走完一生，而且，信奉天主教的詹姆士二世也得以顺利地继任了王位，如此看来，他们还是怀有宽容之心的。然而，詹姆士却自作主张以法国为榜样，建立了一支"常备军"，由信奉天主的法国人出任总指挥；1688 年，他再接再厉，颁布了第二道"赦罪令"，强制宣传到国内各个教堂。他的做法很显然已经大大超越了一位受爱戴的君主的合理权势范畴。有 7 位主教拒不履行国王的旨意，他们以"煽动性诽谤罪"被送上了法庭。最终，他们被法庭宣告无罪释放，此举赢得了人们的欢呼和掌声。

就在这个不幸的紧要关头，詹姆士（他在第二次婚姻中娶的是信奉天主教的摩德纳伊斯特家族的玛丽亚）得到了一个儿子。这意味着，以后国家的统治权并不属于詹姆士信仰新教的姐姐玛丽或安娜了，而是要由这个天主教的孩子来继承。这件事引起了人们极大的怀疑，他们认为像摩德纳伊斯特家族的玛丽亚这样的年龄，已经不具备生育的能力了，这绝对是一个巨大的阴谋。为了让英国的统治权继续掌握在天主教徒的手中，耶稣会的神父才送了这么一个毫无皇室血缘的孩子进宫。一时之间，流言四起，一场内战的爆发已经迫在眉睫了。在这种情况之下，辉格党和托利党的 7 位权威人士，联合写了一封信给詹姆斯的长女玛丽的丈夫，他们诚意邀请这位荷兰共和国的君王威廉三世，到英国来出任英国国王的职务，詹姆士二世虽然是英国的合法国君，但他已经众叛亲离了，人民不再需要他了。

1688年11月15日，威廉登陆图尔比。他不希望自己的岳父成为一个牺牲品，于是，他帮助他安全地逃到了法国。1689年1月22日，议会在威廉的组织下，再次召开了。2月23日，他发出通告，英国的国王由他和妻子玛丽共同担任，这样一来，英国继续保持了新教徒的统治权。

发展到此时，议会早已经不再是一个单纯的为国王提供建议的组织了，它把握时机获得了更多的权力。1628年，原先的《权利请愿书》从档案室里某个落满尘灰的角落里移到了桌面上来。接着，又出台了第二个《权利法案》这个法案较之以前更加严格，它规定了只有国教徒才有资格出任英国国王。除此之外，该法案还剥夺了国王废止法律的权力和允许某些特权阶级凌驾于法律之上的权力。法案还进一步规定：“没有议会的允许，国王无擅自征税、组建军队的权力。”如此一来，1689年，英国获得了极大的自由，这种自由程度是欧洲其他任何一个国家都无法企及的。

然而，英国国王威廉之所以被载入历史，并不只限于他在政策上的开明和宽容。著名的“责任”内阁制就是他生前的首创。任何能力非凡的国王都不可能独自一人完成治理国家的大业，拥有忠实睿智的顾问团是必不可少的条件。都铎王朝时期的顾问团成员主要是贵族和教士，但是这个组织的规模发展得过于繁冗，为了对他们加以限制，就以“枢密院”取而代之了。枢密官员如果要觐见国王，就安排在王宫里的一间小房子里，久而久之，这延续成了一个习惯，这些枢密官也有了专门的称谓，叫作“内阁成员”，“内阁”这个词也就应运而生了。

威廉效仿先前的英国国王们的做法，从不同的党派之间挑选人员加入他的顾问团中来。后来，议会的势力逐渐增大，他意识到，一旦辉格党人在议会中占据了多数席位时，他就绝对不可能依靠托利党来执行自己的政策了。所以，托利党被取消了出任内阁成员的资格，内阁所有的席位都是辉格党的。很多年以后，辉格党派在议会中大势已去，国王为了方便工作的开展，转而求助于托利党。1702 年，威廉国王与世长辞，他生前陷于与法国国王路易的战事之中，根本没有多余的精力来管理英国的内政，所以，几乎全部的国家事务都是由内阁一手操持的。1714 年，安娜也离世了，她有 17 个孩子，却全部早早过世，因此，英国国王之位只能由汉诺威王朝的乔治一世来继承了，他是莎菲的儿子，即詹姆士一世的孙子。

这位粗俗的君王对英语一窍不通，英国那套复杂异常的政治体制把他弄得焦头烂额、手足无措。所以，内阁又理所当然地接管了国家的一切管理事务，由于国王听不懂英语，他甚至不出现在任何内阁会议中。如此一来，王国成为一个名义上的摆设，英格兰和苏格兰（1707 年，他们的议会合并到英国议会中来）的真正大权全部由内阁掌控，至于乔治本人，他非常乐意接受这个事实，他可以悠闲自在地在大陆休假。

无数才能出众的辉格党人在乔治一世和乔治二世时代出任国王的内阁阁员，比如罗伯特·沃波尔爵士就在内阁掌权 21 年之久，由此，辉格党的首领们被视为责任内阁和会议的多数党。乔治三世担任国王的时候，他企图将国家大权从议会手中抢夺过来，却为此付出了惨重的代价，这个教训对往后的继任者起到了极大的警示作用，以至于他们再也不敢轻举妄动。所以，从 18 世纪早期开始，代议制政府就在英国诞生了，国家的实权被责任大臣牢牢掌握着。

其实，这并不是一个兼顾社会各个阶层利益的政府。只有不到十二分之一的人拥有选举的权利。即便如此，它还是奠定了现代议会制政府的坚实基础，国王专属的权利在这有序而合理的方法之下，逐步转移到了一个众望所归的代表团手中。尽管这个举动并没有给英国带来繁华与和平的美好局面，但却成功使这个国家在 18、19 世纪的欧洲大陆战争中安然无恙。

第四十六章

权势均衡

> "神授君权"在法国路易十四时期发展到了空前的程度，要制约国王日益膨胀的野心，必须出现新的"势力均衡"。

现在我要给你们讲述的是法国的情况，当英国人民正在为自由斗争的时候，法国又在干什么呢？来看一下吧！顺便与上一个章节的内容做一个比较。要在历史上出现这样一种巧合实属难事，即在恰当的时机、恰当的国家，出现一个恰当的人。但是，对于法国来说，路易十四的确是这种巧合之下的最恰当人选，不过，他的出现却给欧洲其他国家的人民带来了深痛的灾难。

当这位年轻的国王掌握国家大权的时候，法国已经发展成为一个繁荣昌盛、人丁兴旺的国家了。他登位时，从马札兰与黎塞留这两位伟大的红衣主教手中接过的是一个高度集权的中央制国家，以最强大的势力立于 17 世纪的欧洲大陆。当然，路易十四本人也具有非凡的才能。如果提起"太阳王"的光辉时代，想必我们这些 20 世纪的人一定会如临其境，记忆深刻。即使在当今社会的社交生活中，我们仍然能够看到路易宫廷完美礼仪礼节的影子。在国际外交事务中，法语也依然保持着它经久不衰的官方语言地位，早在两个世纪以前，法语就已经具备了使其他语言望尘莫及的优美词语，以及优雅的表述方式了。即使到了今天，路易十四的剧院仍然让我们感到无法企及。法兰西学院（由黎塞留创建）在他统治的时期，发展成为世界学术界的领头军，给世界各地的学府树立了光辉的榜样，诸如此类的辉煌事迹实在是太多了。你甚至还可以在我们现代的生活中看得到法语菜单，这并不是偶然事件。此外，像法式烹饪这门复杂的艺术，就是由伟大的路易十四倡导的。总而言之，路易十四时代是一个华丽、奢华、高贵文雅的辉煌时期。

遗憾的是，我们看到的华丽画面仅只是一个表象而已，繁华之后却隐藏着一个悲惨暗淡的世界。一般而言，国外的光芒万丈就意味着国内的灾难和黑暗，法国更是如此。1643 年继位的路易十四直到 1715 年才离开人世，他独揽大权的日子长达 72 年之久，整整经历了两代人的时间。

关于"独揽大权"这个概念，我们务必要有充分的认识。所谓的"开明的专制制度"，就是在很多个国家中建立起来的具有高效率的独裁政治形式，这种体制的首创者当然就是法国的路易十四。作为国家的最高统治者，他在管理国家大事的过程中，将这个工作当成了轻松的娱乐游戏。不可否认，作为文明时代的君王，与大臣们相比，他们的工作内容是极其繁重的。在他们"神圣职责"的驱使下，他们不得不起早贪黑，兢兢业业地工作，落在他们身上的重担与"君权神授"有着一样重要的地位。

当然，国王并不是万能的，不能为每件事操心，他一定需要一些可靠和忠实的助手和枢密顾问来协助工作。首先要有几个将军，其次得有几个在财政方面睿智聪慧的官员以及经济学家，以便协助他处理国家日常事务。不过，这些高级官员并没有独立执行意志的权力，他们仅仅只是依照国王的意志来办事。在百姓们看来，神圣而至高无上的君主无异于这个国家的政府。祖国的荣誉等同于王朝的荣誉。它完全背离了民主制倡导的观念。法兰西成了由波旁王朝统治和享有的国家，并且效忠于波旁王朝。

这样的制度所带来的危害是非常巨大的。慢慢地，"国王就是一切，人民只是草芥"这样的局面就形成了。那些年事已高，但才能出众的贵族们无奈地放弃了他们在政治上享有的权利。一百年前该由各封建主执行的职责，如今落在了一个渺小的皇室小官僚的身上，他坐在远离巴黎的政府大厦的绿色窗户边，手指沾满了墨水，正在勤奋地工作着。丧失权力的封建贵族们移居巴黎，到宫廷中享尽荣华富贵，过着声色犬马的生活。然而，没过多久，一种名为"不在地主所有制"的经济病害就席卷了他们的庄园。在短短不足一代人的时间内，凡尔赛宫中温文尔雅、风度翩翩的闲散阶层就取代了原本勤劳刻苦的封建官员。

在路易年满 10 岁的那年，威斯特伐利亚条约刚好被签订，因为在 30 年战争中失利，哈布斯堡王族在欧洲的主导地位丧失殆尽。这对于一个具有雄心壮志的非凡人物来说，绝对是一个大好的时机，他可以趁机攫取哈布斯堡王族在欧洲的显赫地位，以此来巩固自己王朝的势力。1660 年，路易与西班牙公主玛丽亚·泰里莎结婚了，此后不久，那位西班牙哈布斯堡王族的蠢货，即他的岳父菲利普就死了。路易抓住这个机会，以他妻子嫁妆的名义霸占了西属荷兰（比利时）。这一居心叵测的举动势必会破坏欧洲的和平，而且还直接威胁到新教派的国家。1664 年，世界上第一个国际联盟诞生了，它的领导者是荷兰七省联盟的外交部长扬·德维特，由荷兰、英国、瑞典的三国组成。遗憾的是，它就如昙花一现，很快凋零了。在金钱和许诺的引诱之下，英国和查理国王和议会听从了路易十四的建议，被出卖的荷兰只能独自面对敌人了。1672 年，法国军队大肆进攻荷兰低地，一路势如破竹，直达荷兰的中心地带。在这种情况之下，荷兰人又一次开启了堤防，法国的太阳国王陷入了荷兰的沼泽地中。1678 年，双方签订了《尼姆威根和约》，但是这个和约不但没有解决问题，反而导致了另一场战祸。

1689 年至 1697 年，法国发动了第二次对荷战争，这场战争终止于《里斯维克和约》的签订。不过，路易十四却并没有得到梦想已久的欧洲霸主地位。在这场战争中，尽管他的宿敌扬·德维特为荷兰暴民所杀，可是，继任者威廉三世（在上一个章节中已经提过了）却多次重创路易，阻碍了他成为欧洲主宰的梦想。

　　一场争夺西班牙王位的战争，在哈布斯堡王朝最后一位君主查理二世离世不久就轰轰烈烈地上演了。虽然在1713年，签订了《乌得勒支和约》，但问题却没有得到解决，这场战争几乎耗尽了路易所有的财富。法国陆军取得了陆地上的胜利，但战争的最后胜利果实却不属于法国，法国战场胜利的美梦被英国和荷兰的海军摧毁了。除此之外，一种新的国际政治基本原则在长期较量中应运而生了，那就是此后再也没有任何一个国家有能力称霸整个欧洲了，而且再也不可能有。

　　这个原则，我们称之为"势力均衡"。虽然它不是一条明文规定的法律，却在三个世纪里，如同不可撼动的自然法则一样，让国际大舞台上的各个国家严格遵守着。在首先提出这个观点的人看来，整个欧洲的各个国家正处于一个蓬勃发展的时期，它们要想平安无事地生存下去，各种关系以及利益之间需要达到一个相对平衡的程度才行，任何一个人或一个国家都不会被允许称霸欧洲。30年战争期间的哈布斯堡家王朝就不幸为这一原则殉葬了，并且，他们是在不自觉的情况下牺牲掉的。其实，这场战争的真正目的被铺天盖地的宗教争论掩埋了，以至于人们看不清战争的实质。不过，从此以后，冷酷的经济因素以及冷静的预测，在国际重大事务中所占据的重要地位就在我们眼前展露无遗了。我们还看到，一类新型的政治家正在成长，他们是聪明能干、有着计算尺和现金出纳机之称的政治家。这个新型的政治学派的首位倡导者就是扬·德维特，至于第一个卓越的学生则非路易十四莫属。不可否认，路易十四却曾显赫一时，但他却沦为第一个不自觉的受害者。从此以后，重蹈他覆辙的人还有很多。

第四十七章

俄国的崛起

这是一个关于神秘的莫斯科帝国在欧洲这个政治大舞台上异军突起的故事。

哥伦布于 1492 年发现了美洲大陆，这件事早已经家喻户晓了。就在那一年初，提洛尔有一位叫作舒纳普斯的人，带着一封写满了对他本人赞誉之词的介绍信，为提洛尔地区大主教率领一支科学考察队，要到神秘的莫斯科城区探险，但是他失败了。广袤的莫斯科帝国，在人们的心里只有一个模糊不清的概念而已，它被视为欧洲最东端的国家。舒纳普斯历经千辛终于到达了它的边境，可是，却不被允许入城，无奈之下，他只得原路返回。为了在探险活动结束后对主教大人有一个交代，他顺道去了君士坦丁堡，探访那里的异教徒土耳其人。

时隔 61 年，试图寻找通往印度的东北航道的英国船长理查德·钱塞勒率领的船队被突如其来的飓风刮进了北海，意外到达了德维内河的海口，在那里，他发现了一个距 1584 年建成的阿尔汉格尔城仅几个小时路程的霍尔莫戈里村落。这次，这些外国意外造访者被热情地请进了莫斯科城，而且还见到了莫斯科大公。当他们返航的时候，同时带回了俄国与西方签订的第一份商业和约。接下来，其他国家的拜访者陆续到来，这个国家的神秘面纱就这样被揭开了。

从地理位置来看，俄国是一个广袤的大平原，过于平坦的乌拉尔山脉完全没有抵御外敌的屏障功能。这里的河流又宽又浅，是游牧民族理想的生活天堂。

当罗马帝国在漫长的岁月中经历着建立、成长、繁盛以及衰落的历史变迁之时，从中亚故土出走的斯拉夫各民族正漫无目的地在森林里穿梭，在德涅斯特河与第聂伯河之间的平原地带流浪。有时候，希腊人会在路途中碰见他们，3世纪以及4世纪的一些旅游者也偶尔会提起他们。不然的话，他们将与1800年间居住在内华达的印第安人一样，成为一个不为人知的神秘群体。

这些原始居民原本可以过着与世无争的平静生活，遗憾的是一条便利的商道横穿他们的家园，也因此扰乱了他们生活的步调。这条商业要道连通北欧与君士坦丁堡。它沿着波罗的海岸线一直抵达涅瓦河，然后穿越拉多加湖，一直向南，顺着沃尔霍夫河延伸而去。然后从伊尔门湖穿越，从拉瓦特河往上。经过一段短暂的行程之后，来到了第聂伯河，最后顺着第聂伯河一直延伸到黑海。

其实，这条路线早就被古代的北欧人（斯堪的纳维亚）发现了。从公元9世纪开始他们就来到北俄罗斯，并定居于此，与早期的北欧人为德国或法国的建立奠定坚实的国家基础那样。可是，862年的时候，从波罗的海那边的北欧来了兄弟三个人，他们建立了三个小王国。其中一个人叫作鲁里克，他是活得时间最长的一个，之后，其他兄弟的土地被他占领了，当这块土地印上了第一个北欧人足迹的此后20年，第一个斯拉夫王国出现了，首都是基辅。

没过多久，这个斯拉夫国家建立的消息就传遍了君士坦丁堡，因为从基辅到黑海的路程非常近。对狂热的基督徒来说，他们又多了一块传播上帝旨意的地方。于是，在这种诱惑之下，拜占庭的僧侣们沿着第聂伯河，一路来到了俄罗斯的中心地带。他们发现，这里的人们把居住在森林、河流及山洞里面的稀奇古怪的神，当成崇拜的对象。所以，这些僧侣们就把耶稣的故事讲给他们听，由于此时的罗马教会正忙着驯化那些愚昧的条顿人，所以无暇顾及这个地方的斯拉夫人，僧侣们可以放心地将他们劝归到自己的阵营中来。因此，俄国人跟这些僧侣们学习了宗教、字母、早期的艺术和建筑等。当拜占庭帝国（东罗马帝国的剩余势力）被东方化的时候，俄国人也随着改变了。

从政治层面上来看，在俄罗斯大平原兴起的这些小帝国的发展，还存在着诸多不稳定的因素。北欧人有一个习惯，他们所有的财产都会平均分给每一个儿子。因此，就存在着这样的情况：一个国家才刚刚建立，就马上被七八个继承人分割了；等到这些人故去的时候，属于他们的那一份土地又会被他们的后代平均分走。这样一直持续下去，不可避免的情况发生了，相互竞争的小王国陷入了无休止地争吵之中，整个局势都变得混乱不堪。当一片红艳艳的光芒突然出现在东方的地平线上，人们才恍然大悟，亚洲的野蛮民族打过来了，由于这些小国太弱小，太分散，面对强大的敌人，他们不知所措。

鞑靼人第一次大规模的侵略战争就发生在 1224 年。在征服了中国、布拉哈、塔什干及土耳其斯坦后，强大的成吉思汗率领着勇猛的蒙古骑兵第一次踏上了西方的土地。在卡拉卡河附近，斯拉夫军队遭到蒙古骑兵的强烈攻击，大败而归，蒙古人掌控了整个俄罗斯。不过，这些人出没异常，不可捉摸，转瞬之间他们就消失了。过了 13 年，也就是 1237 年，他们再次回来。鞑靼人用了不到 5 年的时间就征服了整个俄罗斯，成为俄罗斯人的统治者，这种状况一直持续到 1380 年，库利科夫平原一役，莫斯科大公德米特里·顿斯科夫大败蒙古军，并将他们彻底赶出了俄罗斯。

如此说来，俄罗斯人花了两个世纪的时间才将自己从鞑靼人的枷锁中拯救出来。这实在是一个冷酷又残忍的枷锁，让人不堪重负，斯拉夫人们在它的压榨下过着牛马般的奴隶生活。为了卑微地活下去，俄罗斯人只能卑躬屈膝地臣服于俄罗斯南部草原上的那些住在低矮帐篷里的小蒙古人脚下，任由他们差遣和侮辱，完全失去了作为人的尊严。饱受饥饿、痛苦、凌辱、虐待的俄罗斯人，无论是农民还是贵族，一律失去了对生活的憧憬，他们如行尸走肉般的生活在黯淡和绝望之中。

他们甚至连逃命的机会都没有，因为鞑靼骑兵的速度实在太快了。他们不可能从广袤的大草原上逃脱到安全的邻居那里，只能沉默地忍受着这些黄皮肤的主人继续折磨他们，不然的话，他们的生命就没有保障了。

本来，欧洲应该要出面阻止这场悲剧，可是，那个时候的欧洲正面临着繁忙的事物，无暇顾及他们，教皇与王国之间兵戎相见，他们忙着到处去镇压异端邪说以及异教徒的暴乱。斯拉夫人也只能听天由命，自己寻找解脱之道了。

最后将俄罗斯拯救于水火之中的是一个北欧人早期建立的小国家。它地处俄罗斯大平原的中心地带，首都是莫斯科，位于莫斯科河边一个陡峭的山坡之上。这个小公国取胜的秘诀在于，它会在合适的时候向鞑靼人献媚，而在保证自己安全的情况下，又会对其反抗，如此一来，到了14世纪的时候，它已经成功地确立了自己民族首领的绝对地位。至于鞑靼人，众所周知，他们具有很强大的破坏能力，却在政治建设方面处于劣势。他们之所以南征北战，霸占土地，仅仅只是为了获取更多的税收和纳贡而已。像这样将财政收入寄托在税收上的国家，势必会允许被征服地区的统治组织的残余继续存在。正因为如此，蒙古大汗格外开恩，使得很多小城镇得以保存，沦为鞑靼人的税收工作者，同时还可以帮助可汗向邻地进行掠夺，以增加收入。

踩踏着四周邻居们的利益，莫斯科大公逐渐走向繁荣和富强，后来，他已经具备了足够的能力，能够与鞑靼主人相抗衡了。确实，他获得了最终的胜利，从此，莫斯科成了领导俄罗斯走向独立的领头军，得到了极大的荣誉和显赫的声名，那些坚定不移憧憬着斯拉夫民族美好未来的人，将莫斯科视为自己的中心城市。土耳其人在1453年攻占了君士坦丁堡。10年以后，通过伊凡三世精明的管理，西方世界收到了来自莫斯科的通告：这个斯拉夫国家已经完全继承了拜占庭帝国及君士坦丁堡的罗马帝国所享有的传统世俗和精神的共同统治权。在下一位莫斯科大公的继任者伊凡雷帝统治时期，莫斯科的势力更是空前强大，他以沙皇自封，而且要求欧洲各国认可。

1598年，费奥特尔一世离开了人世，由北欧人鲁里克的后裔们统治的古老莫斯科王朝也随之终结了。此后7年，坐上沙皇宝座的是一位鞑靼混血儿，名字叫作鲍里斯·哥特诺夫。俄罗斯人民的未来就在这段时期内尘埃落定了。虽然这个帝国拥有广袤的土地，但却一贫如洗。没有贸易往来，也没有工厂，甚至寥寥无几的城市也只是一些破败的村庄而已。这个国家有一个高度强盛的中央制政府，同时也充斥着无数大字不识的粗俗农民。政府组织可以说是一个奇特的混合怪物，它同时受到斯拉夫、斯堪的纳维亚、拜占庭及鞑靼影响。它只把国家的利益放在首位，除此之外，对一切都是一无所知。他们需要一支强大的军队来承担起保护国家的职责，而组建军队就需要一笔巨额的钱财，那么它必须招募一批文官来负责税收业务，当然这些员工也是需要拿酬劳的，那么，只有找到更多的土地来支付他们的薪酬。还好，俄罗斯拥有充足的土地资源，从东到西的荒原全部都是可以供给的商品资源。可是，这些土地需要有足够的人力来进行开发，并且要饲养更多的牲畜，否则这些土地便失去了应有的价值。因此，直到16世纪早期，这些被剥夺了无数权利的早期游牧农民，才真正成为这块土地不可分割的一部分。俄罗斯的农民失去了自由民的权利，变成了卑微的奴隶或农奴，直到1861年，他们再也承受不了如此悲惨的命运了，生存已经受到了严重的威胁。

17 世纪，这个新兴国家的土地日益膨胀，在很短的时间里就将整个西伯利亚都纳入自己的版图中来。这股迅速崛起的力量让欧洲各国不敢小觑。1613 年，鲍里斯·哥特诺夫与世长辞，继任者是费奥特尔的儿子，也是俄罗斯贵族们推选出来的自己人，属于罗曼诺夫家族，叫作米歇尔。他居住在离克里姆林宫不远处的一所小房子里。

1672 年，米歇尔获得了一个曾孙，也就是另一位费奥特尔的儿子，名叫彼得。当这个孩子年满 10 岁的时候，俄罗斯国王之位被他同父异母的姐姐索菲亚继承了。新任的统治者立刻将彼得发配到首都郊外的外国居民区。年幼的王子对周围那些苏格兰酒吧老板、荷兰商人、瑞士药剂师、意大利理发师傅、法国舞蹈教师，以及德国小学老师留下了难以磨灭的最初印象，他认为，遥远的欧洲肯定与这里的一切都迥然不同。

在彼得 17 岁那年，他突然发动政变，剥夺了姐姐索菲亚的王位，自己坐上了帝国统治者的宝座。他不甘心自己只是一个半野蛮、半东方化民族的沙皇，于是，他下定决心要成为一个文明之国的帝王。可是，要将一个拜占庭鞑靼国转变为一个欧洲的大帝国，绝对不是朝夕之间就能成就的事情。这需要睿智的头脑以及有力的双手，而这两个条件，彼得都不缺。1698 年，俄罗斯帝国进行了一场艰巨的大手术，它要将现代化的欧洲移植到古老的俄罗斯体内，可幸的是，这个患者最终活了下来。遗憾的是，这场手术带给它的后遗症却从来没有痊愈过，此后 5 年所发生的一切能够很好地证明这一点。

第四十八章

俄国与瑞典之争

为了争夺东北欧的霸权，俄国与瑞典发生了无休止的征战。

1698 年，彼得大帝第一次启程到西欧拜访。途中，他经过了柏林，并且特意去了英国和荷兰这两个国家。彼得小时候，曾经有一次在父亲乡村别墅里的鸭池里玩自制的小船，险些溺水而死。从那时起，他对水就有了一种狂热的情感，如果按照现实的意义来解释，这种感情则寄托了他期望为这个内陆大国开辟一条联结公海的通道的愿望。

正当这位严肃冷酷的年轻帝王周游列国的时候，一群坚守俄国旧习俗的保守人士，在莫斯科着手践踏他的改革成果。而且，他的卫队斯特莱尔茨骑兵团也突然发生了叛变，形势紧迫，彼得不得不快马加鞭赶回俄罗斯。他亲自出任最高执行官，绞死了斯特莱尔茨，而且将之碎尸万段，此后，整个兵团的成员都被处以死刑。这场叛乱的始作俑者就是他的姐姐索菲亚，彼得将其关进了一座修道院，此后，彼得大帝的统治得以巩固。1716 年，彼得开始了自己的第二次西欧之行，不幸的是，上一次叛乱事件又一次重现了，这次叛乱的罪魁祸首是他那个白痴儿子阿利克西斯。无奈之下，彼得再次急速赶回。他将阿利克西斯囚禁在地牢之中，并将他抽打致死，那些拥护古拜占庭传统的人则被流放到了西伯利亚，他们历经千难万险，长途跋涉之后，最终到达了这块不毛之地的一座铅矿里，并在此了却残生。此后，类似的暴乱再也没有出现过。彼得一直致力于改革事业，直到撒手人寰。

如果要依据年代来对彼得推行过的改革做一个细致的罗列，这实在是一件很困难的事。他所推行的改革大刀阔斧，往往不遵循常理。他总是以迅雷不及掩耳之势颁布各种法令，只是简单地记录一下数目都是有困难的。他可能觉得以前发生的一切都不正确，所以才会以如此之快的速度对俄国进行大整容。他死后留给后世的遗产，是一支训练有素的20万人的军队和装备了50艘战舰的强大海军。几乎只在一夜之间，旧的制度就被清除一空了。他还遣散了所谓的"杜马"贵族议会，用一个以沙皇为中心的国家官员顾问团取而代之，这个顾问团又称为参议院。

俄国以八大行政区域来划分，也可以成为行省。全国都在致力于道路修建以及城市建设工作。各种工厂按照沙皇的意愿纷纷成立，这些工厂在建立之初根本不考虑与原材料产地的关系，只随沙皇高兴。东部山区的开矿和挖河事业如火如荼地进行着。大量的学校如雨后春笋般出现这块文盲遍布的土地之上。此外，还开办了大学和高等学府、医院以及职业学校。他们还发出邀请，鼓励荷兰的船舶工程师以及世界各地的商人和手工匠人到俄国来居住。印刷厂也兴办了起来，不过，只有经过沙皇审核过的书籍才能够印刷出版。新的法典专门负责记录各个阶层的社会职责，所有的民事法和刑事法都被统一印制成了小册子。老旧的俄罗斯服饰也由皇家法令废除了。每一条乡村大道上，都能够看到拿着剪刀的警察，一旦看到留着长头发的农民经过，他们就毫不客气地上前把他们的头发修剪成西欧人的那种短发，使他看上去精神抖擞。

至于宗教方面，所有的权力都被沙皇一人掌控，在俄罗斯并不存在欧洲那种教皇和皇帝彼此敌对的情况。1721年，彼得大帝自封俄罗斯的宗教统治者，主教们丧失了应有的权力，所有宗教事务的最高权力机构由神圣的宗教议会行使权力。

即便如此，莫斯科城里依然存在着俄罗斯的传统势力，只有彻底摧毁这一股势力，改革才能取得确实的效果。于是，彼得决定迁都。新首都的地址被彼得选在了波罗的海沿岸，那里沼泽遍布，并不适合人类长期居住。1703 年，沙皇召集了 4 万多名农民对这块土地进行大力改造，为了巩固都城地基，这些可怜的农民艰辛地工作了好多年。为了破坏这座城市，瑞典对彼得发起了进攻，在疾病、劳累以及艰辛条件的困扰之下，数以万计的农民丧生于这片沼泽之地。不过，这并没有影响到工程的进程。不久之后，一座纯人工建造的城市在波罗的海边出现了。1712 年，新城被正式封为"帝国首都"。十几年过后，居住在这里的人们已经达到了 7.5 万之众。涅瓦河水几乎每年要有两次将这座城市掩埋在一片泥浆之中。为了阻止洪水泛滥，造成危害，沙皇再次下令，修建了坚固的堤坝和畅通的运河。1725 年，彼得永远地离开了人世，而此时的彼得堡已经成为欧洲最大的城市了。

这样一个突然崛起的对手实在太危险了，它的邻居们都感受到了巨大的威胁和压力。然而，彼得自始至终关注的只是他的那位波罗的海宿敌瑞典而已。1654 年，克里斯蒂娜这位 30 年战争的英雄，同时也是瑞典国王古斯塔夫·阿道尔丰斯的独女放弃了帝国统治权，来到罗马，皈依了天主教。接替瓦萨王朝末代女王当上国王的是古斯塔夫的一个新教徒侄子，即查理十世。瑞典王国在查理十世和查理十一世的英明领导之下，各项事务都井然有序，国家逐渐走向繁荣昌盛。不幸的是，1697 年，查理十一世突然间去世了，继承王位是查理十二世，此时，他才年仅 15 岁。

对北欧各国来说，这实在是个千载难逢的绝好时机。瑞典在 17 世纪的宗教战争中获得了渔人之利，从而得以迅速地发展起来。现在，是时候轮到邻居们来讨债了。于是，俄国、波兰、丹麦、萨克森共同发动对了瑞典的战争。1700 年 11 月，在著名的纳尔瓦战役中，彼得新招募的新军，由于缺乏训练而遭到查理的重创。彼得被击败后，这位最卓越的军事天才查理，又将矛头对准了其他的敌人。他用了9年的时间，烧杀抢掠，陆续攻占了波兰、萨克森、丹麦，还有波罗的海沿岸各省的无数村庄乡镇。这个时候的彼得正在遥远的俄罗斯刻不容缓地操练他的军队。

最终，在1709年的波尔塔瓦战役中，疲惫不堪的瑞典大军遭到了俄国军队的毁灭性打击。但是，查理不愧是历史上一个高度形象化的人物，他是一个不折不扣的传奇英雄。可是，正是因为他的复仇举动，将整个国家推向了毁灭的深渊。1718年，查理死了，可能是死于意外，也可能是被刺杀（具体情况无法确定）。在1712年签订的《尼斯特兹城和约》，规定了荷兰只拥有一个小小的芬兰，而它位于波罗的海的全部领土都丧失殆尽了。彼得辛苦经营的俄罗斯帝国终于坐拥了北欧霸主地位，但此时有一个新的对手正在异军突起，那就是普鲁士王国。

第四十九章

普鲁士的崛起

位于日耳曼北部阴暗之地的一个名为普鲁士的国家突然崛起。

普鲁士的历史同时也是一部边疆地区的发展史。公元9世纪，地中海文明中心被查理曼移至西北方那个偏僻荒凉的地方。他动用法兰克士兵的力量，使欧洲边界向东方的更远处扩展。波罗的海与喀尔巴阡山之间的广大土地都被他收归囊中，这些土地原本属于斯拉夫与立陶宛。就像美国还没有建国以前管理他们的土地那样，法兰克也是这样随意管理这些边远地区的土地的。

为了保卫法兰克东部的领地，使它免遭撒克逊野蛮人的侵占，查理曼亲自在边境建立了勃兰登堡省。这里是文德人（斯拉夫人的一个分支）的定居地，他们在10世纪臣服于法兰克。后来，那个他们称为勃兰纳博的集市，发展成为以此命名的勃兰登堡省的中心。

11世纪至14世纪期间，管理这个边境省份的是一系列贵族，他们担任着帝国总督的职务。在15世纪的时候，霍亨索伦家族突然变得异常强大，成功当上了勃兰登堡选帝侯，在他们的精明管理下，一个现代化的实力强国逐渐从这片荒凉贫瘠的沙土之地崛起了。

霍亨索伦家族来自于南日耳曼，并没有显赫的出身，他们在不久之前才被欧洲和美洲联合赶下了历史的舞台。12世纪的时候，由于一桩幸运的婚姻，霍亨索伦家族一个叫作弗雷德里的出任了勃兰登堡城守将之职。他的子孙后代们抓住一切机会，逐渐发展了自己的势力。几个世纪之后，他们巧取豪夺，累积了很多权势和财富，终于登上了选帝侯的位置。所谓的选帝侯，就是有资格被选举为日耳曼帝国皇帝的君王公侯的特殊称号。宗教改革期间，他们忠实地支持着新教徒；到了17世纪，这个家族一跃成为北日耳曼权势最高的王侯。

勃兰登堡与普鲁士在30年战争中，多次遭受新教和天主教两大教派的洗劫。然而，大选帝侯弗雷德里克·威廉却能有效地利用所有的资源和经济条件，使这片受伤的领土在短时间内就得以恢复过来，之后，他竭尽所能建立了一个富裕的国家。

现代化的普鲁士是这样一个国家：人们的理想与抱负完全与国家的整体利益合二为一。这个国家的创立者是弗雷德里克大帝的父亲弗雷德里克·威廉一世。威廉是一个勤俭踏实的普鲁士军官，对酒馆里的庸俗流言和味道浓烈的荷兰烟草尤为钟爱，所有的华丽服饰（特别是法国的）他都深恶痛绝。他坚定地坚持着一个信念：恪尽职守。作风严厉的威廉，对属下那些将军和士兵特别地严格，没有丝毫宽容可言。他与儿子弗雷德里克之间的关系非常冷淡。父亲是个粗俗不堪的人，儿子却温顺谦恭、文雅礼貌，尤为崇尚法国的生活作风，喜欢文学、哲学以及音乐，这样一来，这对大相径庭的父子彼此都看不顺眼，相互厌恶。最终，由于性格的迥异导致了激烈地争执。企图逃跑的弗雷德里克被抓了回来，他被送上军事法庭接受审判，当着他的面，他的父亲杀害了帮助他逃跑的朋友。然后，这位年轻王子被罚往外省一个小堡垒中学习，他将在这里学会作为未来国君所具备的管理方法。这段经历可以说是因祸得福，1740年，弗雷德里克登上了王位的宝座，此时，他已经掌握了治国之道，无论是一个贫困家庭的孩子出生证，还是国家复杂无比的年度财政计划的各种细节，他都了然于心。

同时，弗雷德里克还是一个作者，他写了一本叫作《反马基雅维利》的书，在这本书中，我们能够看出他对古佛罗伦萨历史学家的政治观念不屑一顾。马基雅维利曾经告诫他的那些王公贵族的学生，出于国家利益的需要，在必要时可以说谎并进行欺诈。而弗雷德里克在书中表达的思想是：只有把自己当成人民的第一公仆，才是合格的君王。对于路易十四那样开明的专制君主，他尤为赞赏。可是，实际情况却是当弗雷德里克为了人民，每天辛苦工作20个小时的时候，他不会容忍任何一个顾问官在他的周围。他的大臣无非只是充当了他的高级书记官而已。他把普鲁士当成了自己的私人财产，完全根据自己的意愿来管理这个国家，任何影响国家利益的行为他都不能容忍。

1740年，奥地利的皇帝查理六世离开了人世。为了保证自己的独生女儿玛利亚·泰利莎的合法统治地位，这位皇帝生前立了一项严肃的条令，并且白纸黑字写在了羊皮纸上。然而，他的遗体才刚刚被放进哈布斯堡王族的祖坟里，奥地利的边界上就出现了弗雷德里克的普鲁士军队，西里西亚的一部分（还有整个的欧洲中部）很快就被他占领了。普鲁士宣称，他们占领这块土地是合法的，事实上，他们拥有的这种权利实在是太过久远，而且很让人怀疑。几次激战后，整个西里西亚都被弗雷德里克占有了。有很多次，他都险些败在了战场上，不过，他最终还是在新获取的土地上坚持到底，直至将奥地利军队被全部击退为止。

这个快速崛起的强国让整个欧洲都为之震惊了。18世纪的日耳曼民族已经毁于残酷的宗教战争，他们只是一个被轻视的小民族而已。但是，如同俄国的彼得那样，弗雷德里克以惊人的意志和努力改变了人们鄙夷的情绪，让他们转而感到恐惧。普鲁士被管理得井井有条，臣民们安居乐业。财政收入相当充裕富足，以前入不敷出的情况已经一去不复返了。法制方面，酷刑被废止了，司法制度得到进一步改善。同时，还修建了大量的道路，优质的学校和大学被建立起来了，加之精明的管理，就像那句老话一样，各尽其力，国家一片欣欣向荣。

很多个世纪以来，日耳曼帝国一直充当着法国、奥地利、瑞典、丹麦及波兰的争霸战场，此时，他们受到了普鲁士的激励，重新获得了信心。这些功劳都是属于那个小老头子的。他的脸上有一个鹰钩般的鼻子，穿着破旧不堪的制服，上面还挂满了鼻烟。他对他的邻邦们报以无情的嘲讽和蔑视。《反马基雅维利》这本书就是他写的，但是在国家利益面前，对于谎言和欺骗，他都全然不顾，18世纪的诽谤新外交手段被他运用得如鱼得水。1786年，死神找上了他，所有的朋友都抛弃了他，他也没有任何子嗣，一个人孤零零离开了人世，只有一个仆人和几条狗守护着他。与人类相比，他更爱这些狗，在他看来，只有这些狗才是忠诚可靠的，他们不会背弃信义，会对它的朋友忠诚到底。

第五十章

重商主义

> 欧洲新兴的那些民族和王国是怎样走上富裕之路的
> 呢？所谓的重商主义又是什么呢？

关于 16 世纪和 17 世纪那些现代国家的形成发展方式，我们已经谈过了。它们有着迥然不同的起源。有的是凭借国王的精明和努力，有的是凭借上天赐予的良机，还有一些是因为优越的地理优势。不过，所有的国家一经建立，都将加强国内事务的管理放在首要位置，而且会竭尽所能地在外交事务中扩大自己的影响力。当然，这一切都是建立在大量金钱基础之上的。中世纪的国家无所谓中央集权，自然也就没有充裕的国库可以依靠。国王的税收靠皇家领地提供，而行政机构的费用，则由官员们自己掏腰包。这与现代的中央集权制国家的情况截然不同。当古老的骑士湮没在历史的尘埃里，雇用的政府官员接替了他们的地位。供养陆军、海军还有对其他国家事务的管理，所需经费通常都要用百万来计算。现在的问题就是，如何才能弄到这笔钱呢？

无论黄金还是白银都是中世纪的稀缺商品。前面我也跟你们说过了，普通的平民百姓一生都没有机会见到一块金子，只有那些生活在大城市里的人才会对银币无比熟悉。后来，随着美洲大陆的发现以及秘鲁银矿的开工，这一切终于发生了变化。地中海商贸中心转移到了大西洋沿岸。意大利"商业城市"的金融地位轰然崩塌，取而代之的是新兴的"商业国家"，黄金和白银稀有宝物的地位也随之丧失了。

贵重金属从西班牙、葡萄牙、英国、荷兰等地不断涌入欧洲。16世纪一批著名的作家，以政治经济学为主题，撰写了一系列著作，富国论由此诞生，他们所阐述的观点具有正确的指导性，不仅如此，他们各自的国家还能从中获利。他们提出这样的论点：金子和银子都代表着真实的财富。根据他们的观点，哪一个国家在银行和金库里储存的黄金和白银数量最多，哪一个国家就是最富有的。而且，军队必须要用大量的金钱养活，那么富有的国家同时就是最强大的国家，它有能力主宰世界。

这种思想论调，我们就称它为"重商主义"。这种观点一经提出，就受到欧洲各国的全盘接受，如同早期的天主教徒相信神迹的存在一样，或是像现在的美国人对关税政策深信不疑那样。在现实生活中，重商主义的具体操作方式如下：想要最大限度地增加贵重金属储备量，就必须要在对外贸易中保证贸易顺差。在与邻国的贸易事业中，只有你的出口量多于从对方那里进口的数量，它才会以黄金还债。如此一来，你就有收获了，而它却受到损失了。受到这种规律的支配，17世纪的每个国家几乎都用以下的经济策略：

1. 竭尽全力获取更多的贵重金属。

2. 与国内贸易相比，优先鼓励对外贸易。

3. 对那些将原材料加工成出口制品的工厂给予大力的支持。

4. 鼓励生育，因为工厂需要大量的工人，而一个农业社会是提供不了足够的劳动力的。

5. 对于以上情况的执行力度，国家必须加强监督，在必要的时候，随时加以干涉。

对于17世纪和18世纪的人们来说，国际贸易并不像自然法则那样难以遵守，它是可以靠人力控制的，只需要政府出面制定相应的法律条规或者是皇家法令，以及在财政方面给予支持就能做到了。

16世纪的时候，这一"重商主义"理论（在当时，这是一个崭新的理论）被查理五世认可，他还将它推广到自己各个属地中去。后来，英国的伊丽莎白女王也以此为榜样。波旁王朝的路易十四更是热切地推崇这一理论，柯尔伯特，这位路易十四的财政大臣还被视为整个欧洲重商主义的"先知"。

重商主义的实践活动被克伦威尔运用在他的外交策略之中，主要针对的对象是他的敌人——富有的荷兰共和国。这是因为荷兰的船主承担了全欧洲绝大多数货运任务，从某种程度上看，他们已经出现了自由贸易的萌芽，所以要尽其所能将之扼杀。

这种制度的发展很显然会对其他殖民地产生了严重的不良影响。被重商主义领导的殖民地，变成了一个仅仅储存黄金、白银以及香料等贵重物品的地方，它的存在和发展完全是为宗主国服务。占有国垄断着他们在亚洲、非洲的殖民地里的所有贵重金属，还有这些热带国家的所有原材料。从此以后，他们绝不允许任何外国人插手这些殖民地，就连当地人与挂着外国国旗的商船进行的简单贸易也被禁止了。

在重商主义的作用下，那些从未有过制造业的国家的新兴工业得到了蓬勃地发展。为了进一步改善交通运输条件，他们修建道路，开挖运河，做了一系列努力。工人们不得不掌握更高的技能以适应发展所需，而且商人的社会地位也得到了极大地提高；另一方面，那些坐拥土地的旧贵族的势力受到了很大打击。

然而，重商主义同时也带来了巨大的灾难。在它的驱使下，殖民地的人们受尽迫害和剥削，沦为可耻的剥削和压榨行为的牺牲品。它正在竭尽所能让一个恐怖的军营取代整个世界，所有的土地都被分割成无数的小块，占有者为了各自的利益，视彼此为眼中钉，他们会抓住任何机会消灭对方，夺取他的财富。它极力向人们灌输财富的重要地位，它教唆所有的普通百姓，把对财富的追求当成至高无上的美德。到了 19 世纪，重商主义惨遭遗弃，另外一种倡导自由、公平竞争的经济制度开始风靡全球。至少，我所了解的就是这些。

第五十一章

美国独立战争

18 世纪末，欧洲获悉奇怪的报道——有关北美洲大陆的荒原上所发生的事情。继这一段陈旧历史事实之后，坚持对"君权神授"的查理国王加以惩处的那些人的后裔，开始谱写自治而斗的新篇章。

为了方便叙述，我们从几个世纪前说起，回顾一下早期殖民地的伟大斗争史。

一些欧洲国家刚成立之际，即在 30 年战争期间和战争刚结束之后，正当产生了国家或王朝利益的新的基础。这些国家的统治者，将国内商人的资本及贸易公司的船只作为强大有力的后盾，继续对亚洲、非洲和美洲实施土地掠夺战争。

大约一个世纪之前，荷兰和英国开始争夺海上霸权的时候，西班牙与葡萄牙已经在印度洋与太平洋探险。这对英、荷两国产生了巨大的帮助，因为它们已大致完成了艰巨的开创工作。另外，由于亚洲、美洲和非洲的土著居民十分痛恨早期的航海者，故英国和荷兰人被当作朋友和救助者而受到欢迎。但是，这两个民族毕竟是商人，他们不会因为对宗教的热诚而丧失自己对实际生活的理智。最初，那些欧洲国家和那些弱小的民族打交道时，都采取残忍的血腥政策，恰恰只有英国人和荷兰人懂得掌握分寸。只要能得到他们所要的金银、香料和税金，他们就能让那些土著人过得自由自在。

　　由于英、荷两国轻而易举地就在世界上最富有的地区站住了脚，因此，他们才一安顿下来，就相互开始为夺取更多的地盘而斗争。匪夷所思的是，他们只在三千英里以外由海军来一决高低。因为，古代或近代的战争一直保持着这样一条有意义的原则：只有取得海上霸权的国家，才能在陆地上称雄。除非现代化的飞机出现，但18世纪时飞行器还没有发明，英国利用不列颠海军得到了很多美洲、印度、非洲的殖民地。

　　我们无须对17世纪英国与荷兰的一连串海战进行多余的回顾，它们如大多数的遭遇战一样，由于力量差距过大无疾而终。倒是英国与敌手法国的战争特殊得多，因为当处于优势的英国舰队最终击败法国海军时，熊熊燃烧的战火苗头居然出现在美洲大陆。法国和英国宣称它们在这片辽阔的土地上所发现的一切，包括连白种人也没有见过的那些更多的东西，全部归属于它们名下。1497年，威尼斯航海家——北美洲的发现者卡波特在北美洲登陆，27年后，乔万尼·韦拉扎诺乘坐挂着法国国旗的船只，来到了这个挂着英国国旗的地带。因此，它们都对外宣布自己是北美大陆的主人。

　　17世纪，缅因和卡罗来纳之间的十小块英国殖民地，被一些不信奉英国国教的特殊教派当作避难天堂。如1620年到达新英格兰的清教徒或贵格会教徒，1681年他们开始在宾夕法尼亚定居。他们在海滩边的荒地开拓出自己的新家园，过着舒服自在的新生活。

　　然而，法国殖民地毕竟是王室的财富，禁止任何胡格诺派或新教徒在那里生活，防止他们向印第安人传播他们危险的新教教义，以免干扰到天主教耶稣会神父的传道工作。因此，英国殖民地的居民比法国邻居和对手具有更大的安全保障。他们代表了英国中产阶级的商业力量，而法国殖民地上居住的只是一些远渡重洋的国王殿下的臣仆，他们焦急地盼望着一有机会就回巴黎。

然而从政治角度来说，英国殖民地的地位远远不如法国殖民地的。16 世纪，法国人发现了圣劳伦斯河口，他们还从大湖库区一路往南扩展新的殖民地，顺着密西西比河而下，在墨西哥湾建立了好几个防御区。经过一个世纪，他们开发了一条 60 个要塞的防割线，彻底割断了从内地到大西洋沿海地区的英国殖民地的连接线。

虽然英国对不同的殖民地公司制定了土地转让证，宣称他们是"东西两岸的全部土地"。但是，这仅仅只是一张纸，实际上英国的领土不能越过法国的防御线。若想冲破这条防线，需要消耗双方大量的人力和物力，可能还会引起一场可怕的边界之战，两方的白人还会乘此机会借印第安人各种族的帮助互相残杀。

只要斯图亚特王朝继续统治英国，就不会有与法国交战的可能。斯图亚特若想摧毁议会的权利、建立新的专制君主的政府，则需要波旁王朝提供强大的背景支撑。但到了 1689 年，斯图亚特的最后一代从英国土地上销声匿迹了，路易十四的大敌——荷兰的威廉继承了英国的王位。从那时候起至 1763 年签订《巴黎条约》，为了争夺印度和北美的所有权，法国和英国战争持续不断。

在这些战争中，如之前所说，法国被英国海军多次击败，再加上与殖民地的交通被切断，法国陷入了丧失大部分属地的困境中。在签订合约时，北美大陆的全部土地落入了英国手中，包括之前属于法国的卡地埃、尚普兰、拉赛里、马尔凯特，以及许多其他人的开发功绩。

这片广阔的土地上，只有小部分地区有人居住着，从而在北美的马萨诸塞到卡罗来纳及弗吉尼亚，呈现出了一条狭窄的人口稀少的地带，一批不堪忍受英国的国教派或荷兰的加尔文派的极端清教派分子，1620 年正式在这里定居。然而他们与这些生长在地大物博的新土地上的人截然不同，他们流淌的是那些精力充沛、吃苦耐劳的祖先的血液，继承了他们独立和勤劳的优良品质。在那个时期，好逸恶劳的家伙是不会历经千辛来到这里的，由于美国的殖民者在祖国处处受到限制，甚至连呼吸都感觉不自由，所以他们决心要做自己的主人。但这并不被英国的统治阶级理解和认同，他们甚至感到恼怒。那些殖民者当然不愿意官方对他们横加干涉，他们之间的积怨越来越深。

我们不用在此赘述他们之间的感情裂缝。如果能有一个比乔治三世更英明的君王，或者他不纵容他的大臣诺斯勋爵的昏庸无能，那么事态也不至于发展到今天这步。英国殖民者深刻意识到和平谈判已经不能解决眼前的问题，便企图动用武力。他们由忠实的臣民转变为叛逆者，随时都可能被德国士兵俘虏而送命。乔治三世按照当地有趣的习俗——条顿族的君王公侯们将整个兵团出卖给最高的投标者，雇用这些德国士兵来替他作战。

英国与它的美洲殖民地之战持续了七年之久，这当中反抗者大都惨败。城市居民中的大多数人，他们祈求和平，仍然对国王忠心耿耿，希望妥协了事。但华盛顿这位伟大的人物倾向于帮助这些殖民者完成事业。

尽管只有寥寥无几的勇士作为助手，但他巧妙地利用了装备缺乏但十分坚定的军队，大大削弱了国王军队的士气。就在失败已经无可避免之时，他恰恰能改变局势。他的士兵经常断粮，除了忍受饥饿，冬季还要在缺乏外衣和靴子的情况下，待在有损健康的战壕内生活。尽管这样，他们仍然抱着信任领袖的强大信念和精神支柱，一直坚持到最后的胜利。

然而，在独立战争刚开始时发生了一件事，比华盛顿的各个战役，或正在欧洲从法国政府及阿姆斯特丹的银行家那里获得借款的本杰明·富兰克林的外交胜利更有意义。它召集了来自各个殖民地的代表们，到费城共商独立大业。此时，正好是革命的头一年，英国仍然控制着大多数的沿海城市，只有那些对自己正义的事业抱着坚定信念的人，才能在1776年6、7月份期间有勇气做出重大的决定。

6月，弗里尼亚的代表查理德·亨利·李在大陆会议上提出一项议案："这些联合起来的殖民地是，也应该是自由、独立的州，消除对英国殿下的一切效忠，解除也理应解除他们与大不列颠王国之间的一切联系。"

这项提案由马萨诸塞的约翰·亚当斯附议，并于7月2日付诸实施，7月4日发布了一份《独立宣言》。《独立宣言》由托马斯·杰斐逊起草，他不苟言笑，对政治及行政管理有精湛的研究，理所当然可以成为美国最著名的总统之一。

当这一消息传遍欧洲的大街小巷，反叛者欢呼着最后的胜利。1787年，紧接着又通过了著名的《宪法》，即第一部成文宪法，引起了人们的高度关注。17世纪宗教战争以后发展起来的高度集权的王朝制度，此时已经发展到了权力的顶峰。随着国王的宫殿越建越宏大，迅速扩大的贫民区包围了国王统治下的城市，居住在贫民区中的居民忧心忡忡，十分绝望。此时，上层阶级、贵族和专业人员，也开始质疑他们生活的经济与政治状况。美国殖民者欢呼已经向他们发出胜利的信号，它们不得不承认摆在眼前的事实。

一位诗人描述，列克星敦战役的枪声震撼了全世界，显然有些夸张。中国人、日本人和俄国人根本没有听见所谓的枪声，但它越过了大西洋，炸开了不满于现状的欧洲人的火药库，引起了法国一系列的爆炸，从西班牙到彼得堡的整个欧洲都引起了强烈的震动，它们将那些旧有的管理国家事务的代表及陈旧的外交政策彻底翻新了。

第五十二章

法国大革命

> 法国大革命的胜利，标志着全世界人民向自由、博爱、平等迈出了坚实的一步。

一位伟大的俄国作家（这一方面俄国人更有发言权）曾经这样解释"革命"一词：革命是"在短短几年以内，迅猛推翻几百年的根深蒂固的旧制度。这些制度似乎是固定不变的，甚至连最激烈的改革家也不敢用笔杆子加以抨击。而革命就是推翻一切构成当时国家中的政治、经济、社会和宗教等方面的生活本质的东西，使之在短期内土崩瓦解"。

18 世纪时，法国陈旧的古老文明显然已与社会脱节，自然就爆发了一场文化变革。在路易十四的年代，军权至上孕育了"朕即国家"的理念。但此时，那些联邦国家公仆的贵族显然已有名无实、无职无权，仅仅扮演着社交装饰物的角色。

18 世纪的法国耗费的全部钱财金额巨大，且全部靠税收取得。然而，历代法国君主的权力不足以震慑到那些贵族和教士，迫使他们承担缴税的义务。所以，沉重的纳税担子自然就落到了农业人口的肩上。那时的农民生活条件十分艰苦，只能居住在阴暗的茅草棚里，他们已逐渐脱离了地主的压迫，但又成为那些残忍、无能的土地代理人的牺牲品，生活更加悲惨。农产品增产，就得缴纳更多的税金，那么何必辛苦地劳作呢？于是，大量的土地无人耕作，开始荒废。

　　我们可以联想到这样一幅画面：在一间富丽堂皇的殿堂里，一位君主悠闲地来回踱步，身后紧随着一群追求功名利禄的臣相。这群人全靠从身份低下且生活十分拮据的农民那里榨取的税金来生活。多么讽刺的图画！同时又是多么叫人心酸！然而，腐朽的"王朝旧制度"还隐藏着另外一面。

　　那些富裕的中产阶级通过一个有钱的银行家的女儿嫁给了穷男爵的儿子，从而与贵族产生了密切的关系。另外，法国的宫廷由最欢乐的人们组成，他们十分重视礼数，讲究斯文，一时之间使彬彬有礼的时尚达到了顶峰。他们摒弃政治，远离那些有深谋远虑的人，日日谈论空洞华丽的文章虚度光阴。

　　这些所谓的前卫思想日渐流行，导致他们的行为和服饰偏离正常轨迹。当时矫揉造作之风吹到了他们认为的"平凡的生活"。作为法国及其殖民地与属国至尊的主宰——国王和王后，居然与朝臣一起，来到了一所普通的乡村小房子里，扮演挤奶女工和马童，玩起了古希腊欢乐谷中牧羊人的游戏。国王和王后周围簇拥着一帮献媚奉承的臣子，还有宫廷乐师创作轻快动听的小步舞曲，理发师设计出精致贵重的头饰……直到他们精疲力竭。路易十四干脆修建了一处供他们玩乐的场所，远离嘈杂不安的城市。他们在这个小天地中毫无顾忌地高声谈论远离他们自己的话题，正如快饿死的人还在激昂地画着饼干。

　　这时，一位有胆识的老哲学家、剧作家、历史学家、小说家，以及一切宗教和政治暴政的敌人——伏尔泰，对与《风俗论》有关的一切发起强大的抨击和挑战，法兰西的整个世界欢呼了，当然他的剧作仅仅在只售站票的戏院上演。让·雅克·卢梭是公认的最具权威的儿童教育专家，尽管他对儿童的生活了解不多，但当他向世人描述，他的同时代人做出的有关这个星球上原始居民的幸福生活时，人们都流泪了。他们开始深深意识：国王仅仅只是他们公仆的时代过去了。举国上下开始阅读卢梭的《社会契约论》，他们听到了卢梭呼吁，返回到主权掌握在人民手中的社会。

他的《波斯人信札》被孟德斯鸠出版了，书中有两个著名的波斯旅行家，将整个令人沸腾的法国社会描述成一个混乱肮脏的世界，激烈地嘲讽上至国王下至糕点师的所作所为。此书一出版立刻引起强大反响，连出四版。同时，也为他的论著《论法的精神》赢得了大批读者。书中一位高贵的男爵对比了优秀的英国制度和落后的法国政体，宣扬立法、司法、行政三权分立，君主专制制度应该被各自独立行使国家职权的国家体制取代。巴黎的书商勒布雷东对外宣布狄德罗、德·郎贝尔、蒂尔戈及其他二十多位著名作家将要共同执笔，出版一部描写新思想、新科学及新知识的百科全书，群众沸腾了，并报以热烈的期待。当 22 年后 28 卷的最后一卷终于合卷时，警方已来不及加以干涉。整个法国社会都认为，这是一部时事评议的最危险、最重要的著作。

但要提醒读者的是，那些描写法国革命的小说和戏剧极易造成这样的假象：认为革命是一伙来自贫民窟的乌合之众所发动的。事实完全相反，出现在革命舞台上的暴民，毫无疑问是被一些中产阶级的自由职业者煽动与鼓舞的，这些饥饿的群众被他们利用，在国王及朝廷开火时做他们可靠的伙伴。当然，革命的基本思想还是由少数几个有头脑的人创立的。最初，他们也是被推荐到国王殿下的宫廷中，到"旧制度"的客厅中吸引客人，为那些腻烦了的贵族夫人们提供娱乐。这些沉迷于消遣快活的人们，完全没有预料到社会评论的焰火正在一发不可收拾地蔓延，最终从那条早已破损的腐朽的地板裂缝中落下，火花飘到了堆放陈年杂乱的垃圾的地下室中。他们不懂得如何管理财产，更别说如何将这小小的火苗扑灭。火势一发不可收拾，最终烧毁了这座古老的大楼。法国大革命正是如此。

我们将法国大革命分为两个部分来说明。1789 年至 1791 年，本应顺理成章地建立起君主立宪制，但由于国王本人的愚蠢和缺乏良好的意愿，以及出现了无人能控制的局面，造成这一计划落空了。1792年至1799年，曾出现过一个共和国，这是首次建立的一个民主形式的政府。之所以后来发生了暴动，是由于多年的骚动不安，以及决心要进行改革却又难以实现的多种因素积累而造成的。

由于法国当时欠了40亿法郎的债，国库经常亏空，并且尚未发现一项可以征收新税的新条目。多亏这个精巧的锁匠和能干的猎手，却是个无能的政治家——路易国王，他隐约地意识到理应采取措施了，便赋予蒂尔戈财政大臣的职务。而奥尔纳男爵安·罗伯特·雅克·蒂尔戈，将近50岁，作为一个迅速消失的地主阶级的出色代表，他曾当任某省省长，并有过辉煌的业绩，算得上是个极为出色的业余政治经济学家。尽管他竭尽全力，但并没有创造奇迹。由于贫困的农民已经无力支付更多的税收，只能从那些未付过一分钱的贵族和教士那里征收必要的经费。显然，蒂尔戈迅速成为凡尔赛宫里最招讨厌的人。除此之外，他还要面对王后玛丽·安东奈特的敌意。像往常一样，谁敢向她提起"节约"二字，就会遭到她强烈地反对。不久以后，蒂尔戈被誉为"不合实际的空想家""理论上的教授"，他已难保自己的官职，在1776年被迫让位。

继那之后上任的是一个讲求实效的买卖人，他叫内克尔，是个勤奋的瑞士人。当年投机粮食发了财，还是一家国际银行的股东。他背后那位雄心勃勃的妻子推他进入政界，认为这样才能为她的女儿树立起名望，她后来果真如愿了，她的女儿成了瑞典驻巴黎的大使施特尔男爵的夫人，顺理成章被喻为19世纪初著名的文化界人士。

和蒂尔戈一样，内克尔也忠心耿耿地投入了工作，1781年他做出了一份法国财政的详细回顾录，可惜国王对此一窍不通并且还刚派遣了部队到美洲，援助殖民者对抗他们共同的敌人——英国。然而，这次战争耗费的金额远远在意料之外。国王令内克尔必须备足所需经费，但内克尔却公布了更多的数字，并做了详细的统计说明，并且开始实施必要地节约措施。显然，他在这个职位上的日子已经接近尾声了。1781 年，他戴着"无能官员"的帽子下台了。

继承他位置的是一个八面玲珑、爱出风头的财政家——夏尔·亚历山大·德·卡洛纳。他宣称只要信任他那一套财政制度，人们每月都能得到百分之百的收入。一方面，他靠自己办的工业，另一方面则靠欺骗作假和不择手段谋取高位。他心里十分清楚国家债台高筑，灵机一动便想出了一条妙计——靠借新债还旧债。这显然不是高招，它带来了严重的灾难：还不到三年，法国又增添了八亿法郎的外债。但他无所顾忌地在国王和王后殿下的所有开支单上签字，导致那位可爱的王后从年轻时就开始养成了挥金如土的习惯。

后来，巴黎的议会也不再坐视不管了，尽管他们对王室并不忠诚，但已痛下决心改变现状。那一年粮食收成很差，农户们忍受着饥饿与贫困的双重折磨，现状不堪入目。而卡洛纳却着手准备再借八千万法郎的外债，若不采取实际的措施遏制，法国将面临崩溃。国王仍然对事态的严重性毫无警觉。此时，只能选择与人民的代表进行磋商。然而从 1641 年起，三级会议就从未开过。考虑到目前事态的严重性，必须立刻召集所有等级的代表来议事。可惜路易十六缺乏主见，在这样关键的时候居然选择逃避。

为了使这场动乱尽快平息，1787 年他召集了很多知名人士，举办了一场会议。但这仅仅是一场上层阶级的集会，他们对能改进之事泛泛而谈，始终未提及那些封建及宗教的免税特权。若想依靠社会的某一阶层谋杀另一集团的利益，显然是荒谬的。172位著名人士全部放弃了他们本有的权利，甚至义务。眼睁睁地看着那些群众饥不择食，还要高声呼吁重新任命他们信任的大臣内克尔。由于知名人士不同意，群众开始采取偏激的行为，砸烂窗户等。知名人士仓皇而逃，同时卡洛纳被迫撤职。

一个同样庸碌无能的人——洛梅尼·德·布里昂被任命为新的财政大臣。在饥饿臣民的威胁下，路易十六不得不同意"切实可行"的时候召开原有的三级会议。这一含糊的许诺当然糊弄不了清醒的民众。

这是将近一个世纪以来，从未出现的寒冬，庄稼不是被洪水冲毁就是被冻死，连普罗旺斯地区的橄榄树都干枯了。虽然一些好心人坚持在做慈善、救济，但这毕竟只是凤毛麟角，帮助不了1800万的民众脱离饥荒。此时，大街上抢劫面包的情景随处可见。如果这些事发生在二三十年之前，军队就会很快将暴动镇压住。但是，毕竟新的哲学思想已广为流传，人们已经意识到，对饥饿的肠胃行使武力，绝对行不通。更何况这些从人民中间来的士兵已经不再可靠。这使国王的决断尤为重要，然而他始终犹豫不决。

在外省的各个地区，那些新思想的追随者，开始建立独立的小共和政体。在忠实的资产阶级中间，也开始出现了类似25年前美洲的反抗者提出的口号，他们高呼："不派代表绝不纳税。"这时候的法国已经处于无政府状态。为了安抚自己的民众，增加他们王室的威望，特意终止了过去极为苛刻的书刊审查。全法国上下随即出现了大量的应刷品，出版了两千多种小册子。无论职位的高低，人们都在相互批评和自我批评。洛梅尼·德·布里昂在一片责骂声中下台了，内克尔被紧急召回，他们尽量想办法平息这场骚动。股票市场出现了30%的价格上涨，至少证明暂时满足了民意。1789年5月，三级会议即将召开，届时全国上下的有识之士将会迅速解决目前的困难，重新为法兰西王国找回那片健康的快乐家园。

　　人们一般认为集体的智慧可以战胜一切困难，事实上这大错特错。在局势最为紧张的那几个月，个人的力量显然被限制了。在紧要关头，内克尔没能紧紧抓住政权，反而任其流失。从那时起，关于改革旧王国的最佳方案引起了一场激烈的口水大战。各地的警察行使的权利被逐渐削弱，一些内行的煽动家，通过领导巴黎郊区的人民，使他们开始意识到自己的力量，找回了在这个动荡不安的年代本应该属于他们的角色。他们推崇伟大的领袖，运用血腥的暴力夺回合法的手段不能取得的利益。

　　为了讨好农民和中产阶级，内克尔决定让他们在三级会议上使用双重代表的身份。这个问题使西厄耶神父写了一本著名的小册子——《第三等级相当于什么？》，他指出三等阶级，即中产阶级，应该等于一切。他们过去什么也不是，现在迫切希望能有所作为。这本册子充分表达了大多数关心国家利益的人的感情。

　　他最后使用了不堪想象的假设：等到选举一结束，教士代表的 308 人、贵族代表的 285 人、平民代表的 621 人，便立即束装奔赴凡尔赛。第三等级的代表还需要携带额外的行李，包括"备忘录"的大量报告，记载了他们的选民所写的申诉与冤情。拯救法国的壮丽的序幕即将被拉开。

　　1789 年 5 月 5 日，三级会议召开了。国王情绪十分低落，教士与贵族则宣称他们不会放弃属于本属于他们的任何特权。国王命令三个等级的代表必须在不同的会议室分别讨论各自不满的事情，第三等级强烈拒绝执行此命令。为了这个匆匆布置好的不合法的会议，他们于 1789 年 6 月 20 日在网球场庄严宣誓。他们坚决坚持所有等级一起开会，并将此意传达给国王，国王无奈地让步了。

　　在这个"国民会议"上，三个等级首先对法国的局势进行讨论。尽管国王对此话题发怒了，但随即又开始踌躇不定。尽管，他声称任何时候都不会放弃他的绝对权力，但随后就将国家事务置诸脑后，干脆打猎去了。等他打猎回来，他又让步了。这个可爱的殿下早已经习惯，在错误的时间用错误的方法来完成一件正确的事情。当他的百姓提出某一项要求时，他先是强烈谴责，并坚决否定，但随着周围穷人的嚷嚷声越来越大的时候，他又选择了投降，应许他们提出的要求。此时，人们除了先前提出的第一项内容，又外加了第二项。这样的闹剧愈演愈烈，他同意在第一二项签字的时候，百姓们又提出了第三项，并要挟他如果不签，就杀死全部王室。就这样，内容一项一项增加，最终逼他送命。

可悲的国王直到临死前，脑袋已经被放在了断头台上，还是不明白自己总是差一步。他仍然觉得自己受尽凌辱，他鞠躬尽瘁，却换来了最不合理的待遇。

我时常告诫读者，不要对历史上的"假如"持有相信的态度。我们可以这样说："假如路易十六是一个非常有能力且心胸较为狠毒的人，那么君主制度不会被击溃。"但国王并非只是单一的个体。甚至假如他拥有像拿破仑一样残酷的力量，在被困难重重包围之时，他的前途也很有可能被他的妻子葬送。这个王后作为奥地利玛利亚·泰丽莎的女儿，身上具有那个最专制的中世纪朝廷中长大的年轻姑娘的一切美德甚至恶习。

她下定决心要有所作为，于是就策划了一个反革命阴谋：突然宣布内克尔被撤职，并把王君应召进巴黎。人们对这个似乎空穴来风的决定感到震惊，便选择猛攻巴士底狱的碉堡。1789 年 7 月 14 日，他们摧毁了这座象征着独裁专政的、被人们熟知和痛恨的标志。那时，它不再仅仅是一座政治监狱，和巴黎的其他监狱一样，被用作城市拘留所。不少贵族对此事早有意见，纷纷选择离国而去。可笑的是，国王对此并不在意，在巴士底狱被攻克的那天，他兴致勃勃地打了一整天的猎，因为收获了几头鹿，他心情十分高兴。

8 月 4 日，国民议会开始实施了他们手中的权力，根据巴黎群众的呼声，他们废除了一切特权。紧接着，在8月27日发表了法国第一部宪法的著名序言——《人权宣言》。此时，王室还没有对此吸取教训。正当人们都怀疑国王可能要出来制止这些改革的实施的时候，10月5日，巴黎又出现了第二次暴动。消息一经传开，到达凡尔赛的时候，国王被他们带到了巴黎王宫，因为他们不放心国王留在凡尔赛，他们要他待在能被监控的范围，包括他在维也纳、马德里的亲属及欧洲其他能取得联系的宫廷。

在国民会议中，这位叫米拉波的贵族成为第三等级的领袖，他企图在这片混乱中维持秩序。遗憾的是，他还没有坐稳国王的宝座，在1791年4月2日便去世了。国王知道这个消息后，担心自己有危险，试图在6月2日逃走。但国王自卫军还是根据金币上的头像认出了他，在瓦雷内村附近拦住了他，并将其送回巴黎。

法国的第一部宪法于1791年9月通过了，国民议会的成员解散回家。1971年10月立法会议召开了，正式宣布接管国民会议的工作。这群立法会议的代表，很多是激进的革命分子，例如十分著名的雅各宾党人，因在古老的雅各宾修道院举行政治会议而被熟知。这群年轻人大多是自由职业者，他们的演讲激烈和愤怒。随后，他们的言论通过报纸传播到了柏林和维也纳。为了拯救兄弟姐妹，普鲁士国王与奥地利皇帝决定采取措施。当时内讧遍布了波兰的敌对政治派系，任何人都可以为所欲为地占据一两个地区。尽管那会他们正忙着瓜分波兰的国土，但还是想方设法派遣了一支部队去解救路易国王。

全法国上下惊恐不安，由于长期的饥饿与苦痛，积压在心头的怨恨终于要爆发了。当巴黎的暴徒进攻杜伊勒里宫时，忠于王室的瑞士卫队本要保护国王的，但由于路易的优柔寡断，群众正要撤退时突然下令"停火"。群众凭借熊熊燃烧的酒意，顿时起了杀意。他们将瑞士卫队斩尽杀绝，立刻又冲进王宫，追杀躲在议会大厅的路易，他被愤怒的人们拉下了王位，落成了丹普尔堡的阶下囚。

当时，奥普两国的军队仍然朝着法国一路开去，人们已从惊恐不安到彻底地绝望。无论男女老少，都成为活生生的野兽。1972年9月的第一个星期，群众闯入监狱后，杀死了所有的囚徒。政府并没有出面干涉这一行为，因为包括以丹东为首的雅各宾党人都意识到：这一场危机意味着革命的失败，除了野蛮的冒险，没有任何方法可以拯救他们。1792年9月21日，立法议会闭幕了，随即又召开了新的国民公会，它全部由激进的革命分子组成，国王以被控叛国的身份被带到会前。最终，以361票对360票被判死刑（额外的一票是国王的表兄弟奥尔良公爵所投）。终于在1793年1月21日，他安详坦然地走上了断头台。直到那刻，他也没能明白造成这些暴动和血腥事件的真正原因，这似乎有些讽刺。

之后，雅各宾党人的矛头立即转向了较为温和的国民公会中的吉伦特派，他们因南部的吉伦特地区而命名，建立了特别的革命法庭，他们判处了二十一名以吉伦特分子为首的人，其余的人自杀了。他们其实是一些诚实能干的人，只是缺乏主见、过于乐观在这可怕的岁月里是生存不下去的。

1793年，雅各宾党人在"宣告和平以前"时暂停执行宪法。权力掌握在由丹东与罗伯斯庇尔领导的公安委员会手里。基督教及古老的年历随即被彻底废除。托马斯·潘恩曾在美国革命时期大肆宣讲的"理性的时代"理论开始风靡了。一年多的时间内，他们用似乎恐怖的手段，每天平均屠杀七八十个不论好坏或态度中立的人。

虽然国王的独裁统治被彻底摧毁了，但紧接着便出现了极少数人的暴政。出于热爱民主，他们认为必须处理那些持有不同意见的人。法国立刻就像一个屠宰场，人们互相猜忌，终日惶恐。

有几名原国民议会的成员恐惧得差点失去理智，自知自己会成为断头台的候补者，他们决心反抗将他们的大部分同伙送上断头台的罗伯斯庇尔了，这位号称自己是"唯一的真正民主的信徒"的人自杀未果。人们匆匆包扎好他已经粉碎的下颚，愤怒地将他拖上断头台。1794 年 7 月 27 日（革命的古怪立法将它称为二年热月九日），恐怖统治宣告结束，全巴黎的人民欢呼了。

　　但法国仍处于一种危险的局势，只有政权被几个强有力的人牢牢掌控，将各方面的敌人彻底清空，才可能脱离危险。那些衣衫不整、身材瘦弱、半饱半饥的革命军队，在莱茵、意大利、比利时和埃及进行了一场不同寻常的死亡之战。他们击败了大革命的每一个敌人之后，由五个成员组建了监督政府，足足统治法国四年之久。之后又将权力授予一个名叫拿破仑·波拿巴的常胜将军，1799 年他成为法国的"第一把手"负责执政。在以后漫长的 15 年岁月中，这片古老的欧洲大陆沦为政治实验室，开始进行着一些史无前例的离奇行为。

第五十三章

拿破仑

拿破仑出生于 1769 年，是卡洛·玛利亚·波拿巴的第三个儿子。他的父亲是科西嘉岛上阿雅克修城的一个受人尊敬的正直的律师，母亲莱蒂西亚·拉莫莉诺非常贤惠。因此，拿破仑是一个意大利人，而不是法国人。他的家乡曾是古希腊、迦太基和罗马在地中海的殖民地，为争取独立，多年来战火不断。最开始只是为了摆脱热那亚的统治，到了 18 世纪中叶，又试图想逃离法国人的统治。法国人好心地为科西嘉人争取自由伸出援助之手，最后却为了自己的利益无情地霸占了该岛。

在头 20 年工作当中，年轻上进的拿破仑表现为一个杰出的科西嘉爱国人士，像极了 1950 年亚瑟·格利费斯创建的爱尔兰民族运动的组织者——辛·费因。他被寄予厚望，渴望祖国能从可恶的法国敌人手中解脱出来。出乎意料的是，法国革命居然欣然接受了科西嘉人的要求。于是，曾经在布廉纳学校接受过优良训练的拿破仑开始接管了他的国家。尽管他没有学过正确的拼写与语法，说起法语也带有浓浓的意大利味道，但他却开始成为一个法国人。久而久之，他象征了一切法国德行的最高标志。直到今天，他还被世人誉为法国天才。

他拥有飞黄腾达的一生。尽管他全部从政的生涯还不满 20 年，但是在这短暂的 20 年间，他所参与的战争、所获得的胜利、所进军的行程、所征服的土地、所杀戮的人数、所进行的改革，是历史上无人能及的，包括亚历山大大帝及成吉思汗。他胜过历史上的任何人，几乎把整个欧洲翻了几番。

他身材矮小，早年的健康状况令人担忧。他相貌平平，在盛大的社交场合上，总显得笨拙滑稽。他没有高贵的出身、优良的教养或巨大的财富，来作为自己仕途的阶梯，甚至年轻时穷困潦倒，整日饿着肚子，使出浑身解数去弄额外的硬币维持最基本的生计。

他似乎对文学有些天分，在一次参加里昂学院的竞赛中，他的论文出人意外地得了倒数第二，16个候选人，他得了第15名。他依靠着坚不可摧的人生信念，为了创造自己不同的命运以及辉煌的前途，克服了一切困难和阻力。他雄心勃勃，无论何时何地都不失自信，每当签署信件或在他匆匆修建的宫殿中的装饰物上反复出现那个字母"N"时，崇拜之感令后人油然而生。他坚信自己可以成为仅次于上帝的世界上最重要的名字，所有这一切欲望促使他登上了前所未有的尖峰时刻。

他还只是一个领取微薄薪水的波拿巴青年陆军中尉的时候，就特别欣赏希腊历史学家普卢塔克的著作——《名人传》。但是，他不以那些古代英雄所树立的崇高品性作为自己行事的标准。他似乎缺乏人类有别于野兽的那种复杂的思维方式，他不善于在人际交往上费心思。几乎没有人知道，他除了自己是否还爱过别人。他对自己的母亲十分有礼貌，他的母亲浑身上下都散发着贵夫人的气质，懂得像意大利的夫人们一样，管教自己的孩子，拿捏着十分到位的尺度，从而赢得他们的尊敬。有几年间，拿破仑对自己的妻子约瑟芬一往情深。约瑟芬是马提尼岛上一个法国军官的女儿，波阿尔纳斯子爵的遗孀。波阿尔纳斯子爵因为一次对战普鲁士作战失败，被罗伯斯庇尔宣判死刑。拿破仑因为自己的妻子没有生育能力而选择离婚，为了政治目的，他娶了当时奥地利皇帝的女儿。

　　拿破仑因为指挥一个炮兵连成功地围攻土伦，从此声名大噪。此间，他悉心地对马基雅维利进行深究。他十分相信这位佛罗伦萨政治家的忠告，并铭记于心。但当他为了自己的利益而食言的时候，情况又另当别论了。"感恩"这个词汇不会出现在他的处世词典里，当然也不会期望别人给予他恩惠，这无可厚非。他并不关心人类的疾苦。1978年，他违背了自己在埃及许下的承诺，将原本要留住他们一命的战俘全部杀死；他知道将叙利亚受伤的人运上船不太可能时，便平静地把他们留下听天由命；他昧着良心，违反法律，将昂西恩公爵送上不公正的军事法庭，最后被判处死刑，唯一的理由是"需要对波旁王朝加以警告"。

　　为了祖国的独立而奔赴战场的日耳曼军官被俘的时候，他居然下令就地枪决；而当经过英勇抵抗的帝罗尔英雄安德列斯·霍费尔最后落到他手中时，他竟然将他作为普通的叛徒处以死刑。

　　当我们开始对这位皇帝的品格进行细细研究的时候，终于可以感同身受地了解：为什么英国的母亲们哄孩子睡觉时，总是拿"你们要是不听话，波拿巴就要把你们逮去当早餐了"这样的话吓唬他们。这位行为怪异的皇帝对每个部门都明察秋毫，却忽略了最重要的医疗工作。因为不能忍受士兵们散发的汗臭，他拼命在自己身上洒科隆香水，最后差点把制服给毁了。尽管我们数落了他的很多有悖常理的行为，但同时又不得不佩服他的能力和才干。

　　这会儿，我面前有一张舒服的桌子，上面堆满了书籍，我一边看着打印机，一边观察着那只正在玩弄复写纸的猫，它名叫利科丽丝。向你们叙述拿破仑的卑鄙行径时，我如果正望着窗外，眺望第7街，如果正好有一眼望不到头的载重大车停在那里，如果我听到隆隆的鼓声，看到那个穿着磨破的绿色军装的小矮子正好骑在一匹白马上……那么，我恐怕会控制不住自己，跟随他所指引的方向去，哪怕抛弃我的书本、我的家、我的猫、我的一切，就像我的祖父一样走了。只有天知道，他并非生来就是英雄，却可以召唤成百万人的祖父跟他离开。没有任何的报偿，也不希望得到报偿。他们兴致勃勃地、忠心耿耿地跟随这个外国佬，赴汤蹈火都在所不辞。他带他们远离家乡，远离亲人，英勇地朝着俄国、英国、西班牙、意大利或奥地利的炮火前进，哪怕最后在死亡线上苦苦挣扎，他们也觉得问心无愧。

如果你想知道原因，我只能沉默。但我能隐约猜到其中一个理由：拿破仑是一个出色的演员，而整个欧洲是他手舞足蹈表演的舞台。他可以在任何时候、任何情况下，博取观众的芳心。他甚至能猜透观众的心理，他们需要什么，他就给他们什么。在埃及的沙漠中、在庄严的狮身人面像和金字塔前演讲，或是在浸透露水的意大利平原上面对颤抖的士兵发表言论……任何时候，他都保持临危不惧，泰然自若。哪怕，他的世界末日就要来临，他即将成为大西洋岛上一个潦倒贫苦的放逐者，被昏庸无能的英国总督任意摆布的病人，他仍然会士气昂昂地扮演属于他的主角，直到最后一刻。

滑铁卢战役打败后，除了为数不多的几个朋友，再也没有人见过他。整个欧洲都传言他被囚禁在圣赫勒拿岛上，并且有一支英国警卫队日夜驻防在那里，同时，英国舰队又监视着这支英国警卫队。尽管这样，他的形象还是从未被磨灭，无论是在友人或敌人心中，他依然还是威望十足。绝望和疾病夺去他生命的时候，他的双眼依然还在注视着这个世界的一举一动。如今，在法国人的生活中，他的威力还是影响着方方面面。那会儿，人们哪怕只是见一面这个面色蜡黄的人，都会害怕得晕过去，他在俄国克里姆林宫最圣洁的教堂里喂养过马，他让教皇和世上最有权势的人物像他的侍从一样，任凭他使唤。

一两卷书仅仅只能勾画出他生平的一个轮廓，若要清楚了解他对法国所做的重大政治改革，他为大多数欧洲国家制定的日后采用的新法典、他在公共场合的各种积极活动，大概要用成千上万张纸才能写完。但我可以用几句话简单地概括出：他的早期生涯为何从如此辉煌沦为一败涂地？他并不是只为个人的荣誉而战。他之所以接连击败了奥地利、意大利、英国和俄国，源于无论是他本人，还是他的士兵都恪守"自由、博爱、平等"的信念。他们是封建王朝的敌人，却是人民的友人。

直到 1804 年，他自封法国的世袭皇帝，联想到公元 800 年时，利奥三世给另一个法兰克人的伟大国王加冕的情形，于是便将教皇庇护七世叫来为自己加冕。

这位风光一时的老革命首领登上皇帝的宝座后，便开始效仿哈布斯堡王朝国王，可惜他失败了。他渐渐偏离了他的精神之母——雅各宾俱乐部。他不再充当被压迫人们的保护者，反过来成了一切压迫者的头领。他的枪随时指向那些准备违背他圣旨的人。1806 年，神圣的罗马帝国残余被无情地扔进历史的垃圾箱，意大利农民的子孙摧毁了古罗马荣耀的遗迹，没有人为此掉一滴眼泪。但是，拿破仑的军队侵入西班牙后，将西班牙人憎恶的国王强加于他们头上，大肆屠杀那些依然忠于他们原有统治者的马德里人。公众开始反过来声讨过去的马伦戈和奥斯特利茨，以及上百次其他革命战役的英雄。唯独此时，拿破仑不再是人们眼中津津乐道的革命英雄，而变成了旧制度一切恶劣特性的化身，英国希望迅速扩散憎恨，让那些正直的人成为法国皇帝的敌人。

英国的报纸开始大肆报道法国"恐怖"的罪行，这当然引起了英国人的厌恶。一个世纪前查理一世统治的时期也曾出现过类似的事件。但相比巴黎的事件，这就显得不足挂齿了。英国人都认为雅各宾是个应该被立即处决的魔王，而群魔之首又是拿破仑。英国舰队 1781 年起就对法国实施了封锁，这个行为妨碍了拿破仑准备从埃及入侵印度的计划，他在尼罗河畔取得一系列胜利之后被迫撤退。英国终于在 1805 年等到了一线希望。

在西班牙南岸的特拉法尔加角附近，纳尔逊的舰队让拿破仑毫无翻身的余地，全军覆没。当时，拿破仑被死死地困在陆地上。虽然如此，如果他能毫不犹豫地接受列强提出的谈判要求，他还有保住自己名誉的机会，还能光荣地主宰大陆。但那时的他似乎快被荣誉冲昏了理智。他想要独霸天下，并且不能容忍任何敌人与他和平共事。紧接着，他狠狠地将怒火抛向了俄国，燃烧了那片宽广、神秘的土地，留下取之不尽的炮灰。

只要凯瑟琳女皇的白痴儿子统治俄国一天，拿破仑就多一天可以不费吹灰之力应付他。但由于保罗变得越来越靠不住，最后被激怒的臣民杀害，如果不这样做，这些臣民都可能被流放到西伯利亚的铅矿上去。保罗一世的儿子——亚历山大和他的父亲不同，他对这位谋篡王位者心生厌恶，把他当作人类的公敌与破坏和平的人来对待。他虔诚地相信，自己就是被上帝选中的那位将世界从科西嘉灾祸中拯救出来的人。他联盟普鲁士、英国和奥地利，但战役最后还是以失败告终。他作战5次，没有一次取得胜利。1812年，他再次大声辱骂拿破仑，拿破仑彻底被激怒了，并发誓要打到莫斯科。于是，为了报复心中的屈辱，这位伟大的皇帝强迫一支支队伍，从西班牙、德国、荷兰、意大利和葡萄牙各地打到北方。

结果不言而喻。长途跋涉两个月之后，拿破仑的军队到达了俄国首都，他将司令部设在克里姆林宫。1812年9月15日晚，莫斯科突然发生火灾，熊熊的大火接连烧了四天四夜。到了第五天夜间，拿破仑下令撤离军队。然而，天公不作美，两星期后，大雪骤降，军队在雨雪泥泞的道路中艰难前进，直到11月26日才抵达别列齐纳河。随后，俄国人开始凶猛地反击。此时溃不成军的"皇军"被哥萨克人重重包围住了。12月中旬，德国东部才开始出现了第一批幸存者的身影。

各地即将发生叛乱的谣言纷纷传开来。欧洲人说："把我们自己从不可忍受的枷锁下解救出来的时机已到。"于是。他们开始努力搜寻那些从法国间谍眼皮底下溜走的滑膛枪。但当人们还没有真正开清楚事实真相的时候,拿破仑率领一支新的军队回来了。他逃离败军,乘坐小雪橇先抵达巴黎,发出了最后的号召,征集部队。让他能抵御入侵,保卫神圣的法兰西国。

大批十六七岁的孩子紧随他向东迈进,迎击联军。1813 年10 月的 16、18 和 19 日,可怕的莱比锡战役打响了。身穿绿色军服和蓝色军服的孩子相互厮杀了三天三夜,血染红了埃尔斯特清澈的河水。10 月 17 日下午,法国的防线被俄国集结的后备步兵彻底突破了,拿破仑逃跑了。

他返回巴黎,想让他的幼子继承王位,但联军坚持反对,他们都打算让已故的路易十六的弟弟路易十八继承。于是就出现了这样的场面:这位目光呆滞的波旁王子,在哥萨克人和德国枪骑兵的簇拥和掌声中登台了。

拿破仑则成了地中海那个小小的厄尔巴岛上最高的统治者,他坚定地训练那支由少年组成的部队,在棋盘上演练作战。

拿破仑离开法国,人们体会到这并没有损失什么。过去的 20年他们付出了极大的代价,却闪烁着光辉。巴黎作为世界的首府,却被无所用心、不学无术、懒惰无比的波旁王统治,实在令人生厌和担忧。

1815 年 3 月 1 日,正当盟国的代表着手划分被混淆的欧洲地图时,拿破仑突然在戛纳附近出现了。没到一星期,法国军队就背弃了波旁王室,赶去南方效劳那个所谓的"小军曹"。3 月 20日,拿破仑直奔到巴黎。这次他慎言慎行,提议讲和,可惜盟国坚持作战,全欧洲都齐声反对这个背信弃义的科西嘉人。为了防止敌军联合起来,拿破仑迅速向北进军。然而那个雄风巍巍的拿破仑毕竟已经老了,他身体衰退,脆弱不堪。就在应当亲自指挥先头部队作战时,却病倒在床。另外,当年忠于他的老部将都已经先后过世了。

　　6月初，他的部队顺利地进入比利时。并于同月16日击败由布鲁歇尔指挥的普路士军。可惜拿破仑的一个下属指挥官没有遵照他的撤令。

　　两天后的6月18日，这天是星期日，在滑铁卢附近拿破仑与惠灵顿相遇了。下午两点钟局势似乎偏向法军。3时，东方的地平线上扬起了尘土。拿破仑以为是他的骑兵部队前来增援了，那他势必能将英军击败。直到4点钟，他才看清楚，原来是布吕歇尔来驱赶他疲惫的部队，让他们歇战！这一举动完全打乱了拿破仑的计划，已经没有任何军队可以过来增援。于是，他命令士兵们尽量保存自己的性命，他则逃跑了。

　　他的儿子再次继承了他的位置。从厄尔巴岛上逃脱百日后，他向海岸驶去，企图到达美国。1803年，只因为一首歌，他就将法国的殖民地路易斯安那卖给了尚未成熟的美利坚合众国，当时那块地有被英国占领的势头。他以为美国人民会感激他，还会给他一小块土地和一所住宅，让他度过安静的晚年。然而，法国的每一个巷口都被英国军队牢牢监控着。拿破仑除了要防范盟国的陆军，还要警惕英国的船只，他们都有可能把他俘虏。别无选择的时候，普鲁士人要求将他枪决，而英国人则比较大度。他盼望着罗什福尔转变局势。滑铁卢之战一个月后，法国政府发布新的命令，要求他24小时之内必须离开法国。他总是扮演可怜的悲剧角色，他写信给英国的摄政王，向他报告他的意图：他愿意听从敌人的指挥，像那位瑞典的狄密斯托克利逃亡后受到的礼遇那样，得到敌人宽宏大量的饶恕，最后还有一席安身之地。

　　7月15日，拿破仑登上了"贝勒罗丰号"，将佩剑交由霍瑟姆海军上将的手中。他在普利茅斯被转移到"诺森伯兰号"，最后被带往圣赫勒拿岛，并在那里度过了最后的六年。他曾经试图撰写回忆录，时常会因为追忆过去而和守卫人员争吵，荒唐的是，就连在他的幻觉中，他都回到了原来的出发点。他细细地品味那些为革命而战的岁月，试图让自己相信他还是那个在议会中，对着衣衫不整的士兵传播"自由、博爱、平等"的忠实朋友。他津津乐道自己作为总司令和执政官的生涯，却几乎不谈帝国。有时，他也很想念自己的儿子——赖希施坦特公爵，还有被年轻的哈布斯堡表兄们当作"穷亲戚"收留在维也纳的他的小鹰。当年，这些表兄弟一听到父辈的名字就会被吓跑。他临终前，还正带着他的部队走向胜利的彼岸。他命令法国名将米歇尔·内带队冲出去，然后永远离开了人世。

如果想要为他与众非凡的一生寻找答案，如果你想知道他如何仅仅凭借自己一个人的意志力，就能长期统治这么多人？那么，请合上你正在阅读的描写他的书籍。无论书的读者是对他深恶痛绝或者崇敬爱戴，都扭曲了不少事实，因为"感觉历史"比"了解历史"显得更为重要。有机会你不妨去听一听那位优秀的艺术家吟唱的《两个掷弹兵》，不要去阅读那些无用的书籍。歌词是生活在拿破仑时代的德国诗人海涅的伟大之作，并由舒曼谱曲。舒曼也是一位德国人，当时祖国的"敌人"皇帝来访问其岳父陛下，他就曾亲眼见过他。所以，这首歌是由两位非常憎恨这个混世魔王的人创作的。

去听听吧，然后你就会感悟到那些成千上万的书籍所不能描写的东西。

第五十四章

神圣同盟

　　拿破仑被送往圣赫勒拿岛后，那些多次败给这个可恶的"科西嘉人"的统治者们，开始在维也纳集会讨论，力图消除法国大革命所带来的一系列变化。

　　曾经，各国的王公显贵、特命全权大臣，还有一般的大使总督等等，以及他们的一大帮秘书、侍从和随行人员等，他们的工作日程随时都可能被这位可怕的科西嘉人打乱。此时，他们又能回到各自的工作岗位上去了。为了庆祝胜利，他们开始举行例行的宴会、花园晚会及舞会，跳起了令人惊讶的"华尔兹舞"。这引起了那些怀念旧制度时的小舞步的绅士和夫人的强烈反感。

　　他们隐退了几乎一代人的时间，现在终于熬出头了。他们意味深长地谈论过去的艰苦。对于那些胆敢杀害他们神授君权的帝王，而且还下令废除了假发；那些以巴黎贫民窟的破马裤，取代凡尔赛宫廷短裤的令人讨厌的雅各宾党人，他们根本不放在眼里。但他们要求雅各宾党人偿还他们过去失去的每一分钱。

　　你也许会觉得十分可笑，我竟然会在这些琐事上花口水。但你们要清楚，维也纳会议不过也就是这样一连串的可笑议程，他们讨论"长裤与短裤"的问题一年数月，这类问题比起如何解决撒克逊或是西班牙的问题，更能引起代表们的兴趣。值得一提的是，普鲁士国王殿下还特意定制了一条短裤，以示对革命事务的轻蔑。

另一位德国统治者，对革命没有十分的厌恶，他颁布了一条法令：所有他的臣民在受科西嘉魔王摆布的时期，必须上缴税收的义务，现在还必须再次履行，必须重新交给那位还爱着他们的合法统治者，等等。这样荒唐的事情他一干再干，直到有人再也坐不住了，大声疾呼："为什么没有人抗议呢？"的确，为什么这样呢？因为百姓已经疲惫不堪了，只要不再发生战争，那么他们的领导是谁，这样的问题他们已经不关心了。对于战争，他们确实苦不堪言，改革和革命已经让他们身心俱疲，甚至痛恨。

上个世纪 80 年代，他们还欢快地在自由之树下跳舞，王公拥抱着厨师，公爵夫人和仆人们踩着轻快的小调，他们由衷地相信平等和博爱必将可以打败他们罪恶的世界。万万没有想到的是，革命委员却代替太平盛世出现了，同时还带着他们肮脏的士兵入住他们的客厅。这位革命委员回到巴黎后，去向他的政府报告，法国人民贡献给邻国的自由宪法，是如何让被"解放的国家"的人民欣然接受时，还偷偷拿走了主人家镂刻着家族纹章的金银餐具。

有消息说，有一个叫作波拿巴或者布拿巴的青年军官，把他的枪口指向暴民，制止了最后爆发的差点引起动乱的革命。他们深深吸了一口气。原来，必要的时候是需要牺牲一点点"自由、博爱、平等"的。是从什么时候开始，这个名叫波拿巴或布拿巴的年轻军官，居然成了法兰西共和国的三个执政官之一，后来成了唯一，最后变为皇帝。由于他比先前的统治者更具备能力，对那些可怜的臣民毫不心软，他逼迫他们的孩子强征入伍，女儿嫁给他的将军，光明正大地取走他们的字画雕塑，丰富自己的私藏。整个欧洲都被他变成了一个杀人集中营，倒下了整整一代人。

虽然他已经离开了，但除了少数职业军人，其余老百姓还是迫切地希望能有一个安宁的家。他们曾经一度拥有选举市长、高级市政官员及法官的权力，并由他们自己来管理。但这一制度以失败宣告结束了，因为新的统治者缺乏管理的经验，言行毫无约束，放荡不羁。人们对此深深地绝望，便向旧制度的代表人求助，并说："你们仍然像过去那样统治我们吧，我们可以想办法还清过去欠你们的税，只要不干涉我们的生活，给我们安宁就行。我们现在还要修复这段自由时期所遭受的创伤。"

当然，操纵这个举世闻名会议的幕后人物一定会满足百姓们和平安宁的愿望。维也纳会议的主要成果——神圣同盟，使国家最主要的权力机构变为警察局，他们对那些批评官方法令的人处以极刑。

和平到达了欧洲，然而这样的和平只笼罩在阴森森的墓地周围。

维也纳最重要的三个人物分别是：俄国的亚历山大皇帝、代表奥地利哈布斯堡王朝的梅特涅和以前奥顿的主教塔莱朗。最后一位凭借机灵的大脑和投机取巧的本领，在千变万化的法国政府中生存下来。之后前往奥地利首都，尽其所能挽救历经拿破仑沧桑之后的法国。他镇静地面对人们对他的轻蔑，在不被邀请的宴会上尽情吃喝，仿佛自己真应该得到这般款待。不久之后，他果真坐在了餐桌的主位上，用自己动听的歌喉赢来大家的欢声笑语，风度翩翩的他开始被大家喜欢。

到达维也纳的前一天，他就了解了盟国分为两个敌对的阵营。一边是想要征服波兰的俄国和想要吞并萨克森的普鲁士；另一边是企图制止这一妄想的奥地利和英国，因为无论是普鲁士还是俄国，一旦在欧洲称霸，将会妨碍到他们的利益。塔莱朗巧妙地使双方敌对起来，并经过一番努力，使法国并没有遭受欧洲在帝王手下所经受的长达十年的苦苦压迫。他对此争辩到："这并不能由法国人民做主，是拿破仑强迫他们按旨意行事。"但那时拿破仑已经被囚禁，路易十八登上了王国的宝座。塔莱朗哀求给他一次机会，盟国也愿意看到，这位合法的君王安心地坐在革命国家的最高位置，而选择让步。波旁王室得到了一次可以充分利用的机会，以至于 15 年后还是被赶下了台。

维也纳三巨头的另外一位人物是奥地利首相梅特涅，哈布斯堡王族的领袖。他的全名是爱策尔·洛塔尔，梅特涅－温内堡亲王就说明了这个人。他曾经是一个大庄园主，一个英姿飒爽的人才，富有、精明、强壮。可惜他远离城市，远离那些整日在农庄上挥洒汗水的大众。法国革命爆发时，他还在斯特拉斯堡求学。斯特拉斯堡诞生了脍炙人口的《马赛曲》，并且还是雅各宾党人活动的中心。他愉快的社交生活从此被打乱了，一批无能的公民被招去负责他们根本无力完成的工作，暴民们居然对被无辜杀害的人拍手欢庆，以为从此获得了新的自由。但他没能看到广大善良的群众饱含的真诚，那些妇女和儿童将面包和水送给国民议会的饥饿狼狈的士兵，满含泪水地目送他们踏着正步走过市区，看着勇敢地冲上前线为法兰西祖国而战的士兵，群众的心中熊熊燃起希望之光。

然而，这个年轻的奥地利人对此深深厌恶，这些举动在他的眼里有失大雅。他认为如果要战斗，理应穿着漂亮的军服，精神抖擞，骑着壮实的马匹冲出良田。然而，他并不了解社会的实情，他不知道此时全国上下都已经变为一个散发着臭味的军营，无所事事的游民可能转眼就会被提为将军，这才是真正的愚蠢和厌恶。在那些奥地利大公爵们举行的数不清的小型餐会上，他对出现的法国外交家这样说："你们争取自由、博爱、平等，却得到了拿破仑。如果现在的制度让你们满足，那该是多么欣慰的事情啊！"接着，他开始侃侃而谈他认为的"稳定"社会，大肆宣扬、鼓动要恢复战前的太平盛世，那时人人幸福快乐，几乎没有人会讨论"人人生来平等"这样的废话。他发自内心地这样认为，并且凭借他坚定的口吻和说服力极强的言辞，很快成为法国革命思想的叛逆者。他活到 1859 年，能够眼睁睁看到，1848 年爆发的革命将他全部推崇的政策扫地。后来，他发现自己已经成了欧洲最被痛恨的人，而且愤怒的群众不止一次地想把他用私刑了结。但是，直到他闭上双眼，他都还坚信自己的原则。

他苦苦相信平凡的百姓追求的是平和，而坚决不是自由，他一厢情愿地将他认为的好东西赐予他们。公道地说，他竭尽全力创造的和平世界其实非常成功。各个大国之间将近有四十年熄灭了枪火，直到1854年爆发的俄国与英、法、土、意之间的米亚战争。这创了欧洲大陆最长时间无战事的纪录。

第三位英雄人物是亚历山大皇帝。他从小被他的祖母、著名的凯瑟琳女皇在宫中带大。他受过两种教养：这位精明厉害的老婆子教导他，要把俄国的荣誉当作自己生命中最重要的东西；而他的私人教师，这个崇拜伏尔泰和卢梭的瑞士人，却拼命地给他灌输热爱人类的思想。因而这个孩子成人后变成了一个自私的暴君和感情用事的两面人。他疯狂的父亲保罗一世让他受尽侮辱，他甚至亲眼看着拿破仑在战场上凶残地战斗。接着他变换了战术，他的军队为了帮助盟国取得胜利，俄国顺理成章地成了欧洲的救世主。他被奉为神明，人民以为这位伟大的沙皇能治愈世间一切的创伤。

但亚历山大其实并不精明，他不像塔莱朗和梅特涅那样能洞悉别人的心理，他没有外交的手腕。他十分爱面子，乐于听到那些群众对他的赞美。不久，他就成了维也纳会议上的主角。他会和梅特涅、塔莱朗和卡斯尔雷这位非常聪明的英国代表围桌讨论，品尝匈牙利金黄的葡萄酒，共议重大的事件。他们一心想利用俄国，因而对亚历山大卑躬屈膝，然而，实际中他们却希望他少参与会议。他们表现得十分赞同他倡议的"神圣同盟"计划，以便他忙于这个计划后可以放手手边的工作。

亚历山大乐于社交，经常会出现在各种宴会上，他结识了形形色色的人物。在这样的场合，他总是心情大好，但始终盖不住他性格中隐含的异样气质。他尽量去忘记他记忆深处的东西。

1801 年 3 月 23 日晚，他坐在彼得堡圣迈克尔宫的一间房内，随时准备接受父亲逊位的消息。但是保罗拒绝签署那些酒鬼们递来的沾满酒气的文件。于是，他们只好用一条围巾将他勒死，告之亚历山大他已经成了俄国的新皇帝。

这个可怕的夜晚一直浮现在这位敏感的国王心中。他曾被法国哲学家们的教育熏陶，他们信仰人类的理性，而不是虚无缥缈的上帝。然而理性又不能带这位沙皇走出困境。各种声音和形形色色的东西充满他的大脑，他也试图找到一个良心与罪恶的平衡点。他开始变得极为虔诚，对神秘主义产生了极大的兴趣，对像底比斯和巴比伦那样悠久的历史一样神秘的世界，产生了极大的探索欲望。

大革命时代的惊人影响一直在改变人们的思维方式，使人们变得古怪和不可猜测。似乎那些经历过 20 年动荡的人们，精神都异常敏感和失常。哪怕只是一个普通的门铃声，他们都会跳起来，这可能是有人传来他们的独生子"光荣牺牲"的消息。什么"兄弟般的友爱""自由"之类的有关革命的词汇，在这些饥肠辘辘、朝不保夕的农民耳中，仅仅只是一些符号。他们拼命想找到一根救命的稻草，由于心切，他们很可能被骗子利用。这些骗子可恶至极，装作未卜先知的样子，不知从《启示录》的哪些陈旧篇节中找到只言片语进行说教。

亚历山大曾请教大量的江湖术士，1814 年，他得知一位女先知正在四处传播世界末日的预言，告诫人们要尽早忏悔。她就是冯·克吕德纳男爵的夫人，这个俄国女人曾经是沙皇保罗时代一个俄国外交官的妻子，但她真实的年龄和人品却无人了解。她把丈夫的金钱挥霍得一干二净，还因为传出的各种桃色事件让丈夫抬不起头。她过着极为放荡不羁的生活，直到她疲惫不堪，曾一度精神失常。后来，由于经历了朋友的死亡而一心回归宗教。从那以后，她抛弃了世间所有的欢乐和痛苦，对着自己的鞋匠，一个摩拉维亚教派信徒忏悔自己所犯下的罪孽。这位鞋匠是1415年因异端邪说而被康护坦茨处以火刑的老宗教改革者约翰·胡斯的追随者。

以后的十年，那爵夫人在德国专门向各王公们宣讲"回归"的工作。她生平最大的愿望，就是要使欧洲的救世主亚历山大认识自己所犯的错。至于亚历山大，正苦苦寻觅可以给他希望的那个人，便十分乐意接见男爵夫人。1815年6月4日晚，她走进沙皇的帐营，看到他正在读《圣经》。我们不能得知他们之间近三个小时的对话内容，但她离去的时候，亚历山大满脸是泪，并激动地说自己的灵魂终于得到了安宁。几乎是从那时起，男爵夫人就充当了他精神的指导者，并成了他忠实的伙伴。她跟随他到巴黎，又到了维也纳。除了参加舞会，亚历山大都是在男爵夫人的祈祷会上度过。

你们或许要问我，为何如此详尽地描述此事？比起19世纪的社会变革，这个最好被人遗忘的失常女人显得微不足道，这是当然的，大多数书籍都能详尽准确地告诉你们其他的许多事，而我却要让你们从这段历史中看清，比这些连贯的事实更多的东西。让你们不要用一种先入为主的心态去研读历史，不要满足于"某时某地某时间"这样简单的叙述过程。要细心观察每一个行为背后真正的动机，这样才能看清这个世界，理解你生活的这个世界，也才能得到更多的机会去帮助身边的人。这样才是最令人欣慰的生活方式吧！

我不愿看到"神圣同盟"被你们当作于1815年签订的一纸约定，它只是置于国家档案馆中早已经被遗忘和废弃的空文而已。也许被遗忘，但还没有被废弃。它直接影响了门罗主义传播，而对美国人来说，门罗主义是推动世界政治的重要因素。所以，我要你们理解的是这一文件如何产生，以及表面上具有基督教的忠于职守和虔诚宣传背后真正的动机。

　　"神圣同盟"的产生，是由一个精神上受过重创，想尽办法安抚自己的惶恐不安的不幸男人，和一个虚度光阴、失去了青春和美丽、失去了名声和家庭，依靠充当新奇教义的救世主来填补自己空虚的心灵和欲望的女子共同创作的作品。叙述这些细节时，我并没有泄露任何秘密，就像理智的卡斯尔雷、梅特涅和塔莱朗理解那位悲伤的男爵夫人所拥有的有限能力一样。梅特涅可以很容易就将她送回德国庄园，给全能的皇家警察写个便条就能轻松摆平。

　　但是，法、英、奥还要依靠与俄国亲近，他们不敢激怒亚历山大。形势所迫，他们不得不容纳这个愚蠢可笑，甚至可怜的老男爵夫人。"神圣同盟"被他们彻底当作空话，完全不耐烦写于纸上，于是耐下性子听沙皇富有感情地朗读以《圣经》为依据而创造的《世人皆兄弟》的潦草初稿，因为它是神圣同盟的最终目的。文件的签署宣称他们要代表各自的国家，以及与其他政府的政治关系，坚持神圣宗教的借条，即正义、仁慈与和平。此三条不仅个人要遵守，也应该对君王会议带来直接影响，并加强人类的制度建设，改正其缺陷的唯一途径来指导各个步骤。然后，他们进一步相互发誓：将以真正团结一致的兄弟作为保证，彼此当作同胞，保持联合，在任何地方，任何情况，任何地点给予相互帮助，等等。

　　最后，奥地利皇帝签署了"神圣同盟条约"，然而他对此其实并不了解。波旁王室也签了字，因为他需要得到拿破仑敌人的友谊。普鲁士国王签字也是因为他希望自己的"大鲁士"计划得到亚历山大的支持。另外任凭俄国摆布的几个欧洲小国也答应了他。英国自始至终都没有签字，因为卡斯尔雷认为这完全是一堆无用的废话。教皇也拒绝同意，他对于希腊东正教徒和一个新教徒来干扰他感到十分恼火。苏丹也没有签，他对此从来都是不闻不问。

　　然而，不久之后，欧洲同盟不得不关注起这件事。"神圣同盟"空洞的字句背后，深深地隐藏着梅特涅在列强背后制造的五国同盟的军队。这些军队装备有枪支，他们试图要让世人知道，欧洲的和平绝对不可能被那帮所谓的自由党人破坏，这帮人只是乔装打扮的雅各宾党人，将重新返回稀土革命的岁月。人们开始淡漠1812、1813、1814及1815年的解放战争时的热忱。他们期待接下来的幸福生活。那些冲在战场最前的士兵也宣言和平。

　　但是他们不需要神圣同盟与欧洲列强假惺惺地将和平送到他们手中。他们大声喊冤，觉得被那些人出卖了。同时，他们小心谨慎，防止秘密被警察听到。结果是胜利的，这是对真诚相信他们这样做是出于人类利益的需要，而产生的一种胜利的回馈。但因为他们的意图不良而让人讨厌，所以引起了很多不必要的痛苦，并且延迟了政治发展的正常进度。

第五十五章

强大的反动势力

> 他们试图使人相信，严禁一切新思想之后，世界已经打开和平安宁的大门。他们派遣秘密警察出任国家最高权威机构的官员。不久以后，各国纷纷将那些遵从民意，将实行自治的人判入监狱，直到监狱爆满为止。

想要彻底清除叱咤风云的拿破仑留下的祸害几乎不可能，年代久远的防线被冲得荡然无存。宫殿历经四十个朝代之后已经破败不堪，甚至无法居住。其他王府想尽办法扩充地盘，周围的邻居个个倒霉。革命的潮流虽然已退去，但遗留的形形色色的奇怪思想还是给社会带来了一定的风险。但是，国会的"工程师"们却尽最大力量消除着他们所取得的成就。

由于法国这么多年一直破坏世界和平，导致人们对它不免存有敌意和恐惧。尽管波旁王国的成员们通过塔莱朗亲口答应以后不再实施暴政，遵循仁政，但"百日政变"还是给足了欧洲教训和经验，他们担心拿破仑再次逃亡。因此，荷兰共和国改名王国，比利时也成为荷兰新王国所属。信耶稣教的北方，还有信天主教的南方均联合反对这种合并，却没有提出任何意见。这种形势对欧洲十分有利，这就是当时的情况。

波兰怀着很大的希望，因为波兰王子亚当·查多依斯基是沙皇亚历山大的至交之一，在战争期间和维也纳会议期间一直紧随沙皇，充当顾问。然而，波兰最后却被划为俄属的半独立国家，由亚历山大兼任他们的王国。这个方案立刻引起了波兰人民强烈的不满，他们非常激动和愤怒，因此爆发了三次革命。

丹麦一直跟随着拿破仑，是他的忠实伙伴，因此受到了严酷的惩罚。七年前，一支英国舰队没有宣战就开到了卡特加特海峡，他们事先也没有提出任何警告，就悄悄地轰炸了哥本哈根，并且将丹麦船队劫走，以免不幸落入拿破仑口袋里。紧接着，维也纳会议采取了更进一步的措施，它将挪威与丹麦强行拆除。要知道，自1391年参加卡尔麦联盟以来，挪威就一直与丹麦联合。拆离后，将挪威交付瑞典国王查尔斯十四世，作为他背叛拿破仑的报酬，因为他当初是被拿破仑扶上位的。然而想象不到的是，这位瑞典国王原来竟然是一位名叫贝尔道特的法国将军，他以拿破仑副官长的身份来到瑞典。恰逢霍伦斯坦－戈托普王室的最后一位君王逝世，无人继承王位，他自然就登上了国王的宝座。1815年到1844年，这个继承来的国家被他全力以赴地操持着。他充满了智慧和才干，受到他管辖的瑞典和挪威臣民们的尊敬和爱戴。遗憾的是，他没有将这两个生活和历史两方面都格格不入的国家合并，用求同存异的方法同时统治这两个国家来获取成功；1905年，挪威采取了一种极为缓和的手段和条理清晰的方式，成立了一个独立的国家。瑞典人反而衷心地祝愿他快速发展，明智地让他远离自己的道路。

由于意大利人从文艺复兴开始就不断遭到侵略，形势十分严峻和混乱，所以把希望寄托在波拿巴将军身上。他违背他们的愿望，不想统一意大利，竟然还将他们的领土划分为若干公园、公爵领地、共和国以及罗马教皇统治的国家。除那不勒斯外，后者是整个意大利半岛历史上治理最差、最糟糕的地区。维也纳恢复了几个旧公国，取代拿破仑时期残留下来的几个共和国，并且分赏给哈布斯堡王族几个理应受封的男女成员。

不幸的西班牙人民，曾发起伟大的民族起义反抗拿破仑，也曾忠心耿耿地效忠本国国王，为他流血牺牲。但维也纳会议让他们的国王殿下返回本国，这个决定反而对他们十分不幸。这个恶毒的家伙——斐迪南七世，在拿破仑的狱中悲惨度过了生命的最后四年。他想出了一个办法来度过这段极为艰苦的岁月，就是为他心爱的神像编织衣服。他重新恢复资产阶级革命期间已经被废除的宗教法庭及刑房这样的举动，来庆祝自己再次回到熟悉的祖国。他真是一个令人讨厌的人，不光他的百姓这样认为，就连他的四个妻子也一样对他心怀鄙视。但是神圣同盟却力图维护他的合法王位，那些正义的西班牙人为了消灭这个祸根，并使西班牙能实行君主立宪制度而努力，但最终均以流血和被判处死刑而告终。

自从葡萄牙的王室成员，1807 年逃往巴西的葡属殖民地之后，葡萄牙便一直没有国王。并且在半岛战争期间，作为向惠灵顿军队供应军火的根据地。1815 年后继续被当作英国的一个省，直到布拉岗扎卢做巴西皇帝。作为美洲唯一的帝国，这样的统治居然能持续很多年，直到 1889 年共和国成立后解散。

在东欧，臣服于土耳其苏丹的斯拉夫和希腊人民所处的环境，依然十分恶劣和严峻，从未得到任何改变和帮助。1804 年，卡拉乔戈维奇王朝的创始人——黑乔治，一个塞尔维亚人的猪倌带头反抗土耳其人，但失败了，然后被一个叫作米洛歇·奥布伦诺维奇的塞尔维亚人给杀害了，这个人后来成为奥布伦诺维奇王朝的创始人，也就是乔治的对立派的领袖人物，乔治却将他当作知己。于是巴尔干毫无悬念地继续当着土耳其的主人。

两年前就失去独立，并依次被马其顿人、罗马人、威尼斯人和土耳其人统治过的希腊人。希腊人殷切希望，他们的同胞科孚人卡波·德·依斯特亚里和与亚历山大私交甚好的查多依斯基，能帮助他们。但是，维也纳会议似乎并不关心希腊的问题，他们感兴趣的是如何保住"合法的"君王、基督教徒、伊斯兰教徒等。因此，这个会议希腊人感觉毫无所获。

维也纳会议所犯的最大的错误，也是最后一个错误，是对德国问题的处理。宗教改革和30年战争摧毁了该国原本的繁荣和进步，还丢下了一堆政治的烂摊子，还被划分为两个君主国、几个大公管辖的公国、许多公爵领地以及几百个侯爵领地、男爵领地、诸侯领地、自由市和自由村，它们都由一些仅仅在喜剧舞台上扮演离奇古怪的当权者统治。弗雷德克大帝重新建立了一个强大的普鲁士，完全改变了过去的局面，但他死后，这个国家也面临解散了。

拿破仑曾经满足了这些小国家要求的独立，但在总数300个的小国家中，仅仅只有52个将独立维持到1806年。在那些伟大的为自由而战的年代里，许多青年士兵心中都梦想着自己的祖国强大统一。但是，如果没有坚强的领导，这样的梦是不会实现的，而这位领导是谁呢？

当时，说德语的王国有五个。其中，奥地利和普鲁士两个王国的统治者是教皇亲自任命的。而其他三个，巴伐利亚、萨克森和维腾堡的统治者又是拿破仑所封，原为皇帝身边忠实的亲信。因而，其他的德国人在思想上很排斥他们，认为他们没有爱国之心。

日耳曼同盟是维也纳会议之后成立的联盟，由38个主权国家共同组成，以奥地利皇帝为首。这只是一种临时的政策，但大家对此并不满意。的确，在古老的城市法兰克福，举行传统的城市加冕礼的一次日耳曼会议上，大家主要讨论"共同政策及其重要性"的相关事宜。但在会上，38名成员分别代表38个国家的利益，规定如果没有一致通过的投票，哪怕只有一票持反对或中立，就不能做最后的决定。很快，这个著名的日耳曼同盟被大家当作了笑柄，传遍整个欧洲。而这个腐朽的政治方针，只是模仿美洲国家上个世纪40年代及50年代所实施的一些方法。

这对于那些胸怀民族理想、愿意为此牺牲一切的人民来说，是个极大的侮辱。但是维也纳会议对这种所谓的个人感情丝毫不感兴趣，并停止了对它的辩论。

是因为有人对此怀疑吗？答案是肯定的。他们第一次放下了对拿破仑仇恨的心情，对大战的热情刚刚减退，人们开始了解以"和平与稳定"的名义所犯下的罪行。他们立刻开始埋怨，并随时准备公开暴动进行威胁。可是，仔细想想，他们能做的又有什么呢？他们没有任何的权利，他们所处的世界空前绝后的残酷，同时又被那些办事效率极高的警察管辖，只能眼睁睁看着自己被欺负。

参加维也纳会议的成员们真诚地相信，是革命的信念导致前皇帝拿破仑犯下了篡位的罪行。他们认为自己就是为了顺应民心，消灭那些忠实于所谓的"法国思想"的信徒而生的。正如菲利普二世仅凭借自己良心的呼唤，而枪毙新教徒或绞死摩尔人一样。在16世纪初，沙皇理所当然地统治臣民，任何人都不相信"异教徒"就是神圣的权利，它应该被所有忠实的教徒处死。19世纪初，在欧洲大路上，一个国王或首相把统治百姓这样的行为，当作自己应该行使的权力。任何人不相信这种权力实际就是"异端分子"，忠诚的老百姓都应该向附近的警察告发，使他务必受到严酷的惩罚。

但是，1815年的统治者们却效仿拿破仑的经验，他们处理事务要比在1517年更讲究效率。1815年至1860年这段时间，主要是政治间谍活动期。他们的踪迹遍布各个角落，甚至出现在最低级的酒店。他们从内阁密室的钥匙孔向内窥视，偷偷观察坐在市政公园长椅上呼吸新鲜空气的人们的交谈。他们严守边界，不敢放过任何一个没有正式签证护照的人通过。另外，他们还仔细检查所有的行李包裹，生怕危险的"法国思想"的书籍被带入皇家主人的领土。他们在大学教堂和学生一同听讲，如果听到教授有一句对现实不满的话，就会开枪。就连男女儿童们也进行紧盯，生怕他们逃学，做出出格的事。

　　神职人员协助他们完成大多数的任务。教会在革命期间的损失无法估量，他们的钱财全部被没收了，还有几名祭司被杀害了。那一代曾经学习伏尔泰、卢梭及其他法国哲学的教义问答集的人，得知1793年10月公安委员会宣布取消给上帝做礼拜时，竟然高兴地围着祭坛跳舞。祭司们与"逃亡人员"一起长期流放在他乡。现在，他们随着同盟军一同返回自己的故土，心里开始计划实施一系列的报复。

　　1814年，耶稣会会士们也回来了，并且恢复了以前教育青年的工作。他们指挥教会与敌人做斗争，并且收获不小，他们在世界各地都建立了"大主教区"，向本地人宣讲基督教义。但是不久就发展成为一个不断干涉行政当局的正式贸易公司。伟大的改革家葡萄牙首相庞博尔侯爵统治时期，耶稣会会士曾经被驱出葡萄牙土地，1733年迫于欧洲天主教的压迫，教皇克莱门十四世禁锢了这一条例。现在他们的工作恢复了，并且向父母租赁商店的橱窗里的儿童宣讲"顺从"的真正含义，以及应该要热爱合法的王朝，避免他们在看到马力·安东奈特被送上断头台时发出无知的笑声。

　　一些像普鲁士这样的新教义国家，情况却丝毫没有得到改善。1812年那些著名的爱国领袖，以及那些先前鼓动企图篡位的人发动神圣战争的诗人和作家，现在都被戴上危险的"蛊惑人心者"的帽子。他们的房子、信件被搜查，并且被迫遵守每隔一段时间就要去警察局报告自己的行动这样的规定。普鲁士教官对年轻一代怀着满肚子火。一伙学生吵得天翻地覆，并且无意选择在瓦特堡庆祝宗教改革300年，普鲁士的官僚们认为势必要发动一场革命了。有一个过于诚实但不够机灵的神学大学生，杀死了一名在德国活动的俄国政府间谍，当时各地的警察纷纷警觉起来，立即对所有的大学生进行监督，教授们没有经过任何形式的审讯，就被关押或者解除职务。

俄国在这些反革命活动中表现得更加荒唐可笑，亚历山大走出他突发的虔诚狂病症，转而又走向抑郁病。他清楚自己的能力，他开始醒悟自己是如何沦为梅特涅和那个布吕特女人的牺牲品。从那以后，他渐渐疏远了西方，要做回一个俄国真正的统治者，并把所有的注意力放在曾经是斯拉夫榜样的古老的圣城君士坦丁堡。随着年纪越大，他工作越加卖力和用心，但效果并不明显。当他端坐在办公室时，他并没有看到，整个俄国已经被他的大臣们变成一个大兵营了。

这个情景绝对不美妙，也许，我该知趣地结束对反动力量的描述。但是，我相信你们肯定已经彻底了解这个时代真实的样子了。企图扭转历史的方向，这只是无数次失败中的一次而已。

第五十六章

民族独立

民族独立运动如此激情澎湃，想要摧毁它实在不是一件容易的事。首先奋起抵抗的是南美洲人，紧跟着，希腊人、比利时人、西班牙人及欧洲的其他许多民族也揭竿而起，独立战争的飓风席卷了整个 19 世纪。

要是有人发出这样的声音："假如维也纳会议采取了这样或那样的手段，而不是实施了这样或那样的措施，很可能 19 世纪的欧洲会是另外一番景象。"当然，这种说法其实没有丝毫实际意义。出席维也纳会议的人，不久前才经受到一场大革命的洗礼，二十多年的持续战争把他们搞得焦头烂额了。为了让欧洲走向"和平与稳定"，他们坐在一起召开会议，他们坚信，欧洲人们需要的正是和平与稳定。他们就是我们认为的反面人物。在他们看来，平民百姓没有能力管理好自己，他们有责任和义务对欧洲的地图进行重新排版，他们似乎认为已经胜算在握了，最终他们却以失败收场。当然，这样的结果并不是由于他们的恶意的初衷，因为他们只是些活在孩提时代悠闲愉快记忆中的老派人物而已，他们希望生活一如从前，这才是主要的原因。事实上，有很多的革命道路早已扎根在欧洲大陆了，关于这一点，他们丝毫没有察觉到，这顶多算得上是一场灾难，不能说是一种罪恶。然而，法国大革命的爆发让整个欧洲深受教育，同时，美洲人民也从中汲取了教训，那就是人民对本民族具有自主权。

拿破仑是一个藐视一切的人，他冷酷无情地对待民族感情和爱国热情。"政治区划并不包括民族问题，那些圆脑袋与大鼻子的人也管不了，这是一种深藏在内心和灵魂深处的真挚情感。"这是革命早期的一些将领们提倡的观点。他们时常向孩子们灌输法兰西民族伟大的概念，同时，他们也鼓励西班牙人、荷兰人、意大利人这么做。没过多久，卢梭所说的原始人具有天生超常能力的信条让人们深信不疑了，他们开始把目光锁定在过去，于是，发现了埋藏在封建主义废墟下的尸骨，这是他们伟大种族的见证，而他们就是这些伟大种族怯懦的后代。

19 世纪上半期是伟大的历史古迹大发现时代。世界各地的历史学家们，为出版中世纪的宪章和中世纪初期的编年史而忙碌不已，如此一来，一种对自己国家历史的新的自豪感席卷了所有国家。之所以出现这样的情况，主要是人们曲解了真实的历史事件。不过，历史真实与否，对现实政治来说是无关紧要的，问题的关键是人们对事情真实性的认识和态度。大多数国家的国王和臣民都坚定地相信，自己的祖先有着光辉灿烂的一面。

维也纳会议将人们的情感摒弃在外。领袖们站在几个王朝的最高利益之上，对欧洲版图进行了重新划分，"民族感情"与其他危险的"法国革命教义"被他们罗列进了禁书名单和目录里。

所有的会议都会遭到历史无情地嘲讽。处于种种说不清楚的原因（可能是历史法则，只是时至今日也没有引起学者们的重视而已），"民族"成为人类社会稳步向前的必要条件。如果有人胆敢阻止这股势不可当的潮流，最终将惨败而归，就像梅特涅试图阻止人们自由思考那样。

首先揭竿而起的是遥远的南美洲，这真是令人难以置信。当西班牙与拿破仑之间争得你死我活的时候，这块西班牙殖民地，即南美洲度过了一段相对独立的时期，后来，法国皇帝将西班牙国王送进了监狱，但这块土地上的人民依然跟随着他。1808 年，拿破仑任命他的兄长约瑟夫·波拿巴担任西班牙国王，但是，南美人民却拒绝承认。

其实，哥伦布首次航行所抵达的海地岛是整个南美大陆受法国大革命影响最深的地方。1791 年，在博爱之心的驱使下，法兰西协会破天荒地将白人主子们所享有的一切权利，赐予了这里的黑人兄弟们。而后，他们却对这一措施悔恨不已，想撕毁先前的承诺，由此，一场惨烈的战争在海地黑人领袖杜桑维尔与拿破仑的内弟勒克莱尔将军之间爆发了。1801 年，杜桑维尔受到邀请，前来会见勒克莱尔，协商议和之事，法国人郑重承诺绝对不会趁机加害他。可怜的杜桑上当了，他被送上一只船，不久之后在法国的监狱里死掉了。不过，最后黑人还是取得了独立，并且建立了自己的共和国。海地的黑人们在南美洲首位爱国将领的领导下，为从西班牙殖民者手中救出自己的国家和人民，做出了卓越的贡献。

1783 年，西蒙·玻利瓦尔在委内瑞拉的加拉加斯城降生了，他曾经在西班牙学习过，后来来到巴黎，并在那里看到了革命政府的管理情况。在美国短暂停留了一段时间后最终回到了自己的家乡。那个时候，家乡人民对西班牙统治的不满情绪正在滋长，而且爆发了民族独立的运动。1811 年，委内瑞拉取得了独立战争的胜利，宣告独立。然而，还没过完两个月，起义就被颠覆了，因为玻利瓦尔曾在革命中出任过将军，此时他被迫逃走了。

此后的五年间，这项似乎看不到光明，没有前景的事业一直由他领导着。他为革命献出了自己毕生的财富；最后那次远征，在海地总统的大力支持下终于取得了成功。之后，整个南美洲陷入了恐怖的暴乱之中。很显然，如果没有强大的援军，西班牙是没有能力平息这场暴乱的，于是它向神圣同盟求助。

英国为这种局面担心不已，因为荷兰人的船队已经被英国取而代之了，这位新的海上霸主急切地希望能够从南美所有国家宣告独立的风暴中攫取巨额利益。他们希望美利坚合众国对此事进行干涉，遗憾的是，这不是美国参议院计划之中的事，而且连众议院里的很多人也赞成最好不要涉及这件事。

与此同时，英国内阁发生了人事变化。辉格党大势不在，被清除了内阁，托利党（保守党）人把持着政权，国务大臣由精明的乔治·坎宁担任，他暗示说，假如美国政府出面干涉"神圣同盟"，支持南美大陆夺取独立战争的胜利，那么英国也将不吝援助，出动所有的舰队力挺美国。如此一来，1823 年 12 月 2 日，门罗总统发表了著名的议会宣言："神圣同盟在西半球的任何扩展行为，对美国来说都是对和平与安全的极大威胁。"他还继续发出警告："美国政府视神圣同盟这样的行动为对美国极不友好的表现。"四个星期过后，门罗宣言在英国见报。这样，一道选择题摆在了神圣同盟面前。

首先撤退的是梅特涅。他自己倒是并不畏惧得罪美国人（从1812 年的英美战争之后，美国的陆军和海军一直没有受到重视），但是慑于坎宁严厉的威胁，并考虑到欧洲大陆混乱的情形，他不得不小心谨慎。所以，远征就这样终止了，南美和墨西哥也获得了独立。

骚乱以迅雷不及掩耳之势席卷了整个欧洲大陆。神圣同盟于 1820 年派遣法国军队进驻西班牙，担任和平卫士。不久，意大利也受到了如此"礼遇"，因为"烧炭党"（由烧炭工人组织的秘密集团）企图建立一个统一的意大利，而大肆宣传，而且他们还发动战乱，攻击那不勒斯统治者斐迪南，这次执行和平卫士职务的是奥地利军队。

俄罗斯也传来了糟糕的消息。因为亚历山大一世猝然离世，圣彼得堡被革命暴乱包围，这次起义被称为"十二月党人起义"（因为革命在十二月发生）。这场短暂的斗争，以大批出色的俄罗斯爱国人士被残酷杀害而收场。这些对亚历山大晚年的反动统治尤为不满的爱国者，只是希望在俄国建立议会制政府。

后面还发生了更加令人沮丧的事。梅特涅为了得到欧洲各国政府的支持，他相继在艾克斯拉夏佩依、特波洛、莱巴赫，最后在维罗纳召开了一系列的会议。各个国家的与会代表们准时来到这些气候宜人的海滨度假胜地，这里曾是奥地利首相经常光顾的地方。他们异口同声地承诺，会尽力镇压革命，不过他们并不能保证会取得成功。群情激奋，特别是法国国王已经面临着非常危险的处境了。

然而，真正的暴乱却由巴尔干半岛传出，从古至今，这个地方一直充当着侵略者进入欧洲大陆的门户作用。摩尔达维亚是最先燃出战火的地方，作为古罗马的行省，早在3个世纪的时候，它就已经从罗马帝国的国家版图中被踢出了。从那个时候起，如同亚特兰蒂斯洲那样，它沦为一块失踪的土地，生活在这块土地上的人们说着罗马语，把自己视为罗马人，这个国家也被他们称为罗马尼亚。1821年，那场对抗土耳其的战争就是在此地发起的，他的发起人叫作亚历山大·易普息兰梯，是一位年轻的希腊王子。他对部下们说，他们的战争将会得到俄国的大力支持。但是，不久之后，梅特涅的信使便到达了圣彼得堡，奥地利首相极力倡导的"和平与稳定"的言论，最终打动了俄国沙皇，于是，易普息兰梯王子失去了俄国的支援。无奈之下，易普息兰梯逃到了奥地利，在那个地方，他被捕入狱，在监狱中度过了七年的光阴。

1821年，希腊也被暴乱侵袭，从1815年开始，一个由希腊爱国主义者组织的秘密团体就在筹备着革命起义的事宜了。突然之间，摩里亚（半岛古伯罗奔尼撒）升起了他们独立的大旗，土耳其驻军被他们赶跑了。土耳其运用了一贯的手法，对其进行报复。他们抓走了君士坦丁堡的希腊大主教，在希腊人和无数俄国人心中，这位大主教就是他们的教皇，1821年的复活节，土耳其下令将这位大主教以及跟随他的几位主教统统绞死了。希腊人也不甘示弱，他们血洗摩里亚的首府特里波利，并杀光了所有的穆斯林。作为回报，土耳其突袭了希俄斯岛，2.5万名东正教徒惨遭屠戮，4.5万人被卖到亚洲和埃及去当奴隶。

希腊人求助于欧洲各国君王，但梅特涅却认为他们是"咎由自取"（我没有使用双关语，只是直接引用首相殿下对俄国沙皇所说的话，"在文明的范围外，就让暴乱的烈火自生自灭吧"），还说了很多不堪的话。为了阻止志愿者去营救为争取自由而战斗的希腊人，他们封锁了边界。一支埃及军队在土耳其的大力请求之下登陆摩里亚半岛。没过多久，在雅典古老的壁垒特里波利的上空，土耳其国旗飘扬起来。之后，埃及军队以"土耳其方式"对这个地方进行管理。这一切被梅特涅默默地看在眼里，他等待着这次扰乱欧洲和平局面的暴动成为历史往事的那一天。

但是，他的计划又一次遭到英国的破坏。英国最令人称道的并不是它拥有广袤的殖民地，也不是它强大的海军和充裕的国库，而是在所有公民心中不显眼的英雄主义和独立性。在英国人看来，文明社会区别于猪狗生活的关键就在于对人的尊重，所以，他们是非常遵守纪律的群体。然而，他们却绝不允许别人对自己的自由思想进行干涉。他可以任意批评他认为的政府的错误行径，而政府还会对他的自由言论表示尊重，而且尽力保护他们不被公众侵害。就像苏格拉底时代的人一样，总有些不肖之徒喜欢打压那些智慧和勇气超群的人。英国人就是这样，不管距离有多远，不管多么受人唾弃，只要是这个世界上的正义事业，他们就会毫无顾忌地给予支持。英国人民与其他国家的人们没有什么本质的区别，他们忙于处理自己身边的事情，对那些不切实际的"前途未知的冒险行为"，根本没有时间和精力去插手，不过，当他们那些难以理解的邻居为了亚洲或非洲的贫贱之民而不顾一切去战斗的时候，他们却对其表示大加称道和赞许。假如，这个邻居不幸战死了，他们会举行盛大的葬礼，而且教育自己的孩子要学习这样大无畏的精神和英勇的骑士品质。

在这种坚定不移的民族特性面前，连神圣同盟也束手无策。1824年，曾经以动情的诗歌赢得整个欧洲人民同情泪水的拜伦爵士扬帆南下，加入帮助希腊人的斗争中去了，三个月后，这位英国富家子弟在最后一块希腊营地迈索隆吉长眠不起。这个不幸的消息马上在全欧洲传播开来，人们终于从他的牺牲中觉悟了，各种拯救希腊人民的组织和团体在世界各地争先成立。在美国革命中极负盛名的拉斐特老人，在法国动员人们帮助希腊人完成独立大业。巴伐利亚的几百名士兵也在国王的命令下前往希腊。迈索隆吉陆续收到了大量的救济金钱和物质，处于饥饿边缘的人们获得拯救。

　　神圣同盟在南美洲的计划遭到约翰·坎宁的破坏，最后，约翰·坎宁也坐上了英国首相的宝座。他认为打击梅特涅的绝佳时机已经到来。地中海上挤满了英国和俄罗斯的舰队，因为人民希望救援希腊的愿望太过强烈，政府已经无法抵制了，他们只好派出了舰队。同时出现的还有法国的舰队，因为他们在十字军东征以后，一直以基督教徒的守护者自居。1827 年 10 月 20 日，纳瓦里诺湾一役，土耳其舰队惨遭三国联合舰队的袭击，最终全军覆没。从来没有任何一场战役胜利的消息，能够在整个欧洲引起人们如热烈地欢迎。在国内享受不到自由的西欧各国和俄国人民，也为遭受压迫的希腊人终于获得了自由而欢呼雀跃，并且得到了很大的安慰。1829 年，希腊宣告独立，人们的愿望终于变成了现实。以梅特涅为代表的反动派的绥靖策略又一次被颠覆。

　　如果我想把发生在各国的民族独立斗争的详细情况写在这个短小的章节里，讲述给你们听，那确实是一件极其困难的事情。如今，市场上已经有很多讲述这方面事情的优秀作品了。在这里，我描述希腊人民的独立斗争，是因为它对维也纳会议处心积虑建立起来的"维持欧洲稳定"的反动阵营，第一次给予了沉重的打击。虽然，对希腊人民的压迫行径并没有消失，梅特涅集团也依然在发号施令，不过，他们的末日马上就到了。

　　在法国，波旁王朝弃文明战争的规则和条例于不顾，建立了残暴不仁的警察统治，妄想摧毁法国革命的成果。1824 年，路易十八去世之时，法国人民已经在"和平"生活中忍受了九年的时间。这种"和平"生活，与拿破仑悲惨的十年战争比起来有过之而无不及。路易十八死后，他的弟弟查理十世继承了王位。

路易十八是著名的波旁王族成员，这个家族的人不学无术又非常爱记仇。当他在哈姆听到自己的兄长被斩首的噩耗时，他就一直不断提醒自己：绝对不能重蹈那些对形势认识不清的国王的覆辙。但是，查理十世在 20 岁以前就已经背负 5000 万法郎的债务了，而且他是一个蠢钝无知、胸无点墨的人，他也不想有所成就。他才刚刚接替哥哥成为国王，就马上建立了一个"为教士所治、为教士所有、为教士所享"的新政府。这句评论出自于惠灵顿公爵。其实，他并不是一个激进的自由主义者，因为查理完全摒弃了法律和秩序，他的统治简直是胡作非为。当查理对那些批评他统治政策的报纸进行大肆镇压的时候，当他遣散了支持新闻界的议会时，他的大限之日也为时不远了。

1830 年 7 月 27 日，夜幕降临之时，巴黎革命爆发了。就在这个月的 30 号，国王向海岸逃去，坐上小船跑到英国避难了。到此，上演了 15 年的"幽默剧"戛然而止了。波旁家族从法国国王宝座上被彻底驱赶了下来。他们确实是一群蠢钝如猪的人。当时，法国很有机会成立一个新的共和国，但是，梅特涅是绝对不会允许这样的事情发生的。

欧洲的局势危机四伏。在法国的边境已经开始闪现反动的火花了，并且迅速点燃了另一个充斥着民族仇恨的火药库。荷兰新王国的建立可以说是一件失败的事。比利时人民与荷兰人民之间没有任何共同语言，尽管他们的国王，即奥兰治的威廉（"沉默者威廉"的一个叔叔的后代）非常努力勤奋，但是，他却不具备睿智的头脑和八面玲珑的处事手段，因此，他没有能力处理好这两个各怀鬼胎的民族之间的关系。另外，无数的天主教避难者在法国大革命爆发后，来到了比利时，在这种情况之下，不管新教徒威廉做任何事，都会被愤怒的人民当成"争取天主教的自由"的又一次阴谋，从而被阻止。8 月 25 日，反对荷兰政府的人民暴动在布鲁塞尔爆发了。过了两个月，比利时宣布独立，并选举了科堡的利奥波德为他们的新国王，这个人是维多利亚女王的舅舅。从此以后，问题得到了解决，这两个本来就不应该合二为一的国家终于分开了，在此后的岁月里，它们一直保持着友好的邻邦关系。

那个时候，整个欧洲拥有的铁路线寥寥无几，在很大程度上也制约了消息的传播。然而，当波兰收到法国和比利时革命者获胜的消息后，人民与沙皇之间立刻上演了一场激烈的斗争。这场战争持续了一年多的时间，取得最终胜利的是俄国人。如此一来，俄国用臭名远播的俄国方式"管理着维斯杜拉沿岸地区"。1852 年，尼古拉一世接替他的哥哥亚历山大，坐上了俄国沙皇的宝座。他对自己家族的神赐王权深信不疑。逃到西欧避难的无数波兰难民，对神圣同盟的原则在神圣的俄国绝不是一纸空文有着深切的体会。

意大利也不例外，迎来了动荡不安的年代。拿破仑从前的皇后帕尔玛女公爵玛丽·路易丝经过滑铁卢一役后，抛弃了兵败的拿破仑。之后，她自己也在混乱中被赶出了祖国。至于罗马天主教国家，情绪激愤的人们则强烈要求建立一个独立的共和制国家，可是，奥地利军队进驻罗马之后，一切一如从前。梅特涅也跟从前一样，在哈布斯堡王朝的外交大臣府邸普拉茨宫过着舒适的生活。秘密警察再次出动，平静的局面也再次出现。18 年以后，人们又一次发起了大规模暴动，这一次似乎有着很大的胜算，能够将欧洲从可恨的维也纳会议魔爪之中拯救出来。

依然是法国，代表着欧洲革命风向标的法国又一次显示出了暴乱的预兆。查理十世之后，接替法国国王的是路易·菲利普。他的父亲是闻名于世的奥尔良公爵。这位公爵大人是雅各宾派的支持者，当他的堂兄（路易十六）将被施以死刑的时候，他还投了赞同票。革命早期，他的"平等的菲利普"扮演了重要的角色。后来，他死于罗伯斯庇尔肃清所有"国内叛徒"（这是他对那些反对他的人的称呼）的运动中。他的儿子，即年轻的路易·菲利普不得不从革命的阵营中逃走了。他在瑞士从事过教书匠的工作，还当过探索美国神秘的"大西部"的探险员，并在这件事上花去了好几年的光阴。最后，他在拿破仑倒台后回到了巴黎。与波旁王族那些愚蠢的堂兄弟比起来，菲利普要聪明得多。他过着简朴的生活，经常在腋下夹一把红色的雨伞，到公园里闲逛，像一位仁慈的父亲那样，总是有一群欢快的孩子们跟在他的身后。然而，法国已经不需要国王了，对此，路易百思不得其解。1848 年 2 月 24 日的早晨，大批情绪激动的人闯入杜伊勒里宫，将他驱赶了出来，然后，法兰西共和国宣告成立。

这个消息传到了维也纳，梅特涅事不关己地觉得，这只是1793 年那场风波的荧幕再现。目的是为了让同盟军进攻巴黎，将这场胡作非为的风波及时遏制住。但是，两个星期以后，革命暴乱在他的国家奥地利首都爆发了。梅特涅逃开了愤怒的人民，打开普拉茨宫的后门溜走了。在臣民们的要挟下，斐迪南皇帝不得不宣布了一部新的宪法。这部宪法中囊括了首相大人在 33 年前极力反对的诸多革命精神。

这次，整个欧洲都为之震惊了。匈牙利宣告独立，路易斯·科苏特带领着人们，与哈布斯堡王朝展开了一场力量悬殊的反抗战争，这场战争打了一年多的时间。后来，沙皇尼古拉一世的军队受命爬过喀尔巴阡山，摧毁了革命势力，匈牙利的君主制度最终得以保存。然后，哈布斯堡王室设立了特别军事法庭，绝大多数在公开战中存活下来的匈牙利爱国人士惨遭军事法庭杀害。

还有意大利，波旁王朝的国王遭到西西里岛的驱赶，他们从那不勒斯脱离出来，宣告独立。在罗马天主教国家，首相西罗死于谋杀，教皇也踏上了逃亡之路。第二年，在法国军队的护卫下，他才回到了自己的国家。为了保证教皇的安全，使他免遭臣民的迫害，法国军队一直驻扎在罗马，直到 1870 年，法国为了预防普鲁士的攻击，才召回了这支部队，但是，罗马却成了意大利的首都。在北部撒丁国王阿尔伯特的大力支持下，米兰和威尼斯发动了反抗其奥地利主子的运动。在库拉多扎和诺瓦拉两个地方，撒丁军队遭到了一支强大的奥地利军队的严重打击，他这支军队的统帅是拉德茨基。迫不得已，阿尔伯特将王位让于自己的儿子维克多·伊曼纽尔。几年之后，伊曼纽尔最终成为首位统一意大利的国王。

1848 年，德国爆发了全国范围的大示威。人们大声疾呼，强烈要求政治统一和建立代议制政府。在巴伐利亚，国王浪费了大量的时间和金钱在一位号称西班牙舞蹈家的爱尔兰女人身上（这位女士就是洛拉·蒙特茨，死后葬在纽约的波特公墓），后来他被一群情绪激动的大学生赶下了王位。在普鲁士，国王被胁迫着站在巷中，向战役中牺牲的战士的灵柩前脱帽致哀，而且承诺成立立宪政府。1843 年 3 月，德国国会大会在法兰克福召开了，参会者是来自整个德国各个地区的 550 名代表，会上，代表们一致推选让普鲁士国王弗雷德里克·威廉担任统一的德意志皇帝。

可是，没过多久，情况又发生了变化。弗朗西斯·约瑟夫继承了他无能的叔叔奥地利皇帝斐迪南的皇位。训练有加的奥地利军队依然追随着他们的战争头领，刽子手们的工作变得无比繁忙。偷偷摸摸的特殊习惯似乎是哈布斯堡王族的天性，他们急速地发展着自己在外国的殖民地，而且进一步巩固了自己称霸东欧的地位。他们耍起了圆滑世故的政治手段，成功地利用了其他日耳曼王国的嫉妒心，击碎了普鲁士国王高升帝国皇帝的美梦。哈布斯堡家族早已从失败的磨难中汲取了教训，他们了解了忍耐的价值，学会了等待时机。就在那些不求政治实际的自由党人大肆发表议论，并为自己激动的演讲兴奋不已的时候，奥地利人正忙于重新组织力量，他们遣散了法兰克议会，并建立了败絮其中的旧日耳曼联盟，这个联盟是维也纳会议期望已久的梦想。

出席那次会议的人大多都是些缺乏实际经验的激进分子，不过，在这些人中间，却有一个耳聪眼明、心机深重的普鲁士乡绅，他就是俾斯麦。他对那些不切实际的演说深恶痛绝，像所有追求实效的人一样，他非常清楚，一味地空谈是不起任何作用的。俾斯麦以自己独特的方式深爱着祖国。他曾经就读于旧式的外交学院，对他来说，无论是耍弄欺骗的手段还是比散步、喝酒以及骑马，他都比他的对手远胜一筹。

俾斯麦认为，如果想在与欧洲各强国的抵抗中取胜，就必须把那些分散的小国联盟统一成一个强大的帝国。因为受到封建思想的影响至深，他认为只有他一直效忠的霍亨索伦家族才能担任起这个统一大国的统治职责，而不是哈布斯堡家族。为了实现这个愿望，他首先要做的就是消除奥地利对德意志的影响，接着他开始行动起来，为施行这次痛苦的外科手术做好一切准备工作。

而此时，意大利的问题已经被他们成功解决了，令他们深恶痛绝的奥地利主子终于被摆脱掉了。意大利得以实现统一大业，要归功于加福尔、马志尼和加里波第这三个人。在这三个人中，谨慎细致地掌握政治航向的是加富尔，他是一个佩戴钢丝边近视眼镜的建筑工程师。负责鼓动人民大众贡献集体力量的是马志尼，为了躲避奥地利警察的追捕，他曾经在欧洲各地度过了一段东躲西藏，不见天日的日子。唤起大众觉悟的则是加里波第和他那群穿红衬衣的粗鲁骑士们。

三人当中，加富尔是个地道的保皇党人士，马志尼与加里波第则极力主张建立一个共和制的政府。但是，在马志尼与加里波第心中，加富尔是个具有非凡的政治才能的人，所以，他们放弃了自己的坚持，听从了加福尔的意见，可是他们却不知道，他们放弃的理想才是在未来对他们的祖国有巨大益处的。

加福尔忠心地为意大利的撒丁王族效劳，就像俾斯麦对霍亨索伦家族那样。他小心谨慎而又圆滑聪明地对撒丁国王循循善诱，直到他有能力担任起统治整个意大利的职责。加富尔的计划得到了欧洲其他地区动荡不安的政治局面的协助，最终得以实现。意大利完成了统一大业，贡献最大的要数它的老邻邦法国了。

那个年代，法国局势动荡不安，1852 年 10 月，共和国的堡垒突然崩塌了，当然，这也是人们意料之中的事情。那位伟大叔叔（拿破仑）的小侄子，从前的荷兰国王路易斯·波拿巴的儿子，拿破仑三世建立了新的帝国，并在"上帝恩准和人民拥护的"条件下，自己登上了皇帝的宝座。

这个年轻人讲着一口日耳曼口音浓烈的法语（与他的叔叔拿破仑一样，一辈子都未摆脱自己著名的意大利口音），因为他们曾经在德国接受教育。他竭尽所能地运用拿破仑家族的传统和荣誉来为自己攫取利益。可是，他的敌人实在是太多了，连他自己也对能否戴上早已经准备好的皇冠没有把握。他成功地博得了维多利亚女王以及他手下的那群大臣们的欢心，但欧洲的其他国家的君王却对他持以冷漠和傲视的态度。他们处心积虑地想着招数，尽其所能地对这位后来崛起的"好兄弟"给予轻视和鄙夷。

不管是用严厉的惩罚还是用爱慕的恩惠，总之，拿破仑三世被迫搜寻着一种清除这种敌视的方法。他非常清楚，在他的臣民中，"荣誉"这个词还具有很重的分量。看来，已经到了为皇位而下赌注的时候了，他决定豪赌一把。与此同时，俄国发起了对土耳其的战斗，他抓住时机，以此为借口，鼓动英国和法国支持土耳其的苏丹，一起向俄国沙皇开战。这场战争耗费了大量的财力，绝对是一次失败的投机，俄国、英国、法国都没有捞到什么好处。

不过，这场克里米亚战争至少有一个闪光之处，它给了撒丁人一个站在获胜者这边的机会。战争一旦宣告结束，加福尔就可以向英国和法国讨要筹码了。

加福尔瞅准国际局势，成功地使撒丁王国得到了欧洲各国的关注，之后，这位睿智的意大利人在 1859 年 6 月策动了一场与奥地利的战争。为了换取拿破仑的支持，作为条件，他许诺了萨伏伊地区和意大利的尼斯城给对方。奥地利军队在马戈塔和索尔费里诺接连败给了法国和意大利联军，意大利将几个前奥地利的省份及公国领土纳入自己的版图中来，形成一个统一的意大利王国。新意大利王国的首都定于佛罗伦萨。1870 年，为了保卫祖国，抵御德国的侵略，法国召回了自己在罗马的驻军。法国军队前脚刚走，意大利军队后脚就跟进来了，从此将这座永恒之城纳入自己的统治之下。撒丁王族也住进了一位古代教皇在康士坦丁大帝浴室的废墟上修建起来的行宫里，也就是老奎里纳宫。

与此同时，教皇穿越台伯河，在梵蒂冈的高墙大院间躲了起来。这个地方是 1377 年的那位教皇从流放地阿维尼翁返回之后的很多继承人的居住地。教皇在这里高声疾呼，属于他的领土遭到了野蛮地掠夺，同时也还把呼吁书散发给那些对他报之以同情的天主教徒手中。可是，他的忠实追随者已经为数不多了，而且还在持续减少中。因为在大多数人看来，教皇只有从世俗的管理职务中挣脱出来，才可能把全部的精力投入精神事业中去。如果教皇可以在欧洲诸国的纷争中洁身自好，那么他将赢得新的尊严。从教会方面来说，这绝对是极为有利的事情，它能够逐渐发展成为一股不可小觑的国际力量，为宗教和社会的进步贡献力量，与大多数新教派相比，这股新势力对现代经济的认识将更加理智和清醒。

如此一来，在解决意大利问题的时候，维也纳会议企图把这个岛屿之国纳入奥地利的版图中，让它成为奥地利的一个省份，这样的居心最终彻底破碎了。

德国的问题依然没有得到很好的解决，不可否认，这确实是一个疑难杂症。1848 年的革命失败以后，国内许多思想活跃，朝气蓬勃的青年纷纷逃到了国外。这些年轻人去了美国、巴西以及某些新兴殖民地，开始了他们的新生活。至于他们在国内的事业则由另一群人接手了。

德国议会消亡以后，自由党人迟迟未能建立一个新的统一帝国，于是，又一次议会在法兰克福召开了，代表普鲁士王国出席议会的正是我在前面提起过的那位人物，即冯·奥托·俾斯麦。这个时候的俾斯麦已经成为普鲁士国王最信任、最忠诚的朋友，这样的结果也正是他本人所希望的。无论是普鲁士议会还是人民群众的心声，都不能打动俾斯麦。自由党人是怎样一步一步走向失败的，这一切他亲眼所见了。要铲除奥地利，唯一的办法就是动用武力，关于这一点，他再明白不过了，于是他开始大力整顿军队，增强普鲁士军队的作战能力。他专横的政治策略把德国联邦的州议会惹火了，他们停止了对他的必要供给。即便这样，也不能动摇俾斯麦。他继续我行我素，用普鲁士的皮尔斯王族与国王的钱来发展军队。然后，他要做的就是寻找一个绝好的机会来激怒德国的爱国人士，他等待着。

从中世纪开始，德国北部的石勒苏益格与荷尔施泰因这两个公国就一直麻烦不断。在这两个地方的居民中有一部分是丹麦人和德国人，尽管统治他们的都是丹麦王国，但他们却不属于丹麦，没完没了的争执就是由此而引出的。在这里，我并不是要故意强调这个已经被人们遗忘的问题，现在，这个问题已经在刚刚召开的凡尔赛会议的合约上得到了很好的解决。而在当时，荷尔施泰因的德国人对丹麦人不满的呼声一浪高过一浪，而石勒苏益格的丹麦人则极力维护着他们的丹麦传统，关于这个问题的讨论声蔓延了整个欧洲。当德国男声合唱团和体操协会正沉浸在"被遗弃兄弟"的煽情演说中的时候，当大臣们还在为所发生的事丈二和尚摸不着头脑的时候，普鲁士的军队已经悄然上路了，他们被鼓励去"收复那些曾经遗失的土地"。这个问题事关重大，日耳曼联盟的合法首领奥地利，怎么可能允许普鲁士单方面采取行动呢？于是，哈布斯堡的军队也加入进攻丹麦的行列中来。势单力薄的丹麦求助于欧洲各国未果，因为欧洲正被别的事情困扰，它只好听天由命了。

后来，为了实现宏伟的帝国计划，俾斯麦又采取了第二个策略。他成功地利用战利品分配不均的矛盾，趁机挑起了与奥地利的纷争。俾斯麦早已经设好了陷阱，而哈布斯堡家王室就这样毫无防备就踏进去了。于是，波西米亚遭受了俾斯麦及其部下们亲手建立的新型普鲁士军队的猛烈攻击。在未满六个星期的时间里，最后一支奥地利军队，在萨多瓦和柯尼格拉茨遭到了倾覆之灾。通往维也纳的道路就此打开，可是，俾斯麦却止步了，他不打算继续走下去。他还想在欧洲为自己留几个盟友。于是，他把非常体面的议和条件摆在了哈布斯堡王朝的面前，那个条件就是让他们放弃日耳曼联盟的领导权。不过，对那些在战争中支持奥地利的德国小公国，俾斯麦却还之以异常严厉的颜色，他将他们全部合并到普鲁士的版图中来。如此一来，北日耳曼联盟这个新组织就此诞生了，它由德意志北方的那些小国家组成。这个组织的非正式领袖理所应当的就是获胜的普鲁士。

俾斯麦的扩展与吞并速度如此之快，让欧洲人应接不暇。对此，英国表现出漠然的态度，而法国却充满敌意。可是，拿破仑对人民的控制已经慢慢松懈了。克里米亚战争消耗了巨额的资本，却没有收到确实的好处。

拿破仑三世于1863年发动了第二次冒险。他想强行为墨西哥人民选一位皇帝，这个人选就是奥地利大公马克西米安。他进行的这场冒险行动在美国内战结束，并在北方取胜的时候以失败收场。因为华盛顿政府对法国施加了压力，迫使他们把军队撤出了墨西哥，如此一来，墨西哥人民抓住机会给予强烈地反击，最终将敌人全部消灭了，甚至连那位不受欢迎的外国皇帝也惨遭枪击。

在令人沮丧的局势面前，我们有必要给拿破仑三世的皇冠涂上一层光辉的颜色。不久之后，法国的另一个强敌就会出现，那就是北日耳曼联盟。拿破仑认为只有对德国发动战争，才能对王朝有利。于是，他伺机寻找一个开战的借口，这个借口正好由饱经战争之苦的西班牙所提供了。

那个时候，西班牙王位后继无人。本来，信奉天主教的霍亨索伦家族可以继承王位，但是法国却对此表示坚决反对，霍亨索伦家族只好谦恭地放弃了王位。此时的拿破仑已经病魔缠身，而且他的美丽妻子欧仁妮·德·蒙蒂纳对他影响至深。这位漂亮的女士是一位西班牙绅士的女儿，他的祖父是一位美国领事，叫作威廉·基尔克帕特里克，曾经驻扎在葡萄王国马拉加。聪明美丽的欧仁妮跟那个时代的绝大多数妇女一样，并没有接受过很好的教育。她的宗教顾问对她产生了很深的影响，可是，这些顾问教士却对普鲁士信奉新教的国王深恶痛绝。她用"要大胆"对她的丈夫进行了告诫。当然，这是著名的普鲁士谚语里的几个字，她在说的时候，把前半句省略了。这句警示英雄们的谚语是这样说的："要大胆，但千万不能鲁莽。"拿破仑对他的军队的战斗力非常信任，他写了一封信给普鲁士的国王，强迫他保证"绝对不会让任何一位霍亨索伦王族的成员登上西班牙皇帝的皇位"。霍亨索伦家族已经主动放弃了王位，此时还提出这样的要求，未免太过多余，俾斯麦如此照会了法国政府，拿破仑却依然没有感到满意。

1870年，威廉国王到埃姆斯河游泳。有一天，他会见了法国的大使。大使企图与他再次谈论一下有关西班牙的问题。但是国王却愉快地回答说："你看，今天的天气多好啊，西班牙的问题早已经解决了啊，所以不需要再谈了。"为了交差，大使将这次会见的详细情形用电报报告给了俾斯麦。出于对法国和普鲁士的利益考虑，俾斯麦对这则电报进行了"编写"。正因为如此，俾斯麦赢来了一片咒骂声。俾斯麦对此作出的解释是，所有的文明政府都有改编官方消息的权力。这篇被改过的电文一经发表，善良的柏林人立刻意识到法国那位个头矮小的外交官，戏弄了他们长着白胡子的仁慈可爱的国王。这则新闻传到巴黎后，善心的人们也怒不可遏，在他们看来，他们温文尔雅的大使被一个普鲁士皇帝的走狗欺负了。

　　就这样，双方一致同意用武力解决问题。两个月的时间还未满，德国人就轻而易举地俘获了拿破仑以及他手下的绝大部分士兵。法兰西第二帝国宣告灭亡。第三共和国随之建立，为了反抗德国侵略者，保卫巴黎的安全，他们正在做着最大的努力。经过 5 个月的苦守，这座城市最终还是被攻陷了。就在这座城市陷落的 10 天以前，普鲁士国王在附近的凡尔赛宫（这座宫殿的建立者是德国人的头号大敌路易十四国王）发出通告，正式成为德意志的最高统治者。顿时，礼炮齐鸣，响彻天际，饱受饥饿的巴黎人民终于意识到，昔日孱弱的条顿国家联盟已经被一个强大的现代化德国取而代之了。

　　德国的问题最终用这样粗鲁的方式解决了。到 1871 年，也就是非常有纪念价值的维也纳会议召开 56 年的时候，这个会议的成果遭到彻底毁灭。梅特涅、亚历山大、塔莱朗这些人的出发点其实都是想维持欧洲的和平与稳定，只不过，他们采取的措施无一例外引发了无休止的战争与暴乱，当 18 世纪的"普天之下都是兄弟"的神圣情感风暴刮过之后，偏激的民族主义随之而来，时至今日，这个问题依然存在着。

第五十七章

机器的时代

当欧洲人为争取民族独立而浴血奋战的时候，他们所生活的这个世界却因为一系列新发明的问世，发生了根本性的改变。作为 18 世纪的杰作，那些老旧而笨重的蒸汽机沦为人类最忠诚、最高效率的奴隶。

人类最伟大的主人早在 50 万年以前就消失了。他是一种全身长毛的动物，有着低低的眉毛，凹陷的双眼以及硕大的下巴，牙齿像老虎牙一样坚固。如果让他出席现代科学家们的集会，大家绝对会认为他丑陋不堪，不过，他确是人们崇敬的主人。因为是他第一次使用石头这种工具，轻易将坚果砸开，也是他第一次用木棒撼动了一块巨石。人类早期所使用的锤子和撬杠这类工具都是他发明的，他所从事的工作多过于他之后的任何一个人，他为人类所作出的巨大贡献远远高于在他之后的所有人，也高于共同生活在这个星球上的其他所有动物。

从那时起，人类在自己的日常生活中运用了大量的工具，使生活得到了很大的改善。第一个轮子（用老树作圆盘）在公元前十万年的社会所起的轰动不亚于几年前刚出现的飞行器。

在华盛顿，有一个关于专利局局长的故事经久不衰。上个世纪 30 年代早期，基于"所有可能被发明的东西都已经出现了"这个理由，这位局长向当局提出了取消专利局的建议。当木筏上开始出现了第一面风帆的时候，人们省去了划桨、撑篙或拉纤的力气，凭着风帆就能够从这个地方到达那个地方了，这样喜悦的心情，在史前时代也一定存在过。

的确如此，历史中最具趣味的篇章要数人们想方设法，让别人或别人的东西为自己效劳，而他自己可以自在地晒太阳，可以在石头上画画，可以驯养小狼崽或小虎崽，过着悠闲享乐的生活。

当然了，在那个古老的年代，人们可以轻而易举地欺负一个比自己孱弱的邻居，强行让他去做那些带给他痛苦的事情。希腊人、罗马人有着和我们一样的聪明才智，可是他们却没有发明出有价值的机器，究其原因，最重要的一个就是当时普遍流行的奴隶制度。如果一位伟大的科学家，能够把自己所需要的奴隶从市场上贱价买回来的时候，他是断然不会把大量的时间和精力花费在研究线绳、滑轮、齿轮等这些杂七杂八的事物上的，他也不会为了这个把自己的房子弄得乌烟瘴气。

到了中世纪的时候，奴隶制虽然被废除了，仅只存在一种温和的农奴制，但行会又出面干涉了，他们对机器的使用痛恨至极，不然的话，在他们业内将会有很多人面临失业的危险。还有一个原因是，中世纪对大批量的物品生产没有丝毫兴趣可言。那时候的裁缝、屠户和木匠，把工作的目的看作为了解决人们日常的生活需要，他们不会产生与邻居竞争的念头，也不会生产多余的产品。

文艺复兴时期，教会失去了以往那样将对科学的偏见强加于人的机会。很多人开始把精力放在对数学、天文学、物理学及化学的研究上。有一个名叫约翰·内皮尔的苏格兰人，在30年战争开始的前两年写了一本小册子，他把对数的新发现写进了这本书中。战争期间，微积分体系被莱比锡的戈特弗雷德·莱布尼茨进一步完善了。威斯特伐利亚条约签订的八年前，伟大的英国自然科学家牛顿出世了，也是在这一年，伟大的意大利天文学家伽利略与世长辞。同时，中欧地区在30年战火的袭击中化为一片废墟，那时候突然兴起的"炼金术"热潮迅速席卷了整个中欧，这是中世纪的一门伪科学。人们企图用这种办法把金属炼制成金子，这怎么可能呢？但是，就在那些炼金术士们在自己的实验室里痴迷着工作之时，有一些新的想法突然闪过他们的脑际，这为继他们之后出现的化学家们的工作提供了很大的帮助。

正是这些人的努力工作重叠在一起，一个坚实的科学基础便诞生在了这个世界上。在这个基础之上，很多人充分发挥了自己的才华和想象力，制造出了一系列更加先进的机器来。中世纪的人们曾经用木头制作了一些必不可少的实用工具，遗憾的是，木头的耐磨性实在太差了。后来出现了更理想的材料，那就是铁，但是铁又是那个时代十分稀缺的东西，只有英国才能找到。这就是为什么那个时候的冶铁工业主要集中在英国的原因。炼制铁矿需要非常高的温度。刚开始的时候人们用木头做燃料，渐渐地，森林遭到大肆砍伐，人们又开始寻找更合适的燃料，于是，"石煤"出现在人们的视线中（史前时期的森林化石），这种东西深埋在地下，必须从很深的地下将它挖出来，然后运送到冶铁炉，而且这种矿藏必须在干燥的环境中保存，不能沾水。

这就是那个时代面临的两大棘手问题。至于运输，可以用马车来拉，可是如果要抽水就需要特殊的机器来完成了。为了解决这个问题，某些科学家们全力以赴。他们认识到新机器可以借助蒸汽的动力。利用蒸汽的想法，其实在很早的时候，人们就已经意识到了。公元前1世纪，有一位亚历山大港的英雄把几种借助蒸汽启动的机器蓝图描绘给人们看。到了文艺复兴时期，人们开始萌生制造蒸汽战斗机的想法。在渥斯特侯爵这位与牛顿生活在同一时代的人写的一本发明手册中，我们可以看到他关于蒸汽机的描述。不久之后，即1698年，终于有人申请了抽水机的专利权，这个人是伦敦的托马斯·萨弗里。几乎同时，荷兰人克里斯琴·海更斯正致力于发动机的改造工作，在机器的内部装上炸药，让它发生连续不断的爆炸，其原理与我们今天用汽油来引擎是一样的。

整个欧洲几乎都沉迷于这个伟大的试验中。海更斯有一位法国籍的好朋友，同时也是他的得力助手，叫作丹尼斯·帕平，他曾经在好几个国家做过蒸汽机的试验。利用蒸汽驱动小货车和小蹼轮最终被他发明了出来。他想驾着自己的蒸汽船进行这一伟大的试验，可是，船业工会却因为害怕这种船只的问世会抢走他们的生计，对他提出了控告。他的船只就这样被没收了。帕平倾其所有，将毕生的精力花在研究发明上，后来贫困潦倒，最终在伦敦与世长辞了。当他离世时，一个名叫托马斯·纽科曼的人又开始埋头研究新型的气泵，这个人是个十足的机械迷。又过了50年，他研制的这种机器被詹姆斯·瓦特进行了改进，1777年，这位格拉斯哥机器制造者终于制造出了世界上第一台具有实用价值的蒸汽机。

就在人们以极大的热情投入"热力机"的研究工作中的那几百年的时间内，政治局势发生了惊天巨变。英国人取代了荷兰人的地位，一跃成为商业贸易运输行业的世界霸主。他们不断地扩展海外殖民地，大肆攫取殖民地的原材料，将其源源不断地运往英国，加工成成品后又售往世界各地。在17世纪，一种能够结出奇特的"棉毛"（棉花）的新型灌木，被北美佐治亚和卡罗莱纳大面积地培植出来了。人们把收摘后的棉毛运送到英国，倍兰卡郡人将它织成布。刚开始的时候，人们只能在家里依靠自己的手工编织这些布匹。后来，纺织工艺突飞猛进。1730年，"飞梭"问世了，它的发明者是约翰·凯。1770年，詹姆斯·哈格里夫斯申请了"纺纱机"发明专利。轧花机也被美国人伊利·惠特尼制造出来，这种新机器的出现极大地提高了工作效率，它能够使棉花自动脱粒，以前用手工完成这项工作非常费时，一个人一天顶多只能脱一磅的棉花。后来，凭借水力推动的大型纺织机也问世了，它是理查德·阿克赖特和埃德蒙·卡特赖特的共同杰作。18世纪80年代的时候，法国三级会议召开，关于改革欧洲政治制度的议题在这次会议中被郑重地提了出来。与此同时，有人突发异想在阿克赖特的纺织机上安装了瓦特发明的蒸汽机，从此以后，一场空前的经济社会大变革席卷了整个世界，人们之间的关系因为这场革命而发生了巨大的变化。

在成功研制出固定式蒸汽机以后，有关车、船的机械动力问题立刻吸引了发明家们的注意力。瓦特自己曾经有过制造蒸汽机车的构想，但是，当他的这个构想还未付诸行动的时候，威尔士矿区的佩尼达兰就出现了一辆运载量为20吨的机车了，这是1804年理查德·特里维西克的杰作。

同时，美国一位珠宝商兼肖像画家在巴黎四处奔走，他极力劝诫拿破仑采用他的"鹦鹉螺号"潜水艇以及他发明的汽船，这位名叫罗伯特·福尔顿的人说，如此一来，法国就能够一举夺取英国的海上霸主地位了。

事实上，福尔顿的汽车设想并不是他的原创，它应该属于康涅狄格州机械天才约翰·菲奇。早在1787年，这位机械师就制造出了第一艘汽船，并且在德拉维尔河上成功试航。遗憾的是，对于这种汽船所存在的实用价值，拿破仑和他的科学顾问团却视而不见，虽然那个时候在塞纳河上已经出现了装配着苏格兰引擎的小船，却并没有引起皇帝的注意，他忽略了这种武器强大的威力，或许它可以帮助他洗刷特拉法尔海战的耻辱。

后来，富尔顿返回了美国，这位讲求实际的企业家与罗伯特·利文斯顿合作，共同创办了一家汽船公司。罗伯特·利文斯顿曾经在《独立宣言》上签过名，当富尔顿在法国向各大企业推销他的发明的时候，利文斯顿就充当了他的美国驻法大使。"克勒蒙特"号是他们公司的首只汽船，上面装载了英国的博尔顿与瓦特制造的引擎。当时，整个纽约的水域几乎都被这艘船掌控了，1807年，它又开始定期往返纽约与奥尔巴尼之间，从事航班业务。

再说那位约翰·菲奇，他是第一个将汽船运用到商业领域中的人，可是，这位可怜的人最后却悲惨地离开了人世。当他的第五艘螺旋桨汽船毁于一旦的时候，他已经贫困潦倒并且重病在身了。如同 100 年后制造了可笑的飞行器的兰利教授那样，菲奇受尽了人们的嘲讽。

其实，能够为自己的祖国打开通向西方广阔江河的便捷之路一直是他的梦想，不过，他的同胞们却宁可选择乘坐平底船或者徒步。这实在让菲奇无法接受。1798 年，绝望中的菲奇喝下了毒药，安静地离开了人世。

二十年后，"萨瓦拉"号汽船承载着 1850 吨的重荷，以每小时六海里（"毛里塔里亚"号只比它快三倍）的速度从萨瓦纳驶向利物浦，仅用了 25 天的时间就横穿了整个大西洋。至此，人们的嘲讽戛然停止了，他们怀着激动的心情为不该领功的人戴上了这项发明的荣耀光环。

又过了六年，举世闻名的"移动式引擎"被苏格兰人乔治·斯蒂文森制造了出来，斯蒂文森从事机车制造工作多年，能够研制出一种将煤矿从矿区运往炼铁炉和棉花加工厂的机器是他最大的心愿。这种机车一问世，就促使煤价下降了 70%，并且还为实现从曼彻斯特到利物浦之间第一条定期客运线路的开通，从此以后，人们从一个城市到另一个城市去的时速可以到达惊人的 15 英里。十多年后，车速又有了新的突破，增加到每小时 20 英里。而如今，随便一辆运行良好的福特小轿车（它们是上世纪 80 年代的戴勒姆及内瓦莎小型车的直系后裔），都远远优越于那些"喷气的小船"。

就在这些工程师们埋头于噪声巨大的"热力机"研究工作之时，一条新的线索正引导者另一群"纯"科学家们（正是这些每天将 14 个小时花在"理论性"科学现象研究的人们，使得机器的进步变成可能），踏入大自然的腹心地带探秘。

2000 年前，很多希腊和罗马的哲学家们（其中，梅里塔斯的泰勒斯及普林尼是最负盛名的两位，公元 79 年，维苏威火山爆发，整个庞培和赫库兰尼姆古城都被火山灰掩埋了，亲临现场观察的普林尼也不幸身亡了）发现只要用毛皮摩擦一下琥珀，它就能轻而易举地将那些细小的稻草和羽毛吸起来。不过，对于这种带着神秘色彩的静电现象，中世纪的经院哲学家们并没有给予过多的关注。

文艺复兴之后，威廉·吉尔伯特发表了一篇著名的专题论文，与磁的特性及表现有关，威廉是英国女王伊丽莎白的私人医生。30年战争时期，世界上首台发电机被玛格德堡市长兼气泵的发明者奥托·冯·格里克成功研制出来。此后一个世纪，电力研究领域吸引了大批科学家。到1795年的时候，著名的莱顿电瓶至少被三位科学家发明了出来。同时，继本杰明·托马斯（典型的亲英派，从新罕布尔什逃走了后被称为朗福德伯爵）之后，美国杰出的天才人物本杰明·富兰克林也开始致力于电力的研究。他发现闪电与电火花是相同性质的放电现象，后来，他将自己无比繁忙的一生全部奉献给电力研究事业。富兰克林之后，伏特和他的"电堆"出现了，此外，还有迦瓦尼、戴伊、丹麦教授汉斯·克里斯琴·奥斯忒德、安培、阿拉果、法拉第等等，这些人物都是大家众所周知的。他们为了探求电的真实本质而耗尽一生。

他们毫无保留地向世界贡献了自己的成果。萨缪尔·摩尔斯（与福尔顿一样，最初是艺术家）有这样一个设想：依靠新发现的电流，可以把信息从一个城市传达到另外一个城市。他的这个想法遭到了人们无情地打击和嘲讽。但是，摩尔斯并没有放弃，他用自己的钱来进行试验，没过多久，他就已经倾家荡产了，此时人们的嘲笑声更加猛烈。无奈之下，他不得不求助于国会，最终，有一个特别商务委员会承诺资助他的试验。不过，他的事业并不能引起国会议员的丝毫兴趣，苦等了12年以后，他才终于获得了国会资助的很少一笔钱。之后，由他建造的第一条"电报线"终于出现在了纽约和巴尔的摩之间。1837年，摩尔斯在拥挤的纽约大学讲堂里，第一次成功地完成电报演示试验。1844年5月24日，巴尔的摩接收到了人类有史以来的第一个来自华盛顿的电报。到了今天，电报线已经布满了整个世界，如果我们要把消息从欧洲发向亚洲，仅只需要几秒钟的时间。23 年之后，亚历山大·格拉汉姆·贝尔利用电流原理成功发明了电话。又过了半个世纪，马可尼继续创新发明，无线通信设备就此诞生，它已经完全脱离了原来的老式线路了。

当新英格兰人摩尔斯潜心研究他的电报的时候，第一台"发电机"也被约克郡人米切尔·法拉第制造了出来。这台微小的机器是 1831 年问世的，那时，整个欧洲还在 7 月革命的阴霾下没有缓过神来，维亚纳会议的计划也因此而破灭了。从首台发电机问世至今，我们从中获取了无数的光和热（1878 年爱迪生发明的小白炽灯泡，其实是在那个世纪四五十年代英国及法国的实验基础上进行的改进），此外，它还为很多机器提供了源源不断的动力支持。假如我的预测不出偏差的话，过不了多久，电动机将全面取代热力机，就像低等动物最终被他们高等邻居取而代之一样。

对我来说（我是一个地道的机器盲），我将非常高兴看到这样的情况发生。因为向电机提供动力的是水力，它是人类清洁而健康的忠实奴仆。但是，作为 18 世纪最大奇迹的"热力机"实在太过吵闹肮脏了，因为它，滑稽可笑的大烟囱遍布地球的每个角落，我们的生存环境受到了灰尘与煤烟的污染。还有，它还需要不计其数的人们冒着生命危险，付出艰辛的劳动到深深的矿井中挖出煤矿来当作它的燃料。

倘若我是一个小说家，而非一个历史学家，那么我就可以让想象的翅膀任意驰骋，而不必顾忌对事实的尊重了。这样的话，我一定会对最后一台蒸汽机被送进自然历史博物馆，与恐龙、飞龙及其他已灭绝动物的骨架并肩展示的动人情景进行大肆描写，我想那一天一定会让我感到无比愉悦。

第五十八章

伟大的社会变革

　　然而，新机器是非常昂贵的物品，富人们才买得起这些设备。往日在小作坊里独立劳作的木匠和鞋匠们，被迫接受大机器拥有者的雇用，为他们干活。如此一来，他们挣了比从前更多的钱，但昔日的自由生活却消失不见了，对此他们并不喜欢。

　　古代社会里，那些坐在自己家门口的小作坊里独立劳动的人，几乎包揽了世界上全部的活计。他们有属于自己的工具，能够随心所欲地惩罚学徒，只要不超出行会规定的范畴，他们还能任意经营自己的生意。他们的生活极其简单，虽然工作时间很长，却是自由的。假如他们起床后觉得晴朗的天气适合去钓鱼，那他们就回去，没有人会阻止他们。

　　然而，当机器时代到来，这一切都改变了。老实说，机器只是一个放大倍数的工具。我们可以把每分钟行驶一英里的火车当成飞毛腿，把能够砸扁沉重铁板的气锤当作一双庞大而有力的铁拳。

　　好腿、好拳我们每个人都可能会拥有，但是一辆火车、一台气锤或一个棉花工厂却不是人人都能享有的，它们非常非常昂贵。一般情况下，要由一大群人共同出资才能买得起这些东西，之后，当他们的铁路或棉纺厂开始赚取利润的时候，他们就按照投资比例来分享这些利润。

所以，当机器改进到能够运用到实际中并且有盈利的时候，这些制作大型工具的人，即机器制造商便开始将它卖给有能力支付现金的买主。

中世纪早期，土地是财富的唯一表现形式，所以只有贵族才能称得上有钱的人。不过，就像我在上一个章节中所讲到的那样，他们拥有金钱，但是这些金钱在他们日常生活中所起的作用是微乎其微，因为那个年代的交易采取的是以物易物的制度，比如用牛交换马，用鸡蛋交换蜂蜜。到了十字军东征的时候，东西之间的贸易二度复苏，城市居民由此获取了大量的财富，并且成了贵族和骑士们的大敌。

贵族的财富在法国大革命期间遭受了毁灭性的打击，同时，中产阶级从中获取了大量的资本。大革命之后，世界一度动荡不安，中产阶级在这段时间找到了发财的机会，他们获得的财富大大超越了他们在这个世界上应得的份额。法国的国民议会没收了属于教会的财产，并将其全部拍卖。这其中出现了天价的受贿额。成百上千平方英里的高价值土地被地产投机商们巧取豪夺了，他们在拿破仑发动战争的时期，依靠雄厚的资金实力在贩卖粮食和军火方面谋取了巨额的利润，到了这个时候，他们拥有的财富已经大大超越日常生活开支了，而且具备了开设工厂的实力，雇用男男女女来操纵他的机器。

几十万人的生活因此受到了巨大的影响。只在几年的时间内，很多城市的人口就激增了很多倍，许多草草建立的晦暗郊区逐渐包围了市民们原先居住的市中心地带，工人们在工厂里连续工作11个小时，12个小时，甚至是13个小时以后，他们就回到这些地方休息，一旦工厂的笛声响起，他们又急急忙忙地跑去工厂工作。

到城市里面可以赚取很多的钱，类似这样的消息迅速传遍了广袤的乡村。在户外生活惯了的农村孩子纷纷来到城市。他们在那些通风设施极差、环境极差、烟尘弥漫的破旧工厂里从事繁重的劳动，健康的身体慢慢被侵蚀，最后，要么死在医院里，要么死在贫民窟。

诚然，从农村到工厂的转变，其实是经历了很多的反抗才得以实现的。一台机器所干的活，要 99 个人才能完成，如此一来，那 99 个人就会被机器取代，这样他们肯定会不高兴。于是厂房遭受侵袭、机器被烧毁这样的事故就经常发生了，为了保障工厂主们的利益，将他们的损失降低到最小，保险公司就随之成立了。

没过多久，工厂里又出现了更加先进更加优越的机器，于是，工厂被高高的围墙保护了起来，暴乱也不可能发生了。这已经是蒸汽和铁器的时代了，古老的行会再无容身之地，彻底消失。接着，工人们希望成立正式的工会。不过，这些富有的工厂主们却对政府施加了压力，于是，立法机构颁布了禁止成立工会的法律，理由是工会的成立将有碍工人的"行动自由"。

如果你认为通过这些法律的议会成员都是些为富不仁的暴君，那就大错特错了。大革命时代是一个提倡"自由"的时代，很多时候，人们会因为自己的邻居没有像他们那样由衷地热爱自由，所以对他们痛下杀手。同样，这些议员们也不例外，他们是大革命时期忠诚的儿子。如果说社会已经认可了"自由"为最高的道德要求，那么，工人们的作息时间以及工资问题为什么要建立一个工会来加以管制呢？工人们享有"在市场上公开出售自己的劳动力"的自由，雇主们也拥有依照自己的意愿来管理自己的产业的自由。社会工业生产掌握在国家手中的"重商主义"时代已经一去不复返了。在全新的"自由"思想支配下，国家应该坚决履行一个旁观者的责任，绝不插手，工厂主们完全有资格按照自己的方法经营业务。

18 世纪后期是知识与政治备受质疑的时代，与时代发展步调一致的新思想，将原先旧的经济观点取代了。法国大革命爆发的前几年，"自由经济"主义被一个叫蒂尔戈的人提了出来，他是路易十六的财政大臣，曾经遭受到多次的挫折。因为他生活的国家有着太多的繁文缛节，受到很多规章制度的限制，有无数的官僚障碍，所以，他对其中的弊端深有体会。

蒂尔戈在他的"自由经济"论中这样写道："这种官方管制必须加以取缔，只有让人们按照自己的意愿去自由发挥，一切才会顺利进行。"这个著名的理论，在不久之后就成为那个时代的经济学家们热烈呼吁的口号。

那个时候的英国，亚当·斯密正埋头创作他的惊世之作《国富论》，又一次为"自由"和"贸易的天然权利"申诉。30年后，拿破仑大势已去，欧洲的反动派也获取了维也纳会议的最后胜利，在政治方面被遏制的自由，却被强加到人们的经济生活当中来。

事实证明，我在这个章节的开头部分提到的机器的推广，对国家大有益处，极大地增加了他们的财政收入。机器能够使一个国家独立承担起战争所耗，英国便是如此，它轻松地支付了反抗拿破仑战争的所有费用。资本家（那些购置机器的人）更是如此，从中获取了巨额的财富。慢慢地，他们滋长了政治野心。他们非常有兴趣与那些至今对政府还有极大影响力的地主贵族们一决高下。

在英国，议会成员们的选举依然以1265年的皇家法令为准绳，议会代表中没有新兴工业中心的席位。资本家们在1832年对选举制度进行了修改，而且工厂主阶级对立法机构的影响力进一步加深了。这样一来，成千上百万的产业工人愤怒不已，因为政府完全忽视了他们的呼声。他们也开始为争取选举权而斗争。他们把自己的要求写在了正式的文件上，这就是后来著名的"人民宪章"。有关这个宪章的讨论声愈演愈烈，一直持续到1848年的革命爆发之时，仍然没有消停。英国慑于新一轮雅各宾派暴力事件的发生，重新启用已经年满八旬的惠灵顿公爵出任总指挥，而且招募了大批志愿军。被团团包围的伦敦正为即将到来的革命做好了一切准备工作。

最后，由于领导者的无能，宪章运动就此搁浅了，暴力革命没有发生。新崛起的工厂主阶级（对于那些鼓吹新社会秩序的信徒们滥用的"资产阶级"这个词，我深恶痛绝），进一步加强了对政府的控制能力，大片的牧场和良田正在被大城市的工业生活环境改变成肮脏简陋的贫民窟。从这些贫民窟中发出的悲哀目光，注视着所有的欧洲城市步入现代化的光辉之中。

第五十九章

人类的解放

　　机器的广泛运用并没有为那些亲眼见证驿站、马车被铁路取而代之的那代人，带去他们梦想的幸福和繁荣。尽管有人对此提出了挽救的措施，但仍然无济于事。

　　1831 年，在第一个修正法案通过前夕，那个时代最讲求实效的政治改革家，同时也是英国著名的立法家杰里米·本瑟姆在给一位朋友的信中，写下这样的话："如果想过舒适的生活，就一定要先让别人生活得舒适，而要让别人过上舒适的生活，就必须热爱他们，只有真正地爱他们才能表现出对他们的热爱。"杰里米具有诚实的品质，在他看来，他所说的这些话是非常正确的。不计其数的同胞们都对他的观点表示赞同。他们认为尽力让自己的邻居获得幸福，是他们义不容辞的责任，他们会尽可能地提供帮助。看啊！是时候采取行动了！

　　在那个工业力量仍然受限于中世纪各种束缚的年代，倡导"自由经济"（蒂尔戈的"自由竞争"）的理想是非常有必要的。然而，这个国内最高法律的"行动自由"却引发了一种恐怖的情形。工厂的工作时间以工人们最大限度的体力支撑为依据。就是说，只要还有体力支撑一个女工继续坐在纺织机面前，她就必须工作下去。那些年仅五六岁的孩子也被送到工厂去工作，理由是免于他们在大街上闲逛，遭受不测。此外，政府还颁布了一项强制乞丐到工厂工作的法令，如果他们胆敢违背法令，就会受到用铁链锁在机器上的惩罚。当然，他们通过自己的辛勤工作能够获得维持生命的食物，还有像猪圈般的肮脏住所，这算是对他们的回报。因为过于繁重的工作，他们经常累得睡着。这个时候，监工们就会手持鞭子走过来，为了让他们保持清醒而用力抽打他们的指关节。在这样残酷的工作环境之下，成百上千的孩子失去了生命。这确实是非常不幸的事，毕竟雇主们也有一颗人心，所以，他们诚挚地希望将"童工"制取消。因为人是享有自由的，那么儿童也同样是自由的。另外，如果琼斯先生的工厂里不招收五六岁的童工，那么，这些童工便会被他的竞争对手抢走，如此一来，琼斯先生就将面临破产的危险。所以，当国会还没有颁布禁止工厂使用童工的法令之前，琼斯先生是绝对不会率先停止使用童工的。

但是，那些老贵族们（这些贵族曾经公开对那些财大气粗的暴发户工厂主表现出鄙视的态度）已经无法掌控议会了，工业界的代表们已经取代了他们在议会中的地位，而且，如果法律不批准工人们成立工会，他们就束手无策。当然，对于这种糟糕的情况，那些睿智和正直的人并非视而不见，他们只是苦于力不从心。机器曾经以最快的速度将全世界征服，可是，如果要让它真正做到为人类服务，而不是主宰人类，那还需要无数男女共同努力很长时间。

令人难以置信的是，之所以对这个世界广为使用的残暴雇佣制度第一次发起攻击，是为了非洲和美洲的黑人奴隶。但是美洲大陆上首先出现的奴隶制度是西班牙带来的。曾经，他们也试图让印第安人到田地和矿山里做苦工，可是，印第安人已经习惯了野外生活，如果把他们强行从这种环境中拉出来，他们就会前仆后继地生病并死掉。这时，有一位善良的教士提出了从非洲带黑奴来做苦工的建议。黑人们都拥有强壮的身体，他们能够承受恶劣的环境和待遇。另外，他们还可以通过与白人的交往来学习更多的基督教教义，顺便让让他们的灵魂得到救赎，这样看来，不管怎么说，这对白人以及那些愚蠢的黑人同胞，都可能是无与伦比的好办法。但是，当机器被普遍推广的时候，棉花的需求量随之大量增长，黑人们的工作比以前更加艰辛难耐了。就像可怜的印第安人那样，他们纷纷在监工残忍的虐待之下死去了。

这些令人发指的残忍行径传到了欧洲，很多国家不分男女一致发出倡议，强烈要求废除奴隶制度。一个反对奴隶制度的组织在英国成立了，他的发起人是威廉·维尔伯福斯和卡扎里·麦考利（他是一位伟大的历史学家的父亲，他的儿子写的英国历史充满了无限趣味，凡是读过的人都深有体会），他们采取的第一个行动，就是制定了相关的法律，让"奴隶贩卖"成为非法贸易。1840 年以后，所有的奴隶统统从英国的一切殖民地中消失了。在 1848 年的革命运动驱使下，法国的奴隶制也被废止了。1858 年，葡萄牙颁布了一项法律，它规定从该法律生效之日起，直到 20 年以后，所有的奴隶都将重获自由。1863 年，奴隶制在荷兰被废除，同一年，亚历山大二世将自由还给了那些在两个世纪前丧失自由的农奴们。

奴隶制这个问题在美国却导致了严重的困难，而且还最终酿成一场长久的内战。尽管独立宣言里有这么一条"所有的人生来都是自由和平等的"，但它却将那些在南方各州的种植园里辛苦劳作的人以及黑人们排除在外。岁月流逝，北方人对奴隶制度的痛恨程度也随之升温。可那些南方主则表示，如果把奴隶制度取消，他们的棉花种植园就会荒芜。这个问题一直困扰着议会和参议院长达 50 年之久，它们为此而引发的争论，几乎从未间断过。

北方和南方各自坚持着自己的看法，彼此之间丝毫不退让。正当和解无望的时候，南方各州却发出了警告，说要脱离联邦而独立。这无疑是美利坚合众国历史上的非常时期，国内危机四伏，战争一触即发。很多事都有发生的可能，如果不发生，那是因为有一位卓越和非凡的人为此而做出了巨大的贡献和艰苦的努力。

1860 年 11 月 6 日，伊利诺伊州一个叫亚伯拉罕·林肯的自学成才的律师成了美国的总统，他是共和党派人士，而恰好共和党人具有反对奴隶制度的强大势力。林肯深知奴役人类是罪大恶极的行为，在他敏锐的常识引导之下，他清楚地认识到北美大陆绝不允许有两个相互敌视的国家共同存在。当南方的一些州从合众国退出后，林肯欣然迎战。北方各州招募志愿军的工作刚一开始，就马上得到了成千上万热血青年的强烈响应，之后，内战全面爆发，这场残酷的战役一直打了四年之久。战争开始的时候，南方节节连胜，因为他们准备得非常充分，而且领导者是优秀的李将军和杰克逊将军。然后，新英格兰和西部的经济力量开始登场，并且起到了重要的影响作用。在那场激烈的战争中爆发出一个查理·马特尔来，让所有的人都惊呆了，这个原本默默无闻的军官叫作格兰特。他一路攻入南方，势如破竹，重创南方军队，南方的防线也随之崩溃了。1863 年初，林肯颁布了《解放宣言》，将自由还给了所有的奴隶。1865 年，在阿波马克托斯，李将军和他的残余部下投降了。过了几天，林肯总统不幸被一个疯子刺杀致死。可是，他已经完成了自己的使命。除了被西班牙统治的古巴以外，这个文明世界的任何一个角落都找不到奴隶制的踪影了。

然而，当黑人们沉浸在不断增长的自由之中时，欧洲的"自由"工人却过着极为悲惨的生活。很多当代的作家和观察家认为，遭受到如此巨大的苦难，工人阶级（也就是无产阶级）居然还没有灭绝，这实在是一个令人难以置信的奇迹。他们居住在贫民窟里肮脏恶臭的房子里，吃着无法下咽的食物。所受的教育只是仅能应付工作的训练。如果遭遇死亡或者意外，他们的家人就将失去依靠。在这种情况下，酿酒业（依靠它们对立法机构施加的极大影响力）却肆无忌惮地为他们提供大量的廉价威士忌和杜松子酒，怂恿他们借酒消愁。

从上个世纪三四十年代开始一直到今天，所发生的这些巨大进步，绝不是因为一个人的努力。因为机器的突然出现，引发了灾难性的后果，整整两代人的卓越智慧汇聚在一起才拯救了局面。他们没有想要毁灭整个资本主义制度的意思，他们很清楚那种做法并不是明智之举，因为，只有合理有效地利用他人累积的财富，才能造福于全人类。但是，他们对那种富有者与工人之间存在真正平等的观点持反对态度，前者拥有资本和财富，他们能够随心所欲地关闭工厂，而且自己也不会遭受饥饿，但是后者必须无条件接受工作，无论工资多还是少；不然的话，他们自己以及家人都将饱受饥饿。

为了进一步规范工厂主和工人们之间的关系，他们竭尽所能地制定了一系列的法律。各个国家的改革者几乎都在这个方面取得了一些胜利。而今，绝大部分的工人有了强有力的保护，他们每天只工作 8 个小时，孩子们也能够走进学校接受良好的教育，而不是被送到矿坑和梳棉车间去当苦工了。

不过，依然还有一些人整天看着那些冒着黑烟的大烟囱，听着隆隆的火车声，眼睁睁地看着被各种物资填充的库房，于是，他们就开始思索起来，想着这种惊人的活动，究竟会对人类的未来生活带来什么样的影响呢？在贸易和工业竞争尚未出现以前，人类就已经在这个世界上生存了几十万年了，关于这一点，他们从来没有忘记。目前的这种状况，是否可以改变呢？那种为了利益而将人类幸福置之不顾的制度是否可以取缔呢？

这种观点和对未来的美好愿望不只发生在一个国家里。在英国，罗伯特·欧文这个拥有众多纺织厂的老板，成立了"社会主义社区"，并且取得了成功。然而，他才刚刚死去，新拉纳克（他的工厂就在此地）社区的繁华景象也随之消失了。作为一种新的尝试，法国记者路易斯·布兰克在整个法国建立了一个"社会主义车间"，却收效甚微。社会主义知识分子的队伍确实在不断发展壮大，可是，把希望寄托在正常的工业社会之外的那些小团体身上，是永远也不能获得胜利的。因此，在还没有找到切实可行的补救办法之前，学习整个工业和资本主义社会的基本原则是非常有必要的。

理论社会主义研究家卡尔·马克思和弗里德里希·恩格斯，继罗伯特·欧文、路易斯·布兰克、弗朗西斯·傅立叶这些实用社会主义者之后出现了。这两个人当中，最负盛名的是马克思。他是一个犹太人，一家人长期定居德国，他本人非常优秀。当听到欧文与布兰克所做的社会实验之后，马克思就萌发了对劳动、工资及失业等问题的强烈兴趣。可是，德国警察却禁止他的自由主义思想的传播，无奈之下，他逃到了布鲁塞尔，之后又前往伦敦，并成为《纽约论坛报》的一个小小的记者，日子过得朝不保夕。

那时，他的经济学著作并没有得到人们的关注。1864 年，他组织了首次国际工人协会，过了三年，也就是 1867 年的时候，闻名于世的《资本论》第一卷问世了。在马克思看来，人类所有的历史都可以概括为"有产者"与"无产者"之间的漫长斗争。随着机器的普遍使用和推广，一个新的社会阶层就此诞生，即资本家。他们用自己的剩余财富购买了工具，这些工具是工人进行生产活动必须使用的，这样他们从中就能获取更多的财富了；当财富不断增加，他们就可以开设新的工厂了，就这样，循环往复。那个时候，依照马克思所说，第三阶级（资产阶级）将越变越富有，第四阶级（无产阶级）则会越变越贫穷，他还做出论断，未来世界的全部财富将掌握在一个人的手中，其余的人统统沦为雇佣工人，从此臣服在主人的脚下生活。

为了避免这种情形发生，马克思倡导全世界的工人阶级紧密团结起来，为了争取属于自己的政治、经济措施而抗争到底，他把这些措施全部罗列在了《共产党宣言》里，这个宣言发表于1848年，也是那一年，正好发生了最后一场伟大的欧洲革命。

这些观点不可避免地遭到欧洲众多国家政府的反感和厌恶，尤其是德国，为了惩治这些社会主义者，它出台了严厉的法律条令，而且命令警察驱散社会主义者的集会，将演说家逮捕入狱。但是，这种迫害行为并没有起到多大作用。在这场违背民意的事业中，牺牲的烈士无疑成了最好的宣传榜样，欧洲的社会主义者正在急剧增多。没过多久，人们就清楚地意识到暴力改革并非社会革命者之愿，他们只想维护工人阶级的利益，所以稍微利用了一下在不同的议会中逐渐扩大的权势。有些社会主义者甚至出任着内阁大臣之职，他们与进步的天主教徒及新教徒，一起为补救工业革命带来的损失而努力着，并且以更加合理的方式，来支配那些因为引进机器和财富的增长所获取的丰厚利润。

第六十章

科学的时代

> 但是，世界已经经历了另一场比政治或工业革命更深刻、更重大的变革。在经受了一代又一代的压制和迫害之后，科学家们终于获得了行动的自由。现在，他们开始试图探索那些制约宇宙的基本规律。

埃及人、巴比伦人、迦勒底人、希腊人和罗马人，都对早期科学的模糊概念以及科学研究作出了一些自己的贡献。然而，4世纪时的大迁徙却摧毁了地中海地区的古老世界，随之兴起的基督教会只重视人类的精神生活，对人们的肉体生活却十分漠视，他们把科学视为人类妄自尊大的表现之一，甚至企图窥测属于万能的上帝领域内的神圣事物，因此，科学也与该罚入地狱的七大重罪有密切的联系。

文艺复兴运动在某种程度上——也是有限的程度上打破了中世纪的这一偏见。但是，在16世纪初期取代文艺复兴的宗教改革运动，对"新文明"的思想观点却一直抱以仇视的态度。所以，那些科学家如果企图超越基督教《圣经》中所记载的极其狭隘的界限，就要面临被处以极刑的危险。

我们的世界到处充斥着伟大将军的塑像，他们跃马扬鞭，领导着欢呼的士兵们取得光荣的胜利。同时，在不少地方，也矗立着一些朴实的大理石碑，它们说明了某位科学家在此找到了他的长眠之地。一千年后，我们对待这些问题的方式可能会截然不同，而那一代的幸福的孩子们，将会理解科学家们的惊人的勇气和几乎是难以想象的献身精神，他们是抽象知识的开路先锋，然而正是这些抽象的知识，让我们当今的世界得以成为活生生的现实。

许多科学的先驱者饱受贫困、蔑视和侮辱，它们在屈辱中挣扎着。他们居住在破旧的阁楼上，死于阴暗潮湿的地牢中。他们不敢在自己著作的封面上印上自己的姓名，也不敢在他们的家乡出版他们的科学论著和研究成果，通常他们只有将手稿偷偷地运到阿姆斯特丹，或哈勒姆的某家地下印刷所秘密印刷。他们遭受着新教和天主教无情地仇视，甚至成为布道者鼓动教区民众以暴力群起反对"异教徒"的永无休止的攻击的主题。

他们也能东一处西一处地找到几处避难所。在最具宽容精神的荷兰，虽然当局对这些神秘的科学研究好感寥寥，但是他们也不愿意去干涉别人的思想自由。于是，荷兰就成为知识分子自由的一个小小庇护所。法国和英国以及德国的哲学家、数学家及物理学家们，纷纷来到这里稍事休息，享受短暂假期，呼吸一点自由的空气。

在另一章中我曾到过13世纪最杰出的天才罗杰·培根，这位伟大的人物有好多年连片言只语也被禁止发表，以免教会当局再找他的麻烦。五百年之后，哲学巨著《百科全书》的编纂者们，一直处于法国宪兵的长期监视之下。又过了半个世纪以后，达尔文因大胆质疑《圣经》中所描述的上帝创造人类的故事，在每个讲台上都被当作人类的公敌而遭受到强烈的谴责。甚至到了今天，对那些冒着危险大胆进入未知的科学领域的人们的迫害，仍然没有完全停止。目前，就在我编写此书时，布赖恩先生正在对广大群众大力宣传"达尔文主义的危害性"，他提醒并警告他的听众们要反对这位伟大的英国博物学家的谬误。

然而，这一切只不过是细枝末节而已，应该做的工作最后还是无一例外地完成了。而科学家们的各种科学发明和发现的最终利益，到头来仍然被大部分一向将具有远见的人，诽谤为不合实际的理想主义者的人所分享。

　　17世纪仍旧着重于探索遥远的太空，以及我们所在的这颗星球的位置与太阳系的关系。即便如此，教会仍然不赞成这种似乎是不正当的好奇心。而第一个证明太阳是宇宙中心的哥白尼，直到他逝世的那一年才出版了他的著作。伽利略一生中的大部分时间都处在教会的严密监视之下，但他坚持不懈地通过自己的小望远镜观察星空，为伊萨克·牛顿提供了大量的实际观察数据，有助于这位英国数学家日后发现存在于所有坠落物体身上的、被称为"万有引力定律"的有趣习性。

　　这一定律的发现，至少在当时的一段时间内减弱了人们对太空的兴趣，他们转而开始研究地球。17世纪后半叶，安东尼·范·利文霍克发明了操作方便的显微镜（一件奇怪而又笨拙的物件）。显微镜的发明，让人们有机会研究导致人类患上多种疾病的微生物的机会，为细菌学这门科学打下了坚实的基础。由于这门科学的出现，在19世纪的最后40年里，人们陆续发现了多种引起疾病的微生物，这使得整个世界上存在的许多疾患得以消除。显微镜也使得地质学家，能够更仔细地研究埋藏在地表深处的不同的岩石和化石（史前动植物的遗体）。这些调查研究证明，地球存在的历史要比《创世记》中所描述的久远得多。1830年，查理·莱尔爵士出版了他的《地质学原理》一书，在这本书中，他否认了《圣经》中所讲述的创世的故事，并且，他还对地球缓慢的形成及逐渐发展的过程做了一番颇为生动有趣的描述。

　　这个时候，马尔基·德·拉普拉斯侯爵正在专心研究着一种新的学说，这种新的学说是关于宇宙的形成的，他认为地球只不过是在形成行星系的浩瀚的星云状海洋中的一个小斑点而已。除此之外，邦森和基希霍夫这时正通过分光镜在观测和探索着星球，以及我们的好邻居太阳的化学构成，而太阳上奇怪的斑点

（太阳耀斑）的最初发现者就是伽利略。

与此同时，解剖学家与生理学家们也获得了解剖人体的许可，然而，这是在与天主教及新教国家的教会当局，进行了一场颇为艰苦卓绝的斗争之后才得以实现的，获准解剖人体让科学家们得以了解我们的身体器官及特性，让人们能够用科学知识来取代中世纪江湖医术的胡乱猜测。

自从人们最初遥望星空，但又不知其存在的原因，几十万年的时间慢慢地过去了。然而在这短短的30年里（1810年至1840年间），科学各个领域中所取得的进步与成功早已超过了过去几十万年的总和。对于那些在旧制度下接受教育的人们来说，这肯定是一个极为可悲的年代。我们可以理解他们对诸如拉马克和达尔文这类人怀有的憎恨。虽然这两个人从来没有明确地说过人类是"由猴子变化而来"（我们的祖父辈通常将其当作人身攻击来痛加控诉），然而，他们确实暗示了自豪的人类是由长长的一系列祖先进化而来，其家族的源头甚至可以追溯到我们这颗星球上最早的居民——水母。

19世纪的主宰者是富有的中产阶级，他们称霸了整个世纪。他们乐于使用煤气以及电灯，接受着许多伟大科学的发现所带来的全部实用成果。可是那些纯粹的调查研究者们，那些"科学理论"的最初发现者们（是他们使得人类进步成为可能）却始终得不到信任。直到最近，他们所作的贡献才被人们所承认。那些过去将财产捐献出来用于修建教堂的有钱人，现在建起了巨大的实验室，在那里，那些沉默寡言的人们正在与人类隐蔽的敌人进行着一场场无声的战斗。为了使他们的下一代可以健康地生存和成长，为了让他们生活得更加幸福，这些人甚至不惜牺牲自己的生命。

事实上，过去我们的祖先认为世界上的许多疾病都是不可抗拒的"上帝的旨意"，它们是无法治愈的，然而现在已被证明许多疾病仅仅是出于我们自己的无知和疏忽。今天，每一个孩子都知道，只要注意饮用水的清洁就可以避免感染伤寒症。但是，医生们在历经了漫长的努力之后，才使得人们相信这一简单事实。现在，很少有人害怕去找牙科医生了。对口腔内微生物的研究，使我们有可能预防蛀牙。如果一定要拔掉一颗坏牙，我们无非是深吸一口长气，然后高高兴兴去找牙医。1846 年，美国的报纸上刊登了一则美国利用乙醚进行了一次"无痛手术"的新闻，那些好心肠的欧洲人看了都不免摇头。在他们看来，所有生物都必须承受"疼痛"，人类居然试图逃避疼痛，这是对上帝旨意的公然违背。此后又经过了好长一段时间，乙醚和氯仿才在外科手术中被普遍接受和广泛使用。

　　但是，人类要求进步的战役终于获得了胜利。古老的偏见之墙上的缺口越来越大，随着时间的渐渐流逝，古代无知的石块终于土崩瓦解了。一个崭新的、更幸福的社会制度的迫切追求者们冲出了重围。然而，突然之间，他们发现自己面前又横亘起新的障碍。从年代久远的废墟上，另一座反动的堡垒又竖立起来了。为了摧毁这最后一道防御物，又得有成百万的人们在未来的日子里要献出自己宝贵的生命。

第六十一章

艺术

　　如果一个婴儿是健康的，那他在吃饱睡足后，就会哼出一种调子，以此来表示他的幸福和快乐。对于成年人来说，这些哼哼的声音毫无意义，他听起来就像"咕吱，咕吱，咕咕咕……"的声音而已，可是对于婴儿来说，这就是完美的音乐，是他的第一部艺术作品。

　　等到他（或她）再长大一点，能坐起身子来之后，捏泥饼的时期便开始了。这个世界上的婴孩成千上万，他们同时在捏着成千上万的泥饼，所以这些泥饼当然不会引起成年人多大的兴趣。但对于婴儿来说，这是他们对愉快的艺术王国的又一次进军。现在，婴儿已经俨然是一个雕塑家了。

　　到三四岁的时候，孩子的双手开始听从大脑的指挥，他便成为一个画家。他亲爱的母亲给他一盒彩色笔，不久之后，每一张废纸很快都涂满了奇形怪状的笔画，有的歪歪斜斜，有的弯弯曲曲，分别代表房子呀、马呀、可怕的海战呀，等等。

　　然而，没过多久，这种尽情"创作"的快乐时光很快即告结束。开始上学了，孩子们的大部分时间已经被繁重的功课填满了，生活之道，更准确地说，谋生之道成为每个男孩和女孩生活中头等大事。孩子们在学习和背诵"九九乘法表"和法语不规则动词的过去分词形式之余，学习"艺术"的时间已经很少很少了。除非这个孩子不求任何回报，仅仅是为了取乐而进行创作，否则的话，等这个孩子长大成人后，他会完全忘记他生命的头五年主要是献身艺术的。

民族的经历跟小孩子们的经历也是相似的。当那些洞穴人逃离了漫长而寒冷的冰川期的种种致命危险，将家安顿好之后，他便开始制作一些他自己觉得很美丽的东西，哪怕这些东西在他与丛林的猛兽进行搏斗时根本没有什么实际的用处。他还会把他捕猎过的大象和鹿的图案画在自己居住的洞穴的墙上，他也会用石头砍削出他认为最漂亮、最迷人的女人的粗糙形象。

当埃及人、巴比伦人、波斯人以及其他东方民族，沿尼罗河和幼发拉底河两岸建立起自己小小的国家之后，他们便开始为他们的国王建造巨大而华丽的宫殿，为他们的女人制造闪闪发光的首饰，在花园里，他们会种上奇花异草、用五彩斑斓的绚丽花朵来点缀他们的庭院。

我们的祖先是来自遥远中亚草原的游牧民族，他们是热爱自由逍遥生活的猎人与战士。他们谱写过很多歌谣，来赞颂他们的伟大领袖的英勇事迹，而且还创作了有着一定形式的、流传至今的诗歌。一千年之后，当他们在希腊大陆上安身定居，建起自己的"城邦国家"时，他们又修建古朴而庄严的神庙，制作雕像，创作悲剧和喜剧，并发展一切他们能够想得到的艺术形式，以此来表达他们心中的喜怒哀乐。

罗马人和他们的对手迦太基人一样，忙于统治和治理其他民族以及经商致富，对那些既无用又无利可图的精神活动，不愿意投入太多的时间和精力。尽管他们征服过大半个世界，修筑的桥梁和道路多得无法统计，但是他们的艺术却是从整个希腊全盘照搬的。他们也创造了几种符合时代要求的实用建筑，但是他们的塑像、他们的历史、他们的镶嵌工艺，甚至他们的诗歌完全是源自希腊的仿制品。若是缺乏那模糊不清、难以下定义的、被称为"个性"的东西，便不可能有艺术。然而，罗马世界不相信"个性"这种特殊的东西。帝国需要能征善战、训练有素的士兵和精明能干、精打细算的商人，像写诗、画画这一类活儿只好留给外国人去做了!

接下来,"黑暗时代"来临了。野蛮的日耳曼部族就像谚语里所说的,像闯进西欧瓷器店的一头狂躁的公牛。他不理解的东西对他来说完全没有用处。用我们现在的话来说,他喜欢印着漂亮封面女郎的杂志,却将自己继承来的伦勃朗的蚀刻画随手扔进了垃圾箱。不久,他有所领悟,想弥补自己几年前造成的损失。但是垃圾箱早已不见踪影,伦勃朗的名画也随之失踪,再也找不回来了。

然而,到了这一时期,他从东方带来的自己的艺术已逐渐得到发展,并且大放异彩,成为非常优美的"中世纪艺术",补偿了他过去的疏忽与漠视。但是,至少对于欧洲北部的人来说,所谓的"中世纪艺术"其实是日耳曼精神的产品,参照希腊和拉丁艺术的成分少了,也与埃及和亚述的古老艺术形式完全无关,更不用提印度和中国艺术了(对于那个时代的人们来说,这二者是根本不存在的)。事实上,北方诸民族极少受到他们南部邻居们的影响,所以他们自己发展出来的建筑物完全不被意大利人理解,受到十足而彻底地蔑视。

你们肯定都听说过"哥特式"这个词,并且多半会把它与一座细长的尖顶直插云霄的美丽古教堂的画面联系起来。可是。这个词语的真正含义到底是什么呢?

"哥特式"一词指的是"不文明的""野蛮"的东西,是对来自蛮荒之地的粗鲁民族——"还没有开化的哥特人"的蔑称。哥特人是一种粗野的边远地区的民族,他们不按照已有的古典艺术的准则,独创了他们"令人毛骨悚然的现代艺术",以迎合自己的低级趣味,完全不重视古罗马广场和古希腊卫城的模式。

当然,这种哥特式的建筑在很多个世纪里,一直是对艺术情感的最高表现形式,极大地鼓励着北半部欧洲大陆的人民。不知道你们是否还记得,上一个章节中,关于中世纪末期人们的生活情况,我已经给大家讲过了。除了居住在乡村的农民以外,他们大多数都居住在城市里，古代的拉丁语用"部落"来表示城市。事实上，居住在高高的城墙内，受到护城河保护的善良自由民才是真的部落成员，他们彼此之间祸福共担。

　　在古希腊和古罗马，人民都是围绕着建有寺庙的广场而生活的。中世纪的教堂就是神灵的宫殿，它发展成为新的生活中心。中世纪的教堂在人们社会生活中的重要地位，是我们这些现代人无法理解的，我们现代人，每个星期可能只去一次教堂，并且只在那里待几个小时而已。而在中世纪，你出生还未满一周，就被送到教堂去接受洗礼。你的孩提时代有大部分的时间都会在教堂里听《圣经》故事中度过。长大后，你自然成为教会忠实的朋友，假如你是个富裕的人，你就毫不犹豫为自己建立一座小型的教堂，把你们那个家族的守护神全部供奉在那里。那时候的教堂就像现在的俱乐部一样，它不分昼夜对人们开放，所有的市民都可以使用。或许你会在教堂里遇到一个让你一见倾心的姑娘，她就是你未来的新娘，你们将在高高的祭坛前许下誓言，成为厮守终身的夫妻。最后，当你人生的大限到来之时，你的遗体将被安放在这座你无比熟悉的建筑的石块之下。你的子孙后代们将不断从你的安息之地走过，一直到世界末日来临。

　　中世纪的教堂建筑样式应该区别于从前所有的人工建筑物，因为它不单单是神明的宫殿，同时也是人们日常生活的中心。埃及、希腊以及罗马的庙宇只具备一个地方性神殿的功能，因为祭祀们并不会选择在奥塞西斯、宙斯或朱庇特的塑像前传道，所以，庙内并不需要为听众们专门设置宽广的听教场所。古代地中海地区的人民，习惯把一切宗教活动举行在露天场地中。可是如果是北方的话，这些活动就需要在教堂内进行了，因为那里的天气异常寒冷。

　　如何建造大空间的建筑物，这个问题一直困扰了建筑师们几个世纪的时间。他们从罗马的传统中学会了利用巨大的石头砌墙，然后从墙的强度方面考虑，只开小小的窗户，最后把一个大石头屋顶垒在墙头上。到了 12 世纪，十字军踏上了东征的旅程，西方的建筑师们首次参观了伊斯兰教徒们建立的穹顶建筑物，由此，他们想到了一种全新建筑风格，就这样，他们尝试去建造一种最适合宗教活动开展的建筑物。这种新的建筑风格被意大利人鄙夷地叫作"哥特式"或野蛮的建筑，之后，他们对其稍加改进，用一种新发明的"肋骨"对整个拱顶加以支撑。可问题是，如果这个拱形屋顶太过沉重，墙面就会面临着被压垮的危险，就跟一个 300 磅重的胖人坐在一把儿童椅子上，突然把椅子压坏是一个道理。于是，一些法国建筑师们用"扶垛"来增加墙体的承受能力，从而使这个难题迎刃而解，而且，为了进一步巩固房屋的安全，他们还使用了"飞垛"来支撑屋脊，事实上，这些构图方法一点也不复杂，你只要看一眼图片就清楚了。

使用了这种新的建筑方法之后，就可以大胆地开大窗户了。12 世纪时，玻璃是一种很珍贵的稀缺品，一般的私人房屋都没有能力安装玻璃，甚至连有些贵族们居住的城堡也缺少类似的防风设施，为什么那个时候的人们即使在屋内也要穿着厚厚的毛皮服装呢？原因就在于此。

可喜的是，古地中海人们所精通的制作彩色玻璃的工艺还没有完全失传，这个时候又开始兴盛起来了。没过多久，用色彩鲜艳的彩色玻璃拼出来的圣经故事出现在了那些哥特式教堂的窗户之上，它们被一些长长的铅框固定起来。

因此，激动的信徒们几乎挤满了上帝每一个宽敞明亮的新居，为宗教赢得了无与伦比的"真实感动"的创举。为了把神明的宫殿以及"人间天堂"建造得辉煌壮丽，人们狠下血本，不惜工夫，做着最大的努力。那些随着罗马帝国的衰落而丢了饭碗的雕塑家们，此时诚惶诚恐地重新干起了从前的职业。他们在教堂的正门、廊柱、扶垛与飞檐雕刻了无数的圣人像。同时，绣匠们也没有闲着，一幅幅装点墙壁的笔画从他们的手中被绣了出来。祭坛上装饰着首饰匠们的最得意之作，使整个祭坛光辉亮丽。画家们也全力而赴，不过，由于颜料溶剂的限制，他们的才能得不到很好的发挥。

由此，又引出了这样一个故事来。

基督教创立之初，为了让庙宇看起来更加美观，罗马人用小块的彩色玻璃拼成漂亮的图案，然后镶嵌到地板和墙壁之中。可是，由于这是一种高难度的工艺，就像孩子们用彩色积木拼凑人形那样，画家们的思想并不能通过这种方法得到很好的表示。因此，只有在俄国还找得到镶嵌工艺的痕迹，除此之外，它已经消失在人们的生活中了。君士坦丁堡被攻占后，拜占庭的镶嵌画家纷纷到俄国避难，在东正教的教堂里，依旧能够看到他们的装饰作品，直到十月革命爆发，教堂建设工作停滞为止。

当然，中世纪的画家们还掌握着一种图画技巧，就是用熟石膏水来调制颜料，然后在教堂的墙壁上作画。这种"新鲜石膏"画法（通常称为壁画）一度风靡了几个世纪的时间。而今，壁画已经非常罕见了，就像手稿中的微型风景画那样，几百个画家之中，顶多有一个或者两个能够成功调制好这种画作的溶剂。然而，对于中世纪的画家而言，壁画是唯一的作画形式，因为没有其他的颜料。以这种溶剂画出来的画有一个致命的缺点，那就是保存时间很短，一般而言，几年之后，石膏就从墙壁上掉下来了；不然的话，因为受潮，画作也会毁坏，就像受潮损坏的墙纸那样，图画也看不清了。人们想方设法试图找到另一种东西来替代石膏调料。酒、醋、蜂蜜以及黏糊糊的蛋清，他们都试过了，遗憾的是，并没有找到一种合适的。这项实验一直进行了一千多年的时间。中世纪的画家们最成功的画作是画在羊皮纸上的那些。可是，一旦需要在面积庞大的木头或者是石头上用黏糊的颜料画画，他们就束手无策了。

这个难题终于在15世纪上半期被荷兰南部的扬·范艾克与胡伯特·范艾克成功地解决了。这两个著名的弗兰芒兄弟在颜料中加入了特制的油，这样一来，人们就能够轻而易举地在木料、帆布、石头或其他任何材质的底版上随心所欲地画画了。

但是此时中世纪的宗教狂热已经消散了。居住在城市里的那些富有的自由民取代了主教大人，成为艺术的捍卫者。艺术屈服于金钱，这已经是无可避免的事，所以，世界各地的人，都能够雇用艺术家们替自己作画。国王、王公、有钱的银行家们纷纷邀请艺术家为他们绘制肖像，不久之后，整个欧洲都流行用油彩作画的方式了。那些通过肖像画和风景画来表达地方艺术的各种画派纷纷在各个国家出现。

譬如西班牙的贝拉斯克斯，他的绘画作品与宫廷小丑、皇家挂毯厂的纺织女工及其他关于国王和宫廷的各类人物有关。荷兰的伦勃朗、弗朗斯·海尔斯及弗美尔，则主要以商人家的仓房、他的糟糠之妻与健康肥胖的孩子，还有给他带来巨大财富的船只为主要创造原型。至于在意大利，艺术的最高保护人依旧是教皇陛下，因此，如米开朗基罗和柯雷乔这些艺术家们画得最多的还是圣母或圣人的形象。而在贵族富可敌国的英国和国王统治一切的法国，那些政府部门的达官显贵、国王的朋友以及与国王交往密切的美丽女人，成为艺术家们尽力描绘的对象。

因为宗教的衰败以及一股新社会力量的崛起，导致绘画这门艺术发生了巨大的改变，这样的情况在其他艺术表现形式里也有所体现。因为印刷术的诞生，作家们获得了通过为人民群众著书而名利双收的机会，如此一来，使得小说家和插图家成了一种专职。不过，并不是每个整夜坐在家里或呆望着天花板的人都买得起新书。人们对娱乐和消遣的需求越来越大，中世纪寥寥无几的行吟诗人已经不能满足他们的娱乐需求了。从2000年前希腊城邦出现至今，职业剧作家终于有机会在这个行业中一展身手了。中世纪的时候，看戏对于人们来说，只是一种宗教庆祝活动而已。13世纪、14世纪的悲剧无一例外讲述的都是耶稣受难的故事，到了16世纪，出现了属于普通百姓们的剧院。不可否认，在最初的时候，职业剧作家和演员的地位是比较低的。在那个时候的人们心中，威廉·莎士比亚无异于一个马戏团的成员，他用自己的悲剧或喜剧来讨人们开心。1616 年，他去世以后，人们开始对他崇敬有加，此后演员不再是警察怀疑的对象了。

洛佩·德·维加也是与莎士比亚同一个时代的人。这位卓越的西班牙人尽其一生，为人们奉献了 400 部宗教剧、1800 多部世俗喜剧。他是一个贵族，罗马教皇对他的作品赞赏有加。此后一个世纪，法国人莫里哀当之无愧地成为路易十四的挚友。从此以后，人们逐渐接受了喜剧，并爱上了它。而今，每一个管理有序的城市里，都会有剧院，而电影院已经在乡村地区找到了更加广阔的市场。

当然，我们不能忘记另一种受欢迎的艺术，即音乐。绝大多数的艺术形式都是以大量的技巧为存在基础的，我们需要艰苦卓绝地训练很多年，才能使愚笨的双手顺从大脑的指挥，才能在大理石或帆布上展现我们丰富的想象力。如果要想写一本出色的小说或是演好戏，可能要用一生的时间去琢磨。百姓们也必须有一定的涵养和欣赏水平才能领略绘画、著作、雕塑最佳的意境。可是，如果不是绝对的聋子，所有的人都能够唱出一支小曲，音乐的乐趣每个人都可以充分享受。中世纪的人们所听到的音乐无一例外都是宗教音乐。至于圣歌，有着非常严格的节奏和格调控制，经常让人们感到厌烦不已。另外，赞美诗也不是适合在大街小巷哼唱的歌曲。

这种想象因为文艺复兴而得以改善。又一次，音乐成了人们的好朋友，它与人们同快乐共忧愁。

音乐受到埃及人、巴比伦人及古代犹太人的极大欢迎。甚至于，他们用不同乐器组合在一起，形成正式的乐队。然而，这些外国来的噪音却引起了希腊人的反感，他们更喜欢别人朗诵荷马或品达的严肃的诗歌，或许，他们伴奏的乐器选择了里拉（这种乐器是所有管弦乐器中最简单的一种）也是出于不遭受大家反感的考虑。罗马人却对晚饭后来一支管弦音乐这样的生活方式尤为钟爱。我们今天依然在使用的乐器（有过改进）中，有很多都是他们贡献的。这种音乐遭到了早期教会的轻视。3 世纪、4 世纪的主教们所能容忍的音乐只是由全体教徒们集体诵唱的那几首圣歌而已。因为没有乐器的引导，教徒们演唱的过程中总是跑调，不得已风琴得到了教会的允许，可以为之伴奏，这种琴发明于 2 世纪，由排箫和一对风箱组成。

随之而来的是大迁徙时代。罗马最后一批音乐家一部分死于战祸，一部分沦为流浪于乡村和城市的街头艺人，他们的境遇与现在渡轮上乞讨的竖琴手一样，依靠乞讨一点微薄的小费来维持生计。

到了中世纪后期，城市里的世俗文化开始复苏，人们对音乐有了新的需求。以前用于狩猎或传达战争讯号的号角，经过人们的改进和加工后，变成了一种形式的乐器，能够在舞厅或宴会上演奏。有一种古老的吉他，是用马鬃绷在弓上使用的，到中世纪的时候就由原来的六弦乐器（拥有悠久的历史，大概产生于古埃及和亚述时代）发展成为四弦的小提琴了，18 世纪的斯特拉迪瓦利及其他意大利小提琴制作家们又对它进行了改进，直至达到完美。

现在所使用的钢琴是最后被发明出来的。它是所有乐器中最流行的一种，它曾经随着那些音乐爱好者穿越丛林荒野和冰雪覆盖的格陵兰。可以说，风琴是所有键盘乐器的始祖，演奏风琴的时候，还需要另一个人在旁边帮忙拉风箱。所以，这迫使音乐家努力寻求一种简单而又不受环境影响的新乐器，以便为唱诗班的学生们提供伴奏。伟大的 11 世纪，阿雷佐（诗人彼特拉克的诞生地）的一个本尼迪克派僧侣，发明了我们现在所使用的音乐注释体系，这个人叫作奎多。11 世纪的某个阶段，人们开始对音乐的狂热爆发了，由此，键弦合一的首件乐器问世了，就像你现在在玩具店买的儿童钢琴一样，它能够发出叮叮当当的声响。1288 年，中世纪的流浪音乐家们（他们曾被归入骗子以及打牌作弊那一个类型的群体中），在维也纳组成了第一个独立的音乐家行会。现在我们使用的斯坦威钢琴就是由那个时候的小小的一弦琴改造而成的，当时，它们被称为"击弦古钢琴"。它从奥地利流传到意大利，后来被意大利威尼斯人乔万尼·斯皮内蒂改造成为小型竖式钢琴，为纪念它的发明者，这种琴的名称叫作"斯皮内特"。最后，到了18世纪，在1709至1720年间，一种能够同时演奏出强音（piano）和弱音（forte）的钢琴被巴尔托洛梅·克里斯托福里发明出来了。经过多次改进，逐渐演变成为我们今天的钢琴。

就这样，人们终于有了这样一件简单的乐器，可以在短短几年的时间内掌握演奏它的技巧，它与竖琴和提琴不同，免去了重复调音的麻烦，与中世纪的大号、单簧管、长号和双簧管相比，它所发出的声音更加美妙动听。它在音乐知识的传播方面具有与现在留声机一样的作用，成千上万的人开始产生对音乐的兴趣。渐渐地，音乐已经成为一位有学识和教养的人必须掌握的艺术课程。王公贵族以及富豪商人们甚至还组建了自己的私人乐队。音乐家告别了以前行吟诗人的处境，享有了很高的社会地位。剧院在演出的过程中，还引进了音乐伴奏，我们今天的歌剧便由此发展而来。刚开始的时候，歌剧团的资金只有极少数几个富有的王公贵族才有能力承担，后来随着人们对娱乐的需求，剧院如雨后春笋般的出现在各大城市中。意大利人还有紧随其后的德国人的歌剧表演带给公众带来了无限的乐趣，对这种新兴的艺术持有怀疑态度的是极少几个严格的基督教徒，在他们看来，歌剧带来的极端快乐将对人们的心灵造成损伤。

18世纪中期的时候，欧洲已经成为音乐蓬勃发展的天堂。这个时候，有一个卓越的人出现了，他就是莱比锡市托马斯教堂的一位朴质的风琴师，名叫约翰·塞巴斯蒂安·巴赫。他创造了各种乐器类型的音乐，无论是喜剧歌曲、流行舞曲还是庄严的圣歌和赞美诗，都奠定了我们现代音乐的基础。1750年，伟大的巴赫与世长辞了，继承他事业的是后来闻名遐迩的莫扎特，他创造的作品近乎完美，经常让我们联想到由节奏与和声织就的漂亮花边来。紧接着出场的是路德维西·凡·贝多芬，他是一个悲剧色彩浓厚的伟大人物，我们现代的乐队就是他的杰作，遗憾的是，由于幼年的贫苦生活造成了（因为感冒）他双耳失聪，他无法听到自己这些伟大的作品。

贝多芬亲身经历了法国大革命。他对一个光明的未来抱有无限的希望，他曾经向拿破仑敬献了一首交响乐，然而，这一举动却让他悔恨不已。1827 年，贝多芬离开了人世之时，拿破仑也已经走到了生命的尽头，法国大革命早已成为过去。接踵而来的机器时代，使整个世界充斥着与《第三交响乐》迥然不同的声音。

的确如此，蒸汽、钢铁、煤和大工厂构成的世界新秩序与油画、雕塑、诗歌及音乐这些艺术格格不入。中世纪以及 17、18 世纪的主教、贵族、商人等这些艺术的捍卫者也已经烟消云散了。新工业世界的领袖们整天忙碌不已，再加上他们并没有受过什么良好的教育，所以，对蚀刻画、奏鸣曲或象牙雕刻品这些艺术毫无兴趣，至于那些制作这些东西的人就更别提了。这些人只是对生活毫无实际作用的群体而已。由于终日被机器的轰鸣声包围，工厂里的这些工人们也逐渐丧失了对他们农民祖先们发明的长笛或提琴乐曲的鉴赏水准了。工业时代到来之时，艺术就遭到了无情抛弃。艺术被隔离在现实生活之外。有幸残存下来的绘画也只是在博物馆里暗淡度日。音乐却变成了极少数"艺术评论家"的专利，音乐被他们带进了音乐厅，远离了普通人民的家庭。

虽然步调缓慢，艺术终究还是得以复苏了。人们终于清楚地认识到自己民族的真正先知其实是伦勃朗、贝多芬和罗丹，如果世界上没有艺术和欢乐，那与一所失去欢笑的托儿所又有何区别呢？

第六十二章

殖民扩张与殖民战争

　　要是知道写一部世界历史方面的书是如此困难的事，我是断然不会轻易接受这项工作的。不过，要是有人愿意用五六年时间，以极大的耐心和意志来做这件事的话，他是可以编写出很厚的一本历史书的，并且将每个世纪、每块土地上发生的事情一一详细记录在这本书中。不过，这却与本书的宗旨相违背。出版商要求这本书要具有节奏感，即生动有趣，而非死板沉闷。到现在为止，这本书也将近尾声了，可我却突然发现，一些章节写得生动活泼，而有一些章节则犹如在那些早已被遗忘的年月里，拖着缓慢的脚步穿越枯燥的沙漠一样，没有丝毫起色，还有一些章节深陷在赋有传奇色彩以及动感的爵士乐中不能自拔。这显然与我的本意不相符合，我曾建议毁掉全部的手稿，重新开始写作，不过，这个建议并不被出版商采纳。

　　我想出来另外一个解决困难的办法，我把打出来的手稿寄了几位友善的朋友，请他们阅读后给我提出宝贵的意见。不过，我对这个方法失望透顶，每个人的喜好和偏见是不一致的。他们都问我，为何我在某些地方没有提到他们喜欢的国家、他们崇拜的政治家或者是他们钟情的罪犯。他们当中的一些还认为，诸如拿破仑和成吉思汗这样的人物应该受到最高的称赞和最大的荣耀。可是我认为，对于拿破仑，我只能尽力地称道他的公正无私，但却不能够与乔治·华盛顿、居斯塔夫·瓦萨、汉谟拉比、林肯及其他十几个人物相提并论。我本该对这些人大肆书写，不过篇幅有限，也只能简单带过了。还有成吉思汗，我觉得他只是在大规模的杀戮活动中具备出众的才智，所以，我丝毫没有要大力宣传他的意思。

另外一个批评家对我说："直到现在，你做得都很好，不过我很想知道与清教徒有关的事情，现在我们正在对他们登陆300年举行庆祝活动，我认为你应该多花一些笔墨来对他们进行描述。"对此，我做了这样的回答：假如我是在写一部美国的历史，那么，前面的12个章节中的一半都将是对清教徒的描写。但是，这本书是以人类的历史为主要内容的，至于清教徒在普利茅斯岩石的事件，直到几个世纪之后才在国际上获得了重要的地位。何况最初的时候，美国是由13个州组成的，而不是一个单独的州。在美国的第一个20年，那些卓越的领袖都来自弗吉尼亚、宾夕法尼亚、尼维斯岛，而不是马萨诸塞。所以，我觉得用一页的篇幅和一幅地图来描述清教徒的事情，已经绰绰有余了，他们应该感到满足。

接着，史前期专家又提出了他们的疑问。为什么不花多一些的篇幅来描写恐龙时期那些生活在欧洲大陆的原始人类呢？一万年以前，他们的文明就已经无比灿烂辉煌了。

是的，这是为什么呢？其实原因非常简单。我与那些著名的人类学家不同，我对原始人类的成就并不那么在意。"高贵的野蛮人"这个说法是卢梭和18世纪一些哲学家的杰作，从而取代了法兰西山谷里的"了不起的野蛮人"，35000年前，他们就已经摒弃了野兽般的低额、低等的尼安德特人及其他日耳曼邻居的野蛮生活规律。此外，他们还给我们展示了大陆原始人的画像以及雕刻像，这些都是以石器时代的人类为原型创作的，他们凭借这些东西而获得了极高的赞誉。

当然，我并不是认为科学家们有什么过错，不过对于这一个时期的情况，我们知之甚少，无法对其进行准确而细致地描写。为了不至于犯下叙述错误的危险，我宁愿选择保持沉默。

另外一些评价家则公开指责我不公平。他们说我为何不讲爱尔兰、保加利亚、暹罗（泰国的旧称）这些地方，而将荷兰、冰岛、瑞士这类国家写进去？对此，我是这样回答的，我并没有生拉硬扯任何一个国家进来，它们之所以会出现在这本书里，那是受当时的局势所控制的，主导趋势如此，我不得不写它们。我需要申明这本书在写作过程中所考虑到的积极方面，以便读者能够明白我的意图。

唯一的原则就是"一个国家或某个人物所提出的新理论或采取的某种行为，是不是对人类历史的进程有所改变"。这个问题与个人的喜好并无关系，它所依靠的是冷静的以及精确的判断力。所有的民族当中，蒙古族在历史上的地位是无可比拟的；不过，在所有的民族当中，对人类的知识和进步贡献最小的也是蒙古族。

在提拉华·毗列色这位亚述国王的一生当中，充满了戏剧性的事件，不过，我们可能会觉得这个人压根就是不存在的。当然，人们之所以会对荷兰的历史感兴趣，是由于形形色色想法古怪的人，都将这片坐落在北海之滨的泥泞沙洲当成和平的避免地，而非泰晤士河曾经有过德·鲁依特的水兵们钓鱼的身影。

是的，当雅典和佛罗伦萨处于繁盛时期的时候，也仅仅只拥有堪萨斯城十分之一的人口。可是，假如这两个地中海沿岸的任何一个小城市不复存在，那我们的文明就将改写了。不过，密苏里河畔的大都会堪萨斯城就不是这样了。

就让我以最自我的观点来讲述一个事实吧！

如果我们要去看医生，必须首先知道他是外科医生、门诊医生、顺势疗法医生或者信仰疗法医生，这样，我们才能了解他为我们治病是从哪一个角度开始。所以，当我们选择自己的历史学家的时候，应该抱着选择医生一样的谨慎态度。我们可能经常会这样认为，"哦，历史就是历史"，然后不再理会。不过，在人类关系的这个问题的看法上，一个生活在苏格兰偏僻的乡村受长老会教派家庭教育的熏陶而成长起来的作家，跟一个在孩提时代就被反复灌输反对魔鬼存在的罗伯特·英格索尔的精彩讲演的邻居是截然不同的。到了某些时候，这两个人很可能会将自己在童年时期受过的那些教育统统都忘记，从此以后不在去各自的教堂和演讲厅了。可是，不管是在他们的作品中还是在他们的言行举止里，曾经那些影响深刻的岁月痕迹会时不时地有所显露。

我自己并不是一个总是正确无误的历史引导者，关于这一点，我在这本书的前言部分就已经申明过了。现在，这本书已经接近尾声，我不介意再次申明这个告诫。我在一个旧式自由主义的家庭里出生，接受的教育也是这样的，信仰着达尔文还有19世纪科学先锋们的观点。我的童年时光几乎都是与我的伯父在一起度过的，恰好我的这位伯父是16世纪法国散文家蒙田的忠实读者，收有他的很多作品。我是在鹿特丹出生的，豪达城是我接受教育的地方，因此，我对埃拉斯穆斯比较熟悉，然而，我不清楚究竟是在何时，我不宽容的心臣服于这位伟大的宽容导师了。之后，我还发现了阿尔托·法朗士；有一次我偶然看到了《亨利·艾司芒德》这本书，这是萨克雷的作品，从此任何英文作品都不及这本书给的印象深刻，它也是我第一次与英语打交道的桥梁。

假如，我在美国一个僻静的小城市里出生，那么，我可能会对孩提时代听过的赞美诗产生真挚的情感。要说我对音乐的早期印象，那要从童年时代某天下午母亲带我去听巴赫的赋格曲说起。我深深地折服于那位新教音乐大师的完美作品当中。所以在后来，每当我在祈祷会上听到那些枯燥的赞美诗的时候，我就陷入了深深的痛苦之中。

　　还有，假如我的出生地在意大利，阿尔诺山谷温暖和煦的阳光陪伴我长大，那么我可能会对那些颜色鲜艳、充满阳光的图画情有独钟，可是现在我却对它们提不起兴趣来，那是因为一个郁闷的国家在我的印象中留下了对艺术的最初印象，那个国度的天空随时被阴霾覆盖，很少能够看见阳光，大地被雨水浸透，光明与黑暗形成了强烈的反差。

　　为了让读者们清楚本书作者的个人偏见，我特意对这些事实加以申明，这样的话，读者们能更好地理解这些观点。

　　这段简单的话未免有些离题，但又不能不说。那么现在就让我们再次回到最后50年这段历史上来吧。在这个时期内，发生的事情还真不少，不过，重要的却不多。许多大国既是强大的政治体，同时也是大企业主。它们修建了铁路，并且出资建立通向世界各地的海上航线，它们还连通了与各个殖民地之间的电报线路；同时，它们也在各大洲的殖民扩展也在稳步推进中。非洲或亚洲的每一块能够轻易获得的土地，几乎都被某个强国占领了。阿尔及利亚、马达加斯加、安南（现在的越南）及东京湾（现在的北部湾）的主人是法国。非洲的东部和西南部的一部分则被德国占有，它的居民点遍布喀麦隆、新几内亚及许多太平洋岛屿，此外，还以传教士在中国的土地上被杀为借口，强行霸占了中国黄海之滨的胶州湾。意大利人抱着试试看的心态，进军阿比尼西亚（埃塞俄比亚），结果却惨败于尼格斯（埃塞俄比亚国王）的黑人士兵之手，作为对自己的安慰，意大利攻占了土耳其在北非的属地黎波里。将整个西伯利亚收归囊中的俄国，继续向中国扩展，并抢走了阿瑟港（旅顺）。1895年，中日甲午战争爆发，战胜的日本乘机侵占了台湾岛，1905年的时候，日本又获得了对朝鲜的统治权。1883年，世界上最为强大的殖民帝国英国承担起了对埃及的"保护"职责。在相当长的一段时期内，世界几乎遗忘了这个古老的文明之国，自从 1886 年苏伊士运河开通后，外国列强对它侵略不断。英国一方面履行着"保护"的职责，一方面为自己攫取了巨大的物资利益。之后的 30 年间，英国的殖民战争一直没有停歇过。三年奋战过去，1902 年，德瓦士兰和奥兰治自由邦这两个独立的布尔共和国也终于被它收服了。同时，塞西尔·罗兹这个胸怀野心的殖民者还得到它的鼓动，为巨大的非洲联邦做好奠基。这个国家的版图囊括着从非洲南部的好望角到尼罗河口的广袤土地，几乎所有没有被欧洲抢夺的土地都被它占领了。

1885 年，比利时国王利奥波德建立了刚果自由邦，很显然，他是利用了探险家亨利·斯坦利的发现。刚开始的时候，这个广袤的赤道帝国是一个"绝对君主专制"的国家。经过漫长糟糕透顶的错误管理之后，这个国家被比利时吞并了，并且将其变成自己的殖民地，那位随心所欲的皇帝纵容的陈规陋习也被废除了。为了能够得到象牙和天然橡胶，这位皇帝根本被不管土著人的生死。

美国则对领土扩展的欲望并不是太过强烈，因为他们本身已经拥有了很多的土地。可是，鉴于西班牙在西半球最后一块殖民地——古巴的残暴统治，华盛顿当局不得不对其采取了行动。双方之间只爆发了一场为期较短的战争，并且平庸而乏味，最终，美国人将西班牙人从古巴、波多黎各及菲律宾的国土上赶了出去，波多黎各和菲律宾成为美国的殖民地。

世界经济沿着这样的轨迹发展，其实是顺其自然的事。随着工厂数量在英、法、德等国不断增加，对原材料场地的需求量也随之增加。欧洲劳工增长的速度也相当惊人，他们要求扩大食品的供应量。几乎每个地方，每个领域都在呼吁增加新市场、要求加大煤矿、铁矿、橡胶种植园和油田的开辟，加大供应小麦和其他谷物数量。

欧洲大陆上发生的那些纯粹的政治事件，对那些计划开设维多利亚湖的轮船航线和开通山东省铁路的人来说，简直不值一提。尽管他们清楚欧洲面临着许多的困难，不过，他们不会因此而花费精力，最后的结果是，他们的漠不关心和粗心大意，导致子孙后代们得到的是一笔充满辛酸、仇恨与痛苦的遗产。有好几百年的时间，欧洲一直叛乱不断，充满了血腥的杀戮。到了 19 世纪 70 年代，革命运动再次出现在塞尔维亚、保加利亚、门的内哥罗（黑山）及罗马尼亚，人们为了自由而战，很多西方强国大力支持土耳其人对革命进行严厉的镇压。

1876 年，血腥残杀活动在一定时期内席卷了保加利亚，俄国人终于失去了耐心。如同当年为遏制惠勒将军的行刑队在哈瓦那的暴行，麦金利总统被迫出兵古巴那样，俄罗斯政府不得不出面进行干涉。1877 年 4 月，俄国军队越过多瑙河，攻占了希普卡要塞。接着，普内瓦也沦陷了，之后大军一路向南，直抵君士坦丁堡城下。在这紧急的情况之下，土耳其求助于英国，很多人纷纷谴责英国政府站在土耳其这边的行为。虽然这样，迪斯雷利还是决定出手相助，不久之前，英国维多利亚女王才借助他坐上了印度女王的宝座，迪斯雷利对土耳其人非常喜欢，他讨厌的是残酷杀害犹太人的俄国人。1878 年，俄国被迫签订了《圣斯蒂芬诺和约》，至于巴尔干问题则留待同年 6 月、7 月举行的柏林会议解决。

这次著名会议的操纵者是迪斯雷利。甚至连俾斯麦都对这位满头油亮卷发、傲慢狂妄、幽默机智以及玩世不恭的老人心怀敬畏。英国首相在柏林随时关注着土耳其朋友的情况。门的内哥罗、塞尔维亚、罗马尼亚被承认为独立的国家。至于保加利亚公国，则是一个半独立的王国，坐在王位宝座上的是巴登堡的亚历山大王子，他是俄国沙皇亚历山大二世的侄子。可是，以上说的这些国家全都没有获得机会能够很好地发展自己的政治和经济。

奥地利可以抢走土耳其的波斯尼亚和黑塞哥维那，并将它们纳入哈布斯堡的版图中去，这也是会议所允许的，这听起来多么地糟糕。当然了，奥地利非常出色地完成了工作。他们将这两块荒废已久的土地被管理的与英国的殖民地一样规整，受到人们的赞许。不过，生活在那里的居民大多数是塞尔维亚人，先前他们是斯蒂芬·杜什汉创建的大塞尔维亚帝国的组成部分。14世纪早期的时候，杜什汉成功抵制了土耳其人的进攻，使他们的铁蹄未踏进西欧的土地。那个时候，国家的首都是乌斯库勃，比哥伦布发现新大陆早150年的时间，它就已经是一个灿烂的文化中心了。在塞尔维亚人心中，往日的荣光一直存在着，他们从来都没有忘记。任何停留在这两个省份的奥地利人都一律被他们仇视。在他们看来，无论从传统权利的哪一个方面来说，他们都应该是这两个省份的真正主人。

1914年6月28日，在波斯尼亚的首都萨拉热窝，奥地利王储费迪南遭到了暗杀。这起暗杀活动的罪魁祸首是一个塞尔维亚的学生，纯粹是因为爱国动机的驱使，他才这样做的。

然而，正是这次可怖的灾难导致了第一次世界大战的爆发，从某种程度来讲它虽然不是唯一的原因，却是直接的导火线。虽然这样，我们却不能把所有的罪责推在那个冲动的学生身上。更多的，我们应该将目光锁定在柏林会议的那个年代，在大量物质文明的诱惑之下，欧洲的注意力全部被吸引了，巴尔干半岛上一个默默无闻的古老民族的理想与期待大概被他们忽视了吧！

第六十三章

一个崭新的世界

　　世界大战的爆发其实是为了崭新而美好的新世界的建立。

　　德·孔多塞侯爵在那些应对大国大革命爆发的领导者当中，是一位具有较高品质的人。为了那些苦难贫穷的人们他献出了自己宝贵的生命。同时，他还协助德·朗贝尔和狄德罗编写了《百科全书》。大革命刚刚爆发的那段时期，他担任着国民议会温和派的首领。

　　当激进分子瞅准国王和保皇分子叛国的时机，一举夺得了政权，并且对他们的敌人大肆镇压的时候，孔多塞侯爵正是因为有着宽厚、仁慈以及博学的常识而受到了怀疑。几乎每一个爱国者都可以任意处置他，因为政府已经发出通告，他是一个"不受法律保护"的人，也可以说是一个被放逐的人。孔多塞拒绝了朋友们的舍身相救，偷偷逃跑了，他一心想回到故乡，祈求最后的安全。经过了三天三夜的风餐露宿，他身上的衣服全破了，而且伤痕累累。后来，饥饿难耐的孔多塞走进了一家小饭店，企图要一些食物来填饱肚子。不巧的是，他碰到了警觉的乡民，他们将他全身搜了个遍，最后，从他身上搜出了古拉丁诗人贺拉斯的诗集。由此，他们认定孔多塞是一个贵族，孔多塞实在不该出现在大街上，因为在那个年代里，所有受过良好教育的人都被视为革命的敌人。他们将孔多塞捆绑了起来，堵住他的嘴，将他关在村子里的拘留所里，准备第二天把他送到刑场去杀头，可是，第二天士兵们来押解他的时候，发现他已经一命呜呼了。

这个人竭尽全力为人类谋求幸福，最后的结局却如此惨痛，他有充分的理由仇视这个世界。然而，他却给我们留下了一段宝贵的名言，尽管已经过去了一百三十多年，但我们现在读起来，依然感受到无尽的力量，现在我将它抄录下来：

> 大自然赐予人们无限的希望，而今，人们从桎梏中解放出来，坚定不移地向着真理、美德以及幸福走去，正是这幅画面使哲学家们看到了前方的光明，由此，他在这个遭受破坏、充斥着错误和罪恶以及不平等的世界中得到了安慰。

我们才从一场厄运中缓过神来，法国大革命与刚刚过去的那场厄运相比，只是一次偶然事件。人们经历了这场大战的洗礼，遭受到的打击是不言而喻的，无数人的希望之光也随之熄灭了。他们曾经热情地高歌过人类所取得的进步，可是，经过了长达四年的屠杀，人们更多的只是期望和平的到来。他们发出这样的疑问："为尚未超越穴居阶段的人类而付出艰辛的劳动和辛勤的工作，这样值得吗？"

回答是唯一的。那就是："值得！"

虽然世界大战在人类历史中是一次无法磨灭的巨大灾难，但是，世界并没有就此终结，反而带来了新的曙光。

我们可以轻而易举地写出一部关于罗马的历史或者中世纪的历史。曾经在那个历史舞台上轰轰烈烈演出的演员们早已不复存在了，我们能够冷静而理智地对他们加以评论，那些曾经折服于他们辉煌成就的观众们也已经消失不见了，即使我们的指责过于严苛，也不用担心会对他们的情感有所伤害。

可是，要对于现在发生的事情做真实的报道，是一件很困难的事情。我们也遇到了那些陪伴我们一辈子的人所遇见的问题，这些问题可能会使我们感到痛心疾首，也可能会使我们觉得快乐，可是，我们必须要对事实进行真实的报道，因为我们只是在写历史，而不是搞什么宣传活动。无论如何，我要声明，对于那位可怜的孔多塞所表达的对未来美好的憧憬，我是非常赞同的。

历史时代划分法的确造成了一些错误，对此，我曾经不断地提醒过你们，那就是以古代、中世纪、文艺复兴和宗教改革及现代这四个阶段来划分人类的历史。这里面的最后两个名称有些含糊。"现代"这个词表达了我们这些 20 世纪的人，是站在人类进步的顶峰的人。50 年前，在那些以格莱斯顿为首的英国自由主义者们看来，第二次"改革法案"已经使工人具备与雇主一样的政治权利了，这样就已经彻底地解决了要建立一个真正的议会制民主政府的问题。对此，迪斯雷利与他的保守派朋友却持否定态度，他们认为这只不过是"黑暗中乱冲乱撞"的行为。他们只对自己的事业信心十足，他们坚信，只要社会各个阶级紧密合作，他们共同的政府就一定会朝着好的方向走去。在这之后，又发生了很多不顺心的事，这使得一些尚在人世的自由主义者看到了自己曾经犯下的错误。

所有的历史问题，都不可能出现一个绝对的答案。

每一代人都必须重新奋斗，不然的话，就会得到史前时期那些不入流的慵懒者一样被彻底消灭的下场。

如果你真正掌握了这个伟大的真理，那么，一个全新而开阔的视野将等待着你。这个时候，你可以进一步设想，到公元10000 年，你处在你玄孙的位置的时候，那将会出现什么样的情景。他们也一样要学习历史。不过，我不知道他们将如何看待我们用文字记录了 4000 年的言行举止以及思想动态。有可能他们会将拿破仑与亚述征服者提拉华·毗列色，当成同一个时代的人来看待，也有可能会分不清他与成吉思汗或马其顿的亚历山大的区别。他们或许会把刚刚结束的这场大战当成罗马与迦太基之间长期的商业矛盾，在 128 年间，他们为了争夺地中海的统治权而展开了无休止的斗争。对他们来说，发生在 19 世纪的巴尔干冲突（为了自由，塞尔维亚、保加利亚、希腊及门的内哥罗的战争）就是大迁徙时期混乱状态的后续。他们注视着刚刚在德国的战火中化为灰烬的兰姆斯教堂的照片，与我们欣赏毁于 250 年前土耳其与威尼斯的冲突之中的雅典卫城的照片如出一辙。在我们这个时代，很多人对于死亡的恐惧对于他们来说就像是幼稚的迷信，其实，这样说也是无可厚非的，因为，有些种族直到 1692 年的时候，还幼稚地对巫婆处以火刑。就连医院、实验室、手术室这些我们为之骄傲的东西，也只被他们看成中世纪炼金术士和江湖医生稍微修改的工作室而已。

为什么会这样呢，其实原因很简单。我们这些自以为是的现代人并不"现代"。相反的是，我们还处于穴居时代，是那些人类的最后几代子孙。新世纪的基石只在昨天才刚刚奠定好。只有人类能够大胆怀疑一切，用"知识与理解"来作为更加合理与理智的社会基础的时候，才能第一次算得上是名副其实的"文明"，而导致这个新世纪产生"深重的痛苦"就是世界大战。

以后相当长的一段时期内，人们会有大量描写导致这场战争爆发的某些人的书籍。社会学家们也会将"资本主义者"谋求"商业利益"导致这场战争爆发的事迹，写进很多作品当中去。而这些资本家们则会这样应对：他们在这场战争中没有捞到丝毫好处，而且，他们的子孙是第一批在战场上牺牲的人，同时，他们还尽量佐证为了阻止这场战争的爆发，所有的国家和银行家都做出了不懈的努力。法国的历史学家们把德国人从查理曼大帝时代一直到威廉·霍亨索伦统治时期所犯的罪孽统统搬出来，作为强有力的例子加以说明。德国的历史学家们也不甘示弱，他们

——细数着从查理曼时代到布思加雷首相统治时期的法兰西所犯下的暴行。之后，他们又能若无其事地说是另一方引发了这场战争。至于各个国家的政治家们，不管在世的还是已经离世的，都一律选择著书立说，来辩解他们阻止战争的决心，只是他们可恶的敌人将他们牵涉进了战争中来。

　　这些歉意和辩解在 100 年以后，将不再引起历史学家的丝毫兴趣，他们会逐渐透过现象看清内在的本质，他也会最终明白人们的野心、贪念以及恶意，其实与战争的爆发毫不相干。都是我们的科学家们为了重新建立一个钢与铁、化学与电力的新世界，才导致了这场战争的爆发，他们大概忘记了人类的智慧发展比谚语中的乌龟还要慢很多，即使闻名于世的树懒也不及人类的懒惰，他们比起那一小部分勇敢的先锋要落后 100 年至 300 年的时间。

　　狼就算披上羊皮也依旧是狼。一只狗就算经过训练已经学会了骑自行车，可它依旧只是条狗。一个商人虽然驾驶着 1921 年新款罗尔斯·罗伊斯汽车，但如果智力只能达到 16 世纪的水平，那我们也只能说他是一个 16 世纪的商人。

　　关于这个道理，如果你还是不够明白的话，那你大可以再读一遍。说不定什么时候你就会想明白了，这样，对于 1914 年发生的事情，你也就能够清楚明了了。

　　或许，我可以举另外一个众所周知的例子，来对我的意思加以说明。去电影院里，你就会发现那些幽默诙谐的语言和笑话被打在了银幕上。如果有机会，你可以仔细观察那里的观众们，有一些人能够立刻读懂这些词语的意思，有一些人会反应慢一些，还有一些人更慢，他们可能要用 20 到 30 秒的时间才能够读懂。最后，那些理解能力实在欠佳的人，在那些聪明人已经读懂下一个对话的时候才弄清楚上一个对话的意思。我要给你们讲的就是这个，生活也是一样的道理。

　　上一章中，我给大家说过，罗马的末代皇帝死后一千年的时间里，罗马帝国的观念依旧牢牢地被人们记在了心里，正因为如此，许多"模拟罗马帝国"诞生了。不仅如此，罗马主教也借此机会成为整个教会的统治者，因为他们与罗马的世界权威性站在一起。很多无辜的、处于蒙昧状态的酋长也被牵扯进罪恶和充满杀戮的生活中，因为他们在那个魔力无限的"罗马"词语中走不出来了。那些人，教皇也好、皇帝也好、普通士兵也好，其实都跟我们一样。只是他们所生活的那个世界充斥着罗马的传统精神，而恰是这种活灵活现的传统的东西，能够长久地停留在一代又一代人们的意识之中，挥之不去。因此，他们为了那种无法存在于今天的事业而奋斗终生，以至于油尽灯枯。

关于宗教战争在宗教改革开始一个世纪以后轰轰烈烈发生的事情，我在另外一个章节中已经讲给你们听了。你可以比较一下30年战争的那个章节和创造发明那一章，从中你会发现，刚好在法国、德国、英国的很多科学家在他们的实验室里发明出首台蒸汽机的时候，那场血腥的大屠杀爆发了。然而，这种新颖的机器却不受人们的欢迎，人们感兴趣的只是那些乏味而枯燥的神学辩论。

事情大致如此。这样的词句可能会在1000年以后的历史学家们描写19世纪的欧洲中出现。那个时候，他们会诧异于当绝大部分人在恐怖的战争中挣扎的时候，有一些对政治不感兴趣的科学家们钻进他们身边的实验室里，一门心思扑在工作上，他们苦苦寻找着大自然的无穷奥秘。

你们总会慢慢理解我讲的这些话的含义。只在短短二三十年的时间里，欧洲世界就产生了无数的新机器、电报、飞行器和煤焦油产品，这些都要归功于科学家们。正是因为他们创造了一个使时空距离大大缩小的新世界。他们发明了很多新产品，而且对这些产品进行了改进，使它们变得价廉物美。关于这些，其实我已经说过了，不过，还是有必要再说一下的。

原先的地主们摇身一变成为工厂主，他们需要源源不断的原材料和煤矿，以满足不停新增加的工厂的开工需要。其中，煤是最重要的。可是，绝大部分的人还坚持着16、17世纪的思想，把国家当成一个王朝或者政治机构的想法根深蒂固。一时之间，居然叫这个死板的中世纪机构，去面对机械化和工业化世界里的那诸多难题，它也只能竭尽全力根据好几个世纪遗留下来的规则来处理了。许多国家都建立了自己强大的海军以及陆军，他们不断向远东地区扩展，霸占新的土地。什么地方有新的土地，英国、法国、德国以及俄国就会将他们的殖民地建在那里。如果当地居民胆敢反抗他们，他们就会还之以血腥地屠杀。一般情况下，只要当地人不干涉他们开发钻石矿、煤矿、油田或橡胶园的开发，他们就不会搞屠杀活动，让人们过和平的生活，而且，当地人还能从殖民者那里获得一些好处。

有的时候，会出现两个正在寻找原料的国家同时看上一块地的情况。这样一来，战争将无可避免地爆发。15年前俄国与日本之所以爆发了那场战争，是因为它们都要争夺中国的土地。不过，类似的冲突也只是个特例而已。没有人喜欢打仗。事实如此，20世纪的人们认为用军队、军舰、潜艇等进行相互攻击的战争概念是无比荒唐的事。在他们看来，暴力的概念就跟很久以前毫无克制的君权和自私的王朝是一个性质的。现在，每天的报纸都刊登着最新的发明，或者英国、美国、德国的科学家们在医学或天文学领域密切合作的照片，这些，他们都能够看到。他们生活的社会是一个商业、贸易以及工业高度发达和繁忙的社会。至于，日渐衰落的国家制度（人们以共同的意愿组成的巨大共同体）却鲜有人知。他们也曾努力地对人们加以提醒，可是，大家都在自己的事业中埋头苦干。

我用的例子已经够多了，不过，我还要再用一个，请原谅我吧！建造埃及人、希腊人、罗马人、威尼斯人以及17世纪商业冒险家们"国家之船"（这个古老而可信的比喻一直都是那样生动和具体）的原料是干燥的木材，它们都非常坚固，驾驭航船的指挥对船员和船的性能都非常了解，并且，他们很清楚祖先们留传下来的海航技术有什么样的缺陷。

接着，钢铁与机器时代随之而来。一开始只是"国家之船"的一部分有所改变，后来，被改变的越来越多。体积增大了，船桨被蒸汽机取而代之。客舱的条件也得到了很大的改观，不过，锅炉仓将需要更多的工作人员。尽管工作的安全性增强了，酬劳也比以前丰厚很多，但是，人们对锅炉仓的工作仍然不满意，就像从前操纵帆船索具那种危险的工作一样。后来，在悄无声息中，古来的木船就被全新的现代远洋轮取代了。不过，船长和船员还是原来那一批，如同100年以前那样，他们被推选出来从事这个工作。可是，他们依然沿用了15世纪的那种航海技术，路易十四和弗雷德里克大帝时代的航海图和信号旗还挂在他们的船舱里。总之，他们（尽管这不是他们的错）不具备胜任这个工作的能力。

国际政治的海洋还不够广阔。这片狭窄的海域有许多帝国和殖民地的船只在进行着殊死地较量，注定要发生故事的。事实也是如此，故事果真发生了。如果你有胆量从那片海域经过，会看到很多船只的残骸。

这是个很简单的道理。现实世界对具有卓越才能的人的需求异常迫切，这样的人能够清楚地看到，我们的航程才开始起步，他们具有远见和胆识，具备全新的航海技能。

通往领导者的道路是漫长而曲折的，他们必须进行多年的学习，中间可能会遇到困难和阻碍。即使他们登上了指挥台，也可能面临着来自嫉妒的船员叛变、谋生的危险。可是，终究会有一个人带领着船只顺利地驶进港口，这个人一定会出现，他将成为时代的英雄。

第六十四章

从来如此

"我越是对我们生活中存在的各种问题进行思考，就越是感到我们选择'讥讽和怜悯'当作生活的陪审团和法官准没错，这如同古埃及人，为了他们死去的人而向伊西斯和内夫突斯女神祈祷那样。"

"最好的顾问就是'讥讽'和'怜悯'了，前者用欢笑来愉悦生活，后者用泪眼来进化生活。"

"我期盼的讽刺并不是残酷的女神。对于爱与美，她从来不嗤之以鼻，是如此温柔贤淑；正是因为有了她的欢笑，我们心中的怨怒随风消逝了。而我们之所以会对无赖及傻瓜付之于嘲笑和讥讽，也是她的功劳。要是她不存在，我们会软弱地去鄙视他们甚至于憎恨他们。"

这就是我给你们的临别赠言，这引用的是伟大的法国作家法朗士的睿智名言。

第六十五章

七年以后

可以说，《凡尔赛和约》是暴力胁迫的结果。弗从瑟格上校的发明在残酷的肉搏战中的确非常实用，不过，从和平角度来看，它却得不到任何人的认可。

这种武器的持有者基本上都是老年人，这实在是太不幸了。如果一群年轻人被愤怒的情绪支配，相互殴打，那也是可以理解的。不过，压积在心中的愤怒情绪得到了发泄之后，他们在日常事务中就能够保持平和的心态了，而且对那些不久前的敌人的仇视之心也会随之消散。但是，如果自尊受挫的是绿色桌子旁边那一群面部修得整洁的老人，那就另当别论了，他们会给予那些乖乖就范的敌人们以严厉地打击，尤其是，当他处于胜利的顶峰时期时，他们绝对会弃法律原则与国际礼仪于不顾。

如果我们不幸遇到了这样的情况，那就只能听天由命了。

可是，在这之前的那四年，我们仁爱有加的上帝受尽了侮辱，承担了莫须有的罪责。而今他已经失望透顶，不会向他的子民们提供救援了，再说，那些人也没有资格拥有这些垂怜。

这场惨绝人寰的杀戮是他们一手造成的，那么他们理所应当该自己想出最佳办法去解决这些问题。

对于这个所谓的"最佳办法"，我们从一开始就领教过了。这七年就是一个卑鄙无耻的愚蠢时代，这七年的历史充斥了人类历史中老生常谈的卑劣、贪欲、暴力、卑鄙、无耻以及目光短浅，可以说是到了蠢钝至极的地步，这在人类史上是空前的（如果可以的话，我将罗列出很多人类愚蠢的故事来）。

这场大混战对欧洲文明进行了无情地蹂躏和践踏，并且让没有丝毫准备的美国人坐上了统治人类的领导者宝座，对此，2500 年的人会怎样认为呢？我们没有办法知道。但是，当他们看过这些国家逐步走向高度组织化的团体这个过程的时候，相信他们会明白：在这水火不容的两大派别中存在着很多不可调和的矛盾，而且这些矛盾的爆发是必然的事情。用简要英语来解释，在英国人看来，大英帝国的繁荣和发展受到了德国的威胁，如果德国想成为全世界人们所需物资的大仓库，并以此来发展自己的话，英国绝不答应。

对那些亲眼目睹这场战争的人来说，对这十年来所发生的事情做一个客观公正的评价，那实在是太困难了。可是，在七年之后的今天，我们却能够在不惊扰邻居和朋友们的情况下，对那些事做一个客观的判断。

最近 500 年的历史其实就是一部战争的历史，所谓的"主要列强"与那些伺机打败他们，夺取他们海上霸权地位的国家之间的战争写满了这部历史。成功击败了意大利商业共和国和葡萄牙之后，西班牙得意地坐上了霸主的宝座。当西班牙以显赫的日不落（因为地理位置或因为诚实的品质）帝国傲立于欧洲时，荷兰企图攫取它财富的野心悄然滋生。最终，荷兰共和国获得了战争的胜利果实，因为两个国家的国土面积非常悬殊。但是，那些能为荷兰带来巨大利益的土地才刚刚被荷兰人抢过来没多久，那些属地就被英国和法国抢走了。英国和法国抢到这些赃物后，又面临了新的问题，双方为了分赃事宜而争吵不休。漫长的斗争，双方都付出了巨额的代价，英国取得了优势地位。从此，英国便坐上了世界霸主之位，统治了世界一个世纪的时间。任何企图与他一争高下的对手，都遭到他无情地打压。统治者（以前那些圆滑的政治外交家）拥有特有的统治方式来统治这个世界，即它将孱弱的小国踩在脚下，而对那些仅凭本国的势力无法取胜的大国，就联合别的国家一同对付。

英国的经济发展举世闻名（这些都真实地反应在小学的历史课本里），相形之下，20世纪的头20年，德国统治者对英国所采取的政策就变得幼稚可笑了。对此，德国皇帝没少遭到人们的谴责，我想我们应该关注一下这些人的呼声。威廉二世虽然很无能，却具有诚实的品质，而且喜欢自欺欺人。对于那些天生就身居高位的人来说，这样奇怪的自欺行为是很平常的，而且在这一类人中也很常见。因为他们有着与生俱来的帝国优越感，所以会表现出对普通人的发展趋势格格不入的情形。不过，不可否认的是，为了讨英国人的欢心，威廉二世付出的努力高于任何一个人，他无可救药地误解了英国人的真正本性，在这一点上，他做得无人能及。

贸易是北海彼岸那些奇怪岛屿唯一的依靠以及生存的唯一希望。对英国而言，如果商业贸易商不对他们构成威胁，就算不把它当成好朋友，至少也可以视为"在容忍限度内的陌生人"。可是，无论多么遥远的国家，只要胆敢对帝国权威造成阻碍，就一律沦为英国的敌人，英国绝不会放过它。英国人从来无视那位条顿皇帝美妙的演说和谄媚的善意以及亲和的友谊，因为在英国人心中，德国是他们最大的敌人，指不定在某一天，他们生产的物美价廉的商品就遍布全世界，包括那些开化地和未开化地。

这是问题的一个部分，但同时也是最重要的一部分，不过，刚刚发生的那次充满血腥杀戮的战争却并不完全是出于这个原因。

当这个世界上还未曾出现铁路、电报这些东西的时候，从某种程度上讲，每一个国家都是一个独立的个体，他们在各自的轨道上坚定地向前行走，维持着快乐的生活，就像用大象推动马戏卡车那样。两国之间为了争夺商业主导地位而争论不休，但这种争论是缓慢发展的，并不会在立刻升温，导致兵戎相见，这样一来，圆滑老道的外交家可以有时间通过整治手段来逐渐平息这些争端。但令人沮丧的是，1914年的世界已经俨然是一个巨大的国际车间了。如果阿根廷的工人罢工，柏林就会感觉不舒服；如果伦敦的原材料突然涨价，那些对泰晤士河上这座大城市闻所未闻的处于水深火热的中国人，就会面临更加深重的灾难；如果德国那些三流大学的没有薪酬可拿的教师有了新的发明，智利的无数银行就会关门大吉；如果哥德堡某个商行管理懈怠，那澳大利亚的几百万孩子就会无缘于大学之门。

当然，不是所有的国家都走进了工业时代，并得到了长足发展，有很多国家依然停留在农业时代，还有一些则才刚刚脱去了封建统治的外衣。不过，在他们那些已经实现工业化的邻邦看来，他们还存在着一定的利用价值，可以拉拢过来，结为联邦，因为这些国家通常都是廉价劳动力异常充足的国家，如果要找人来当炮灰，俄国的农民应该是首当其冲的选择对象。

如何把这些不同的国家，不同的利益统一安抚在一个巨大的国家联合体之中呢？为什么他们会在四年多的时间里，愿意为了共同的目的去浴血奋战呢？我想，这些问题还是留待我们的子孙们去解决吧。不能只看当下，世界应该给予战争发生之前的情况过多地关注，而且对那些把欧洲变成一打巨大废墟并且在错误的道路上行走的爱国分子，进行一个客观的评断。

1926年8月，天气酷热难耐，我们希望被那些自称历史学家的人忽视的那个显而易见的事实，能够引起人们的关注，这个事实就是出现在欧洲的这场大战是以世界大战的姿态出场的，最后却以世界革命的形态收场，而且，它代表的不是局势正常发展的暂时停滞（跟近来300年所发生的一切战争相同），它代表的是一个全新的社会，全新的经济时代的到来。《凡尔赛和约》的缔结者，即被那个环境塑造的老人们，对这个问题认识不清。他们在旧时代的道理和观点之下谨慎行事。

因此，事实证明他们的努力却造成了别人的灾难，其原因正在于此。但是，正因为美国一直处于观望态度，插手太迟，才导致了那场为了争取民主以及为了争取小国利益而展开的战争，收获了一个毁灭性的结果。

美国得意地享受着三千英里的广袤大洋的保护，而忽视一切外国政治制度。威尔逊总统的绝大多数同胞，思考问题的依据是那些标语、字幕以及报刊的标题，欧洲（还有世界各地）两千年的历史并不能引起他们的丝毫兴趣，他们不愿意了解，也没有想去了解的愿望，所以他们如果想要看清整个世界，就必须借助于二手的历史资料。当德国陆军和海军将领的一些罪恶行径传到美国人耳中的时候，盟国宣传家们轻而易举地在他们的美国朋友们展示了这样的情景：这是一场正义和邪恶的较量，这是一场发生在黑人和白人之间的斗争，这是一场盎格鲁－撒克逊民族的自由天使与条顿的独裁恶魔之间的博弈。在这种情况之下，善良又冲动的美国人认为绝对不能在对这场战争熟视无睹了，他们不能愧对了自己宽容的美德和荣誉。一时之间，参战的狂热迅速在全国各地兴起，就像当年的十字军东征所引发的那种浪潮。于是美国开始启动他们庞大的机器，两百多万士兵被派往欧洲战场，他们将要履行神圣的职责，阻止可恶的德国人走向毁灭。这些参战的几百万士兵面临的大问题就是尽快调整战争思想，得到所有美国人的支持。所以，"结束战争的战争"诞生了；威尔逊总统举世闻名的十四点，即维持国际正义新十诫诞生了；为小国家争取独立自主权的热情迅速地膨胀开来，并且迅速形成"让这个世界安全地过渡到民主制中来"的美好愿望。

这些振振有词的论调，对与贝尔福、普恩加莱、丘吉尔这些人来说，无异于出自反叛者的言论。假如在他们的国家胆敢有人举行游行并且高声呼喊这样的口号，一旦被发现，就会遭受被行刑队处决的下场。但是，现在他们面对的是统领着两百多万士兵的总司令，是守护世界财富的人，所以，他们只能卑躬屈膝地听之任之。因此，在战争即将结束的最后一年半里，欧洲各国的领导都在为了某一个愿望的实现而做着不懈的努力。不过，这种理想却毫无实用价值，就像是从克里姆林宫城墙之上传来的那种荒唐的经济改革的声音一样。美国是德国最害怕的敌人，当他们听到美国的合理说法后，不禁满怀惊喜，于是他们采取了行动，将自己的皇帝无情地推进了大海，用"共和国"取代了"帝国"之名，然后配之以红帽章，高唱起充满国际兄弟情义的歌曲，然后逐渐向莱茵河撤离。在此情景之下，同盟国的领袖们立刻摒弃了愚蠢的美国理想，准备签订和平条约，当然了，这个条约的签订必须以"败者痛苦"为原则。这种解决冲突的方法从人类的洞穴时代开始，就被视为是最合理的了。

如果1919年举行的外交和谈有威尔逊总统的亲自出席，那么欧洲各国的任务也不至于那么复杂了。假如他只坐在自己的家中，那他们所拟制的和平计划理所当然地只会体现他们自己的意愿。站在美国人的角度，他们显然是错误的。可是，不管怎么说，他们的决定确实体现了一种明确的态度。可是现在，美国的思想已经和欧洲的思想诡异地接轨了（不过没有混在一起），也因此，他们没能真正解决过问题，不满的情绪充斥着整个同盟国，由此导致了一个代价昂贵的和平结果。

使《凡尔赛和约》陷入混乱的局面还有另一个不容忽视的原因。作为一个半独立国家联邦总统的威尔逊梦，想成立一个全世界的国家联邦。至少这件事已经在美洲大陆实现了。在这种体制之下，陆续增加的主权州获得了一定程度的自由，并且经济也得到了迅速的发展，这种情况一直持续了一个多世纪的时间。1776年弗吉尼亚、宾夕法尼亚、马萨诸塞州认真考虑的事情，为何不能让欧洲人汲取相应的教训呢？

这究竟为什么呢？

所以在威尔逊总统解释他关于国际联邦计划的时候，盟国领袖们表现出洗耳恭听的态度，在环境的压迫下，他们被迫同意在和平条约中加入"世界联邦国"的构想。可是，总统的轮船才刚刚起航前往西半球，他们立刻就遗弃了总统先生的这个宏伟构想，再次钻进秘密和约中，去尝试暗地里活动的联盟所倡导的那种旧式外交思想了。

与此同时，美国本身对"联邦国"的厌恶之情也油然升起。这对与威尔逊生活在同一个时代的人来说，美国之所以会产生这样的态度，是因为他们独特的个性所致，不过，另外一些微妙的影响力所发挥的作用也是不能小觑的。

首先，参加战争的队伍已经返回了家乡。欧洲所发生的一切，他们最清楚不过了，对于最后两年的那种亲密关系，他们并不那么渴望。

其次，所有的美国人的战争狂热均已经消退，他们不会为了自己儿女的安全而惶惶不可终日，在看待问题方面保持了应有的冷静态度。对欧洲持怀疑态度的传统情绪再次占据主导地位。没过多久，一个世纪以前的情形再次重现，乔治·华盛顿关于"纠缠不清的联盟"的不祥警告在 1918 年的人们耳边回荡。

此外，当两年的游行结束，四分钟的演讲和自由出租之后，一切又恢复了正常，人们一如既往地把思想放在了又丰厚利润的常规生意中。

总而言之，被丢到欧洲门外的"联邦国"这个婴孩居然被自己的精神母亲无情地遗弃了，这件事让威尔逊总统惊诧不已。这个孩子并没有一命呜呼，他只是气息微弱，或者说是半死不活，他将成长为一个畸形的东西，并且羸弱不堪，失去了对任何事务的影响力。有时候，他也会发出几声咒骂，挥动着顽皮的手指，不过，这样的行为仅仅只能惹恼他的朋友们而已。

一大堆不幸的、历史性的"如果"又一次降临在我们面前。"如果整个文明世界真的被'联邦国'成功变为世界性的联邦组织……"

我不清楚了，不过，就算出现了最有利的条件，威尔逊也不可能获得成功。

所以，我们终于看清了这场战争，要说它是一场战争，不如将它视为一场革命，这场革命所结出的胜利果实出乎意料地被第三者抢走了，这个第三者就是詹姆斯·瓦特的孙子，也就是被普遍称为"铁人"的那一方。

最早出现的蒸汽机与它的小兄弟电机一样，一经出现就给文明的人类家庭带来了莫大的惊喜，因为它是一个自觉性很强的努力，而且分担了很多人和牲畜的工作。

这个东西没有灵魂，却异常狡诈，恶行不断，暂时离开了体面的战场，这个新兴的铁家伙得到了一个奴役他自己的主人的机会。

一些远见卓识的科学家常常预测，这些难以掌控的奴仆迟早会与人类作对，可是，类似的科学家只要说出任何一句这样的话，他马上就会当成社会的大敌，被人们扣上"地道的布尔什维克""危险的不安分的人"诸如此类的帽子。如果不想吃苦头，他还是保持沉默的好。这场战争的始作俑者，那些政治家和外交家在制定和平条约的事宜中忙得喘不过气来，他们正在为这个神圣的事业而努力呢，他们不希望被打扰。不幸的是，这些人自然科学的原则几乎一窍不通，而正是这些原则对我们今天的工业与机械社会形态的形成有着决定性的作用，这些人跟我们能够想象到的任何另外的人大相径庭，他们在现代的复杂问题面前表现得茫然失措。巴黎的全权代表们几乎都是这样。他们生活在"铁人"的阴影里，热烈地讨论着那个"铁人"统治下的世界，却忽视了这个"铁人"的存在,他们进行和谈的思维还停留在 18 世纪,还不是 20 世纪。

就这样,结果出现了。1719 年的思维很显然不适合 1919 年的发展。不能理解的是,凡尔赛的老人家们正是这样做的。

这个世界似乎正在踏上无边的仇恨和极端的旧路,出现了一个新的、极度荒谬的民族主义,这在人类历史上实属罕见,可能有其存在的价值吧。但它绝不可能永久地生存于一个煤、石油、水力和信贷业务繁忙的世界。就像孩子们绘制的地图那样,一块大陆被人们强制地分开,现代文明并不需要出现这样的情况。那些身穿黄色、绿色或者紫色军装的人,在一个巨大的军营里面蠢笨地模仿着自己的祖先,在我们现在的人看来,那些在平价商店的地下室里工作的送款员可能还比他们更有价值一些。

这似乎给了世事无情地一击,其实,类似的事在成千上百万的欧洲爱国人士眼中是值得骄傲和自豪的。

遗憾的是,除非那些欧洲政治家们乐意将让现代的人来解决现代的问题,不然的话,生活在水深火热的人们,将视追随法西斯主义这类罪恶的东西为解脱之道。

我顺便声明一下,这番直白的表述其实是对政治发展中所有危险和遗憾的事情的最好解释,那就是欧洲和美洲人民日益增长的彼此怨恨的情绪。因为我不仅仅是为了那些在大西洋和太平洋之间的土地上的孩子们才写这本书,我是为所有的民族写的,如果太过张狂地高举星条旗,可能会被视为低级趣味。不过,我现在只想畅快地表达思想,就算被人们误以为危险的爱国者,我也绝不退缩。

关于美国的男女优越于他们在旧世界的亲戚诸如此类的话,我从来就没有说过。幸运的是,他们的历史意识还很薄弱,所以与其他民族相比,他们对待这个世界的态度更加开放、更加有远见。这就导致了他们对整个现代社会全盘接受的结果,包括优点和缺点。很快，他们又想出了应变的策略，使人们与他们那些没有生命的奴仆和睦共处，相互尊重。这个国家率先在机械方面取得了巨大的成就，同时也是第一个成功驯服了"铁人"的国家，听起来，这让人难以置信，可是，却是不争的事实。为了实现这个结果，无数古老的舱底之物被美国人痛心疾首地丢进了大海，两百年至两千年以前的思想、偏见还有其他的一些实用观点，遭到了他们的遗弃，这些东西到了今天，甚至比不上公共马车和西洋镜。

我很愿意在这个章节中花费大量的笔墨，对洛迦诺的成果进行义正词严地痛诉，当然，法国小城市的那些政治家们的愚蠢行为也包含在内。路易十四与拿破仑时代早已经与石器时期迥然不同了，对此，后者却自始至终都没有弄清楚过。不过，即使我花费了大量的精力和笔墨也只是一场徒劳而已。

过去的十年间，世界为什么会经受了如此重大的苦难呢（因为世界大战的缘故，它的进程加快了，不过它却不是由这场大屠杀所导致的）？究其原因，都是因为这个世界的经济和社会结构的深刻变化所致。然而，关于这一点，欧洲却并没有清醒地认识到，他们还沉浸在昔日的旧梦里。

作为旧制度最后形式的《凡尔赛条约》成了势不可当的现代化步伐的最后一个旧制度障碍。八年未满，它俨然成了一个地道的绊脚石。或许在 18 世纪的时候，他还能充当国家管理中佼佼者的角色，但时至今日，会不会有万分之一的原因阅读它呢？我们不得而知。20 世纪被牢牢地掌控在无视政治的经济和工业原则手中，因此，整个世界不可避免地变成了一个庞大而繁荣的工厂，不管其中的任何一个国家使用何种语言，是何民族，有怎样辉煌的历史。

这个大工厂将何去何从，人类和机器的倾力合作又会发作成何种文明形态，对此我一无所知，生活的变化也无关痛痒，这样的紧迫情况，人类并不是第一次遇到了。

　　无论是远古的祖先还是近期的祖先，他们都经历过类似的危险。

　　毫无疑问，我们的后代也将不可避免地经历这些。

　　可是，对于现在的我们来说，继续依照经济的发展来对世界进行重新安排才是唯一严肃的事情，而不是以极端的政治方式来从事这件事。

　　七年以前，我们的耳边时时响彻着轰鸣的大炮声，我们的眼睛经常被探照灯的强烈光线照射得生疼，在那场即将到来的巨大动乱面前，我们显得茫然失措。那个时候，任何一个有可能将我们带回 1914 年美好时光的贤能之士，都将受到我们的衷心拥护，会被推向领导之位。

　　现在，我们的内心就像一面明镜。

　　曾经，我们对美好的旧世界缅怀不已，一直到战争打响的时候。而今我们终于意识到，那个旧世界早在几十年以前就化为一片废墟了。

　　当然，这并不是说我们已经对前方的道路胜算十足了。通常情况下，人们需要走很多的弯路，经历无数的曲折才能最终踏上正确的道路。与此同时，我们很快就将学到至关重要的一堂课，即未来的世界是活人的世界，死去的人就此安眠吧！

漫画历史年表（公元前 500000—公元 1922）22

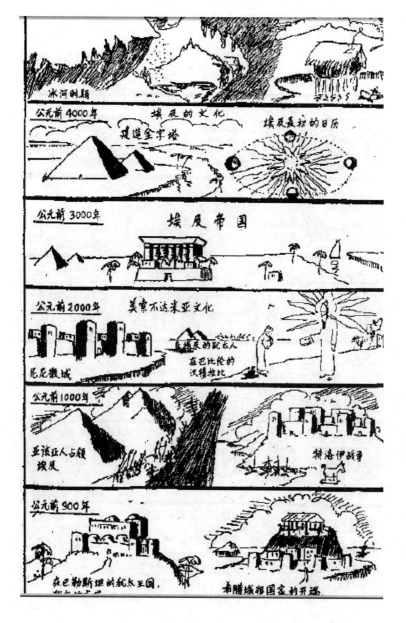

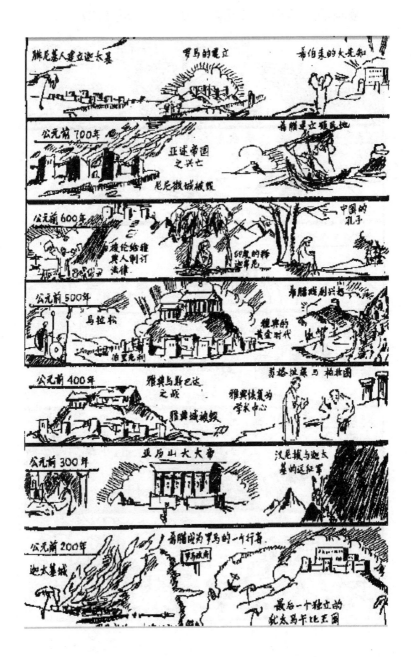

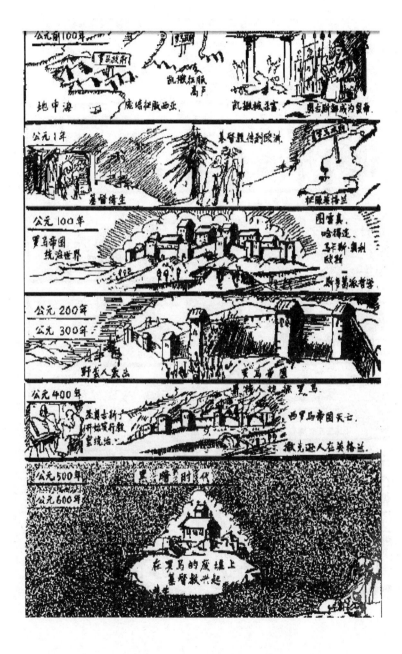

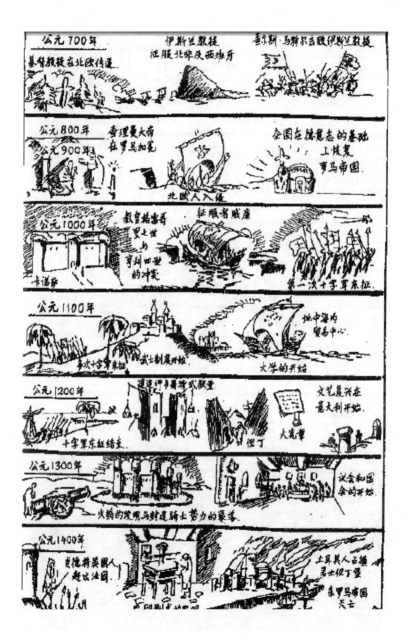

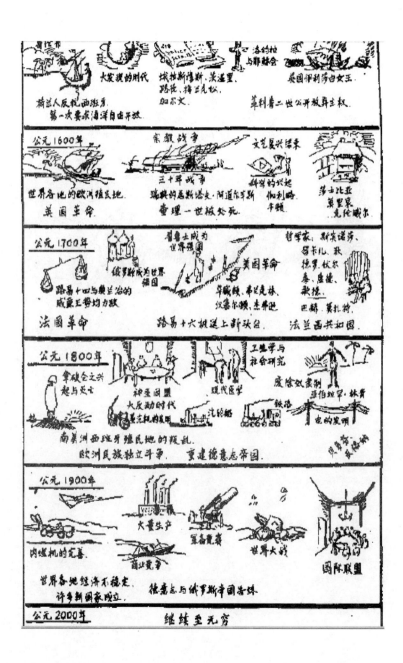

馍

创美工厂出品

出品人：许　永
责任编辑：许宗华
装帧设计：海　云
责任印制：梁建国　朱丽珍
发行总监：田峰峥

投稿信箱：cmsdbj@163.com
发　　行：北京创美汇品图书有限公司
发行热线：010-53017389　59799930

创美工厂
微信公众平台

创美工厂
官方微博